国家自然科学基金资助项目：
基于保护与利用协调的“风景区经济”
发展模式研究（41171431）

自然生态保护

中国自然文化遗产的价值体系及其保护利用

The value system and its protection and utilization of natural and cultural heritages in China

陈耀华 著

图书在版编目(CIP)数据

中国自然文化遗产的价值体系及其保护利用/陈耀华著. —北京：北京大学出版社,2014.7
(自然生态保护)
ISBN 978-7-301-24116-5

Ⅰ.①中… Ⅱ.①陈… Ⅲ.①自然保护区—文化遗产—研究—中国 Ⅳ.①S759.992

中国版本图书馆 CIP 数据核字(2014)第 071140 号

书　　名：中国自然文化遗产的价值体系及其保护利用
著作责任者：陈耀华 著
责 任 编 辑：王树通
标 准 书 号：ISBN 978-7-301-24116-5/X・0065
出 版 发 行：北京大学出版社
地　　址：北京市海淀区成府路 205 号　100871
网　　址：http://www.pup.cn　　新浪官方微博：@北京大学出版社
电 子 信 箱：zpup@pup.cn
电　　话：邮购部 62752015　发行部 62750672　编辑部 62765014　出版部 62754962
印 刷 者：北京宏伟双华印刷有限公司
经 销 者：新华书店
720 毫米×1020 毫米　16 开本　15 印张　250 千字
2014 年 7 月第 1 版　2014 年 7 月第 1 次印刷
定　　价：40.00 元

内容提要

近年来，随着改革开放的深入和经济社会可持续发展理念的强化，中国自然文化遗产事业取得了长足进步，以世界遗产、风景名胜区、自然保护区、文物保护单位等保护地组成的国家遗产体系基本形成，其中 45 处世界遗产数量更是跃居全球第二。但是，由于片面追求经济利益、局部利益和短期利益造成的错位开发使遗产资源遭受破坏的现象时有发生，遗产保护与开发的矛盾也日渐尖锐。因此，创建遗产价值体系的概念，明确遗产价值体系的构成和特性，探索遗产价值体系的保护利用原则和具体对策，对中国自然文化遗产的合理利用和永续传承具有重要理论和实践意义。

全书共分六章。

第一章"概论"，详细介绍了中国自然文化遗产体系的概念和组成，在分析中国自然文化遗产事业的成绩及其存在问题的基础上，讨论了研究"自然文化遗产价值体系"的必要性。

第二章"中国自然文化遗产的价值体系及其特性"，在分析国内外遗产价值研究文献综述的基础上，提出了中国自然文化遗产的价值不仅仅是其科学、美学和历史文化等本底价值，而是一个由"本底价值、直接应用价值和间接衍生价值"三者构成的有层次、有系统的价值体系，其中"本底价值"是遗产价值体系的基础和根本。该体系有六大特性，即类型的多样性、要素的有机性、系统的层次性、发展的阶段性、主体的差异性、利用的公平性。这些特性不仅清楚地告诉我们需要严格保护的是其本底价值，而要利用的是其直接应用价值和间接衍生价值，而且为整体保护、永续利用遗产资源提供了充分的理论依据。

第三章"中国自然文化遗产保护利用的现状问题与因由"，分析了遗产资源的错位开发，超载利用，多头管理，导致遗产地内部“城市化”、外围“孤岛化”、整体“濒危化”的严重后果，以及产生这些结果的哲学、社会学、经济学、管理学、法律学等深层次原因，特别是在遗产的事业性质、资源性质、成本、属性、外在性、权属、远近利益、政府角色、受益主体、利用目的等十个重要理念上的认识误区。

第四章“中国自然文化遗产保护利用的原则”，基于存在问题和遗产保护的国际化要求，提出对自然文化遗产的保护与利用必须遵循“以真实完整原则严格保护遗产本底价值，综合效益原则适度利用直接应用价值，催化效应原则大力开发间接衍生价值”的原则。

第五章“中国自然文化遗产保护与利用的对策”，指出科学的遗产保护与利用，必须从一个主线、两个核心、三个层次出发，即坚持不能“就遗产论遗产”的科学区域发展观主线，合理规划遗产地经济的“空间布局和产业发展”两个核心，完善遗产地居民点、商业服务点、交通线、生态走廊、功能分区、管理体制等“点、线、面”三个层次的内容，为遗产地正确处理保护与利用的关系提供可操作性的措施。

第六章“实例研究”，以国家级风景名胜区云南大理等为例，分析其价值体系、存在问题以及保护利用的对策。

党的十八大提出了“必须树立尊重自然、顺应自然、保护自然的生态文明理念”，全国主体功能区规划也将国家级自然保护区、世界文化自然遗产、国家级风景名胜区、国家森林公园、国家地质公园等中国自然文化遗产的主体列为“禁止开发区”。因此，中国自然文化遗产是实施国家生态文明战略的重要载体和主体功能区的重要内容，本书对于中国生态文明建设和主体功能区实施有较好的参考作用。

“山水自然丛书”第一辑

“自然生态保护”编委会

序一

在人类文明的历史长河中，人类与自然在相当长的时期内一直保持着和谐相处的关系，懂得有节制地从自然界获取资源，“竭泽而渔，岂不获得？而明年无鱼；焚薮而田，岂不获得？而明年无兽。”说的也是这个道理。但自工业文明以来，随着科学技术的发展，人类在满足自己无节制的需要的同时，对自然的影响也越来越大，副作用亦日益明显：热带雨林大量消失，生物多样性锐减，臭氧层遭到破坏，极端恶劣天气开始频繁出现……印度圣雄甘地曾说过，“地球所提供的足以满足每个人的需要，但不足以填满每个人的欲望”。在这个人类已生存数百万年的地球上，人类还能生存多长时间，很大程度上取决于人类自身的行为。人类只有一个地球，与自然的和谐相处是人类能够在地球上持续繁衍下去的唯一途径。

在我国近几十年的现代化建设进程中，国力得到了增强，社会财富得到大量的积累，人民的生活水平得到了极大的提高，但同时也出现了严重的生态问题，水土流失严重、土地荒漠化、草场退化、森林减少、水资源短缺、生物多样性减少、环境污染已成为影响健康和生活的重要因素等等。要让我国现代化建设走上可持续发展之路，必须建立现代意义上的自然观，建立人与自然和谐相处、协调发展的生态关系。党和政府已充分意识到这一点，在党的十七大上，第一次将生态文明建设作为一项战略任务明确地提了出来；在党的十八大报告中，首次对生态文明进行单篇论述，提出建设生态文明，是关系人民福祉、关乎民族未来的长远大计。必须树立尊重自然、顺应自然、保护自然的生态文明理念，把生态文明建设放在突出地位，以实现中华民族的永续发展。

国家出版基金支持的“自然生态保护”出版项目也顺应了这一时代潮流，充分体现了科学界和出版界高度的社会责任感和使命感。他们通过自己的努力献给广大读者这样一套优秀的科学作品，介绍了大量生态保护的成果和经验，展现了科学工作者常年在野外艰苦努力，与国内外各行业专家联合，在保护我国环境和生物多样性方面所做的大量卓有成效的工作。当这套饱含他们辛勤劳动成果的丛书即将面世之际，非常高兴能为此丛书作序，期望以这套丛书为起始，能引导社会各界更加关心环境问题，关心生物多样性的保护，关心生态文明的建设，也期望能有更多的生态保护的成果问世，并通过大家共同的努力，“给子孙后代留下天蓝、地绿、水净的美好家园。”

许智宏

2013年8月于燕园

序二

1985年,因为一个偶然的机遇,我加入了自然保护的行列,和我的研究生导师潘文石老师一起到秦岭南坡(当时为长青林业局的辖区)进行熊猫自然历史的研究,探讨从历史到现在,秦岭的人类活动与大熊猫的生存之间的关系,以及人与熊猫共存的可能。在之后的30多年间,我国的社会和经济经历了突飞猛进的变化,其中最令人瞩目的是经济的持续高速增长和人民生活水平的迅速提高,中国已经成为世界第二大经济实体。然而,发展令自然和我们生存的环境付出了惨重的代价:空气、水、土壤遭受污染,野生生物因家园丧失而绝灭。对此,我亦有亲身的经历:进入90年代以后,木材市场的开放令采伐进入了无序状态,长青林区成片的森林被剃了光头,林下的竹林也被一并砍除,熊猫的生存环境遭到极度破坏。作为和熊猫共同生活了多年的研究者,我们无法对此视而不见。潘老师和研究团队四处呼吁,最终得到了国家领导人和政府部门的支持。长青的采伐停止了,林业局经过转产,于1994年建立了长青自然保护区,熊猫得到了保护。

然而,拯救大熊猫,留住正在消失的自然,不可能都用这样的方式,我们必须要有更加系统的解决方案。令人欣慰的是,在过去的30年中,公众和政府环境问题的意识日益增强,关乎自然保护的研究、实践、政策和投资都在逐年增加,越来越多的对自然充满热忱、志同道合的人们陆续加入到保护的队伍中来,国内外的专家、学者和行动者开始协作,致力于中国的生物多样性的保护。

我们的工作也从保护单一物种熊猫扩展到了保护雪豹、西藏棕熊、普氏原羚,以及西南山地和青藏高原的生态系统,从生态学研究,扩展到了科学与社会经济以及文化传统的交叉,及至对实践和有效保护模式的探索。而在长青,昔日的采伐迹地如今已经变得郁郁葱葱,山林恢复了生机,熊猫、朱鹮、金丝猴和羚牛自由徜徉,那里又变成了野性的天堂。

然而，局部的改善并没有扭转人类发展与自然保护之间的根本冲突。华南虎、白暨豚已经趋于灭绝；长江淡水生态系统、内蒙古草原、青藏高原冰川……一个又一个生态系统告急，生态危机直接威胁到了人们生存的安全，生存还是毁灭？已不是妄言。

人类需要正视我们自己的行为后果，并且拿出有效的保护方案和行动，这不仅需要科学研究作为依据，而且需要在地的实践来验证。要做到这一点，不仅需要多学科学者的合作，以及科学家和实践者、政府与民间的共同努力，也需要借鉴其他国家的得失，这对后发展的中国尤为重要。我们急需成功而有效的保护经验。

这套"自然生态保护"系列图书就是基于这样的需求出炉的。在这套书中，我们邀请了身边在一线工作的研究者和实践者们展示过去 30 多年间各自在自然保护领域中值得介绍的实践案例和研究工作，从中窥见我国自然保护的成就和存在的问题，以供热爱自然和从事保护自然的各界人士借鉴。这套图书不仅得到国家出版基金的鼎力支持，而且还是"十二五"国家重点图书出版规划项目——"山水自然丛书"的重要组成部分。我们希望这套书所讲述的实例能反映出我们这些年所做出的努力，也希望它能激发更多人对自然保护的兴趣，鼓励他们投入到保护的事业中来。

我们仍然在探索的道路上行进。自然保护不仅仅是几个科学家和保护从业者的责任，保护目标的实现要靠全社会的努力参与，从最草根的乡村到城市青年和科技工作者，从社会精英阶层到拥有决策权的人，我们每个人的生存都须臾不可离开自然的给予，因而保护也就成为每个人的义务。

留住美好自然，让我们一起努力！

吕植

2013 年 8 月

自序

自然文化遗产是一个国家和地区自然的精华、文化的精髓。保护自然文化遗产，是涉及国家和地区经济社会可持续发展和生态文明建设的大事。

中国国土面积广大，地貌形态多样，气候条件复杂，生物种类丰富，加上历史悠久、文化灿烂，因此保存有大量珍贵的自然文化遗产资源，并形成了风景名胜区、自然保护区、文物保护单位、森林公园、地质公园等多类型、多层级保护地构成的保护类型(但还构不成体系)，在中国自然文化遗产资源的保护过程中发挥了极其重要的作用。但是，快速城镇化和工业化的背景、对自然文化遗产资源的错误认识以及管理体制的不完善等因素，也使得遗产保护与开发的矛盾日渐尖锐。二十多年来，本人参与了大量风景名胜区的资源考察和规划、研究工作，也看到了很多遗产地因为开发性破坏而逐渐褪色，看到了很多地方领导对于开发遗产地的雄心壮志，也看到了许多工作在遗产地第一线的管理者们对于一些违反管理规定行为的无奈。因此，对于遗产地而言，为什么要保护固然很重要，但是基于中国国情厘清“保护什么，怎样保护；利用什么，怎样利用”对于正确处理保护与发展的关系可能更实际。

最近，中国在国家层面上对自然文化遗产资源的保护给予了高度重视。2010年国务院审议并原则通过《全国主体功能区规划》，将国土空间划分为优化开发、重点开发、限制开发和禁止开发四类主体功能区，其中国家级风景名胜区、自然保护区、森林公园、地质公园和世界文化自然遗产等 1300 多个区域划定为国家禁止开发的生态地区，依法实施强制性保护，严禁各类开发活动，引导人口逐步有序转移，实现污染物零排放。2012 年，党的十八大把生态文明建设上升到“关系人民福祉、关乎民族未来的长远大计”的战略高度，明确了“努力建设美丽中国，实现中华民族永续发展”的生态文明建设目标，并提出了“必须树立尊重自然、顺应自然、保护自然的生态文明理念以及把生态文明建设放在突出地位，融入经济建设、政治建设、文化建设、社会建设各方面和全过程”的生态文明建设要求。2013 年，《中共中央关于全面深化改革若干重大问题的决定》要求“坚定不移实施主体功能区制度，建立国土空间开发保护制度，严格按照主体功能区定位推动发展，建立国家公园体制”。

本书希望通过遗产价值体系的构建，明确遗产价值体系的特性，探索遗产价值体系的保护利用原则和具体对策，以期对中国自然文化遗产的严格保护、合理利用和永续传承具有一定的理论和实践启示作用。对于书中的不足之处，敬请专家学者和广大读者批评指正。

陈耀华

2014 年 1 月 18 日

目　　录

第一章 概论

经济发展和城镇化进程的加快，给人类社会带来了更多的物质财富和更高的生活水平，但也对全球的生态环境和自然文化遗产带来了较为严重的破坏。以基于全球《保护文化和自然遗产公约》设立的世界遗产为例，自 1979 年联合国教科文组织公布第一处濒危遗产之后，濒危名单不断加长，2013 年 6 月，第 37 届世界遗产大会再次更新世界濒危遗产名录，叙利亚 6 处世界遗产全部列入濒危行列，加上西太平洋所罗门群岛最南端的世界自然遗产东伦内尔岛，濒危遗产总数已增至 44 处。因此，关注人类生存环境，关注那些铭刻着地球发展历史的自然遗产和记载着人类文明进步的文化遗产，成为各国、各地区实施可持续发展战略的重要内容。

改革开放以来，中国的工业化和城镇化取得了飞速发展，增长速度令世人瞩目。2012 年，全国 GDP 达到 8.3 万亿美元，连续十年的平均增速超过 10%；城镇化率达到 52.57%，城镇人口 7.1 亿，是美国人口总数的两倍，比欧盟 27 国人口总规模还要高出约 1/4。但是，发展的背后，是自然资源掠夺式开发、文化传统渐进性消失、生态环境持续性破坏的沉重代价。面对资源约束趋紧、环境污染严重、生态系统退化的严峻形势，党的十八大报告再次强调了生态文明建设的迫切性和重要性，把生态文明建设上升到“关系人民福祉、关乎民族未来的长远大计”的战略高度，提出了“必须树立尊重自然、顺应自然、保护自然的生态文明理念”，并要求把生态文明建设放在突出地位，融入经济建设、政治建设、文化建设、社会建设各方面和全过程。

中国地大物博，历史悠久，具有十分丰富的自然文化遗产资源。严格保护这些珍贵的资源，合理利用，世代传承，是建设美丽中国、践行生态文明、实现中国经济社会可持续发展的重要内容。

1.1 中国自然文化遗产体系

1.1.1 中国自然文化遗产体系

自然文化遗产是具有地球演化过程、生物多样性保护等方面重要的自然科学价值,或者具有历史、艺术等方面重要的历史文化价值,或者是具有突出的美学价值的自然、文化或自然和文化复合保护地,具有价值突出、不可再生、国家形象代表等主要特征。其中具有全球突出普遍价值的被列入世界遗产名录,具有国家意义的成为国家遗产,它们和众多的地方级遗产共同构成中国自然文化遗产体系。

中国数量众多的风景名胜区、自然保护区、重点文物局保护单位、历史文化名城名镇名村、地质公园、森林公园、湿地公园、城市湿地公园、水利风景区以及世界遗产、中国世界遗产预备名录等,都是中国自然文化遗产体系的重要组成部分,在国家自然文化资源的保护中发挥了不可或缺的作用。

1. 风景名胜区

风景名胜区(scenic areas,其中国家级风景名胜区为 national park of China)是以自然景观为基础,自然与文化融为一体,具有生态、科学、文化、美学等综合价值以及生态保护、文化传承、审美启智、科学研究、旅游休闲、区域促进等综合功能的保护区域。中国风景名胜区包括国家级和省级两种,由建设行政主管部门依据《风景名胜区条例》(2006)等实施管理。国务院 1982 年 11 月 8 日公布了泰山、黄山等第一批国家重点风景名胜区 44 处。截至 2012 年 11 月,全国已设立风景名胜区 962 处,其中国家级风景名胜区八批共 225 处,面积约 $10.36\times10^4 km^2$;省级风景名胜区 737 处,面积约 $9.39\times10^4 km^2$,二者总计约占国土面积的 2.06%[①](图1-1)。

2. 自然保护区

自然保护区(nature reserve)是将山地、森林、草原、水域、滩涂、湿地、荒漠、岛屿和海洋等各种典型生态系统及自然历史遗迹等划出特定面积,设置专门机构并加以管理建设,作为保护自然资源特别是生物资源,开展科学研究工作的重要基地。[②] 由环境保护行政主管部门依据《中华人民共和国自然保护区条例》(1994)等实施管理,

---

① 住房和城乡建设部. 中国风景名胜区事业发展公报(1982—2012),2012.

② 世界自然基金会(瑞士)北京代表处,中国农业大学人文与发展学院合作项目. 李小云,左停等主编. 中国自然保护区共管指南. 北京: 中国农业出版社,2009: 1—2.

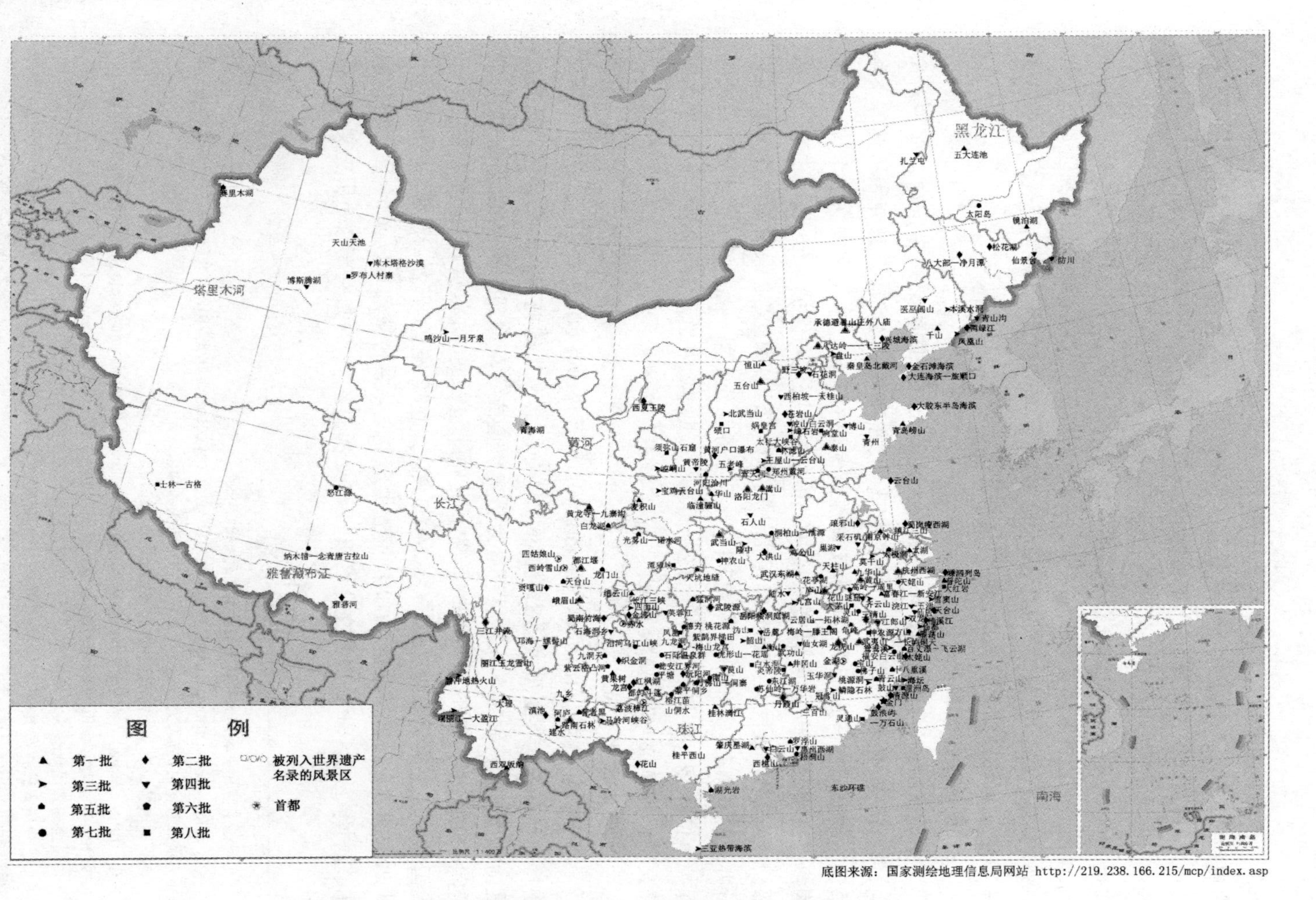

底图来源：国家测绘地理信息局网站 http://219.238.166.215/mcp/index.asp

图 1-1　中国国家重点风景名胜区分布示意图(截至 2012 年 11 月)

分为国家级和地方级，地方级又下分省、市、县三级。[①] 1956 年中国建立了第一个具有现代意义的自然保护区——鼎湖山自然保护区。[②] 截至 2012 年底，中国（不含港澳台地区）自然保护区数量已达到 2669 个，总面积 $14\ 979\times10^4$ ha（公顷，$1\text{ha}=10^4\text{m}^2$），约占中国陆地领土面积的 14.94%。其中经国务院公布的国家级自然保护区 363 个，面积 9415×10^4 ha，包括北京百花山国家级自然保护区、四川九寨沟国家级自然保护区、陕西太白山国家级自然保护区等，另有地方级保护区中省级自然保护区 876 个[③]。另外，中国于 1972 年参加国际"人与生物圈计划"，至 2013 年 10 月，有长白山、神农架等 32 处国家级自然保护区入选世界生物圈保护区[④]。

3. 文物保护单位

文物保护单位（cultural relic protection units）是国家对确定纳入保护对象的，具有历史、艺术、科学价值的古文化遗址、古墓葬、古建筑、石窟寺和石刻等不可移动文物及周围一定范围的环境实施重点保护的区域。中国文物保护单位分为全国重点文物保护单位，省级文物保护单位，市、县级文物保护单位三级，由文物行政部门依据《中华人民共和国文物保护法》（2013 修正）和《文物保护单位保护管理暂行办法》（1961）等实施管理[⑤]。自 1961 年国务院公布第一批 180 处"全国重点文物保护单位"以来，至 2013 年，先后公布天安门、故宫、中山陵、卢沟桥等七批全国重点文物保护单位 4295 处[⑥]。

4. 历史文化名城

历史文化名城（state-list famous historical and culture cities）是指保存文物特别丰富并且具有重大历史价值或者革命纪念意义的城市。历史文化名镇名村是指保存文物特别丰富并且具有重大历史价值或者革命纪念意义的镇或村[⑦]。国务院于 1982 年、1986 年和 1994 年先后公布了包括北京、敦煌、哈尔滨等在内的三批国家级历史文化名城。第一批 24 座、第二批 38 座、第三批 37 座，共计 99 座。从 2003 年 11 月第一批至 2010 年第五批历史文化名村镇颁布以来，全国共包括周庄、宏村等五批 181 处历史文化名镇，169 处历史文化名村，共 350 处历史文化名镇

---

① 国务院. 中华人民共和国自然保护区条例，1994.

② http://www.zhaoqing.gov.cn/bxgz2011/gysy/csyl/jsqk_10923/201210/t20121008_170959.html. 肇庆市人民政府网站：中国第一个自然保护区广东肇庆鼎湖山.

③ 环境保护部. 全国环境统计公报（2012 年），2013.

④ http://www.unesco.org/new/en/natural-sciences/environment/ecological-sciences/biosphere-reserves/asia-and-the-pacific/联合国教科文组织网站. 世界生物圈保护区名录.

⑤ 全国人民代表大会常务委员会. 中华人民共和国文物保护法，2013.

⑥ 中华人民共和国国家文物局网站. 全国重点文物保护单位. http://www.sach.gov.cn/col/col1613/index.html.

⑦ http://www.sach.gov.cn. 中华人民共和国国家文物局网站：中华人民共和国文物保护法，2007.

(村)[1],由建设主管部门会同文物主管部门依据《历史文化名城名镇名村保护条例》(2008)等共同实施管理。

5. **地质公园**

地质公园(geo park)是以具有特殊地质科学意义,稀有的自然属性、较高的美学观赏价值,具有一定规模和分布范围的地质遗迹景观为主体,并融合其他自然景观与人文景观而构成的一种独特的自然区域。地质公园既是为人们提供具有较高科学品位的观光旅游、度假休闲、保健疗养、文化娱乐的场所,又是地质遗迹景观和生态环境的重点保护区,地质科学研究与普及的基地[2]。中国地质公园包括世界级、国家级、省级和县市级,由国土资源部主管部门依据《地质遗迹保护管理规定》(1995)等进行监督和管理。第一批国家地质公园公布于 2001 年,截至 2014 年 1 月,国土资源部已陆续批准云南石林、新疆天山天池、黑龙江山口等七批共 240 处国家地质公园[3]。另外,1999 年中国成为联合国教科文组织"世界地质公园计划"试点国家之一,并于 2004 年 2 月 13 日,批准黄山、庐山等 8 处地质公园入选首批世界地质公园名单。截至 2013 年底,中国已有九批总计 29 处地质公园进入教科文组织世界地质公园网络名录[4]。

6. **森林公园**

森林公园(forest park)是指森林景观优美,自然景观和人文景物集中,具有一定规模,可供人们游览、休息或进行科学、文化、教育活动的场所[5]。公园内的森林,一般只采用抚育采伐和林分改造,不进行主伐。中国森林公园包括国家级、省级和市、县级三级,由国家林业行政部门依据《中华人民共和国森林法》(2009 修正)和《森林公园管理办法》(1994)等实施管理[6]。1982 年,中国第一处森林公园——湖南张家界国家森林公园批准建立。截至 2012 年底,全国共建立森林公园 2855 处,规划总面积 1738.21×10^4 ha,其中:重庆南山、南京紫金山等国家级森林公园共有 765 处,面积 1205.11×10^4 ha;省级森林公园 1315 处,面积 4112.42×10^4 ha;县(市)级森林公园 775 处,面积 1218.57×10^4 ha。[7]

7. **湿地公园**

湿地公园(wetland park)是指以保护湿地生态系统、合理利用湿地资源为目

---

① 国家文物局网站. 历史文化名城,历史文化名镇(村).

② http://cn.globalgeopark.org/index.html. 联合国教科文组织支持的世界地质公园网.

③ 国土资源部网站. 第七批国家地质公园资格名单.

④ 国土资源部网站. 联合国教科文组织. 世界地质公园网络中国成员分布.

⑤ 中华人民共和国林业部令第 3 号.

⑥ 林业部. 森林公园管理办法,1994.

⑦ http://zgslgy.forestry.gov.cn/portal/slgy/s/2452/content-593275.html. 中国森林公园网:2012 年度森林公园建设经营情况统计表.

的，可供开展湿地保护、恢复、宣传、教育、科研、监测、生态旅游等活动的特定区域[①]。包括国家级、省级湿地公园，由林业行政主管部门依据《国家湿地公园管理办法（试行）》(2010)等实施管理。自2005年2月批建第一个国家湿地公园试点——杭州西溪国家湿地公园以来，截至2013年1月21日，中国国家湿地公园试点总数达到298处，总面积超过178×10^4ha，保护湿地面积超过118×10^4ha[②]。其中的黑龙江安邦河、江苏太湖、浙江杭州西溪等12处于2011年成为首批正式国家湿地公园，2013年国家湿地公园总数达32个。另外，中国自1992年加入国际《湿地公约》以来，从国家和地方层面积极履行公约，遵守湿地保护与合理利用的理念，建立了黄河三角洲国家级自然保护区、黑龙江东方红湿地国家级自然保护区、湖北神农架大九湖湿地、贵州六盘水明湖国家湿地公园等46处国际重要湿地[③]。

8. 城市湿地公园

城市湿地公园(urban wetland park)是指利用纳入城市绿地系统规划的适宜作为公园的天然湿地类型，通过合理的保护利用，形成保护、科普、休闲等功能于一体的公园[④]。中国城市湿地公园分为国家级、省级，由建设主管部门依据《国家城市湿地公园管理办法（试行）》(2005)等实施管理[⑤]。自2005年5月建设部批准北京市海淀区翠湖湿地公园等第一批9处国家城市湿地公园以来，至2013年底，全国共有南京市高淳县固城湖、厦门市杏林湾等国家城市湿地公园49处[⑥]。

9. 水利风景区

水利风景区(water park)是指以水域（水体）或水利工程为依托，具有一定规模和质量的风景资源与环境条件，可以开展观光、娱乐、休闲、度假或科学、文化、教育活动的区域[⑦]，由国家水利部门依据《水利风景区管理办法》(2004)等实施管理。首批国家水利风景区共有18家，包括石漫滩水库、十三陵水库、沂蒙湖等。至2013年年底，共公布十三批国家水利风景区共计588处[⑧]。

10. 世界遗产

世界遗产(world heritage)是指被联合国教科文组织世界遗产委员会确认的人类罕见的、目前无法替代的、具有全人类公认的突出意义和普遍价值，并符合真

① http://www.shidi.org/. 国家林业局湿地中国网站：国家湿地公园管理办法（试行），2010.

② http://www.shidi.org. 国家林业局湿地中国网站：中国新增85处国家湿地公园试点，2013-02-04.

③ http://www.shidi.org. 国家林业局湿地中国网站：中国已有国际重要湿地46处通过验收国家湿地公园32处，2014-01-06.

④ http://www.landscape.cn/. 景观中国国家城市湿地公园管理办法（试行）.

⑤ 住房和城乡建设部. 国家城市湿地公园管理办法（试行），2005.

⑥ http://www.gov.cn/gzdt/2013-12/26/content_2554633.htm. 国务院新闻办公室：2012年中国人权事业的进展. 2013年5月中央政府门户网站. 住房城乡建设部：国家城市湿地公园再添4处.

⑦ http://slfjq.mwr.gov.cn/. 水利风景区.

⑧ http://slfjq.mwr.gov.cn/. 水利风景区网站：第一至十三批水利风景区名单.

实性和完整性要求的文物古迹及自然景观，可分为世界文化遗产、世界自然遗产、世界文化与自然遗产和文化景观四类。中国 1985 年加入《保护世界文化和自然遗产公约》(1972)。1987 年，泰山、长城、故宫、莫高窟、秦始皇陵、周口店北京人遗址成为中国第一批世界遗产。20 多年来，中国申请世界遗产事业发展迅速。2013 年 6 月 22 日，随着新疆天山和云南红河哈尼梯田申遗成功，中国的世界遗产增至 45 处，其中世界文化遗产 27 处，世界自然遗产 10 处，文化和自然双遗产 4 处，文化景观 4 处，超越西班牙(44 处)成第二大世界遗产国，仅次于意大利(48 处)(图 1-2)。

11. 中国文化遗产预备清单

中国文化遗产预备清单(tentative list of world cultural heritage in China)是国家文物局为了更好地促进和指导中国世界文化遗产的申报与保护工作而设立并实施管理的。国家文物局于 1996 年向联合国教科文组织递交中国首批《中国世界遗产预备名单》。第二版《中国世界文化遗产预备名单》由国家文物局于 2006 年 12 月 15 日公布并报送联合国教科文组织世界遗产中心，其中包括文化遗产 35 项。2012 年 11 月 17 日，国家文物局公布了北京中轴线(含北海)、大运河、中国白酒老作坊等最新一版的 45 项文化遗产预备名单，并要求加强对预备清单遗产地的保护和管理，对预备清单实施动态管理[①]。

12. 中国国家自然遗产、国家自然与文化双遗产预备名录

中国国家自然遗产、国家自然与文化双遗产预备名录(tentative list of China national natural heritage, and the national natural cultural heritage site)是建设部依据《保护世界文化与自然遗产公约》、《世界遗产操作指南》及相关法律法规的要求，为保护中国遗产资源，完善工作机制，加强世界自然遗产和自然文化双遗产申报、管理和保护工作而设立并实施管理的[②]。2006 年 7 月 5 日，建设部公布了《首批中国国家自然遗产、国家自然与文化双遗产预备名录》，其中包括五大连池风景名胜区、长白山植被垂直景观及火山地貌景观、三清山风景名胜区等自然遗产 17 处，五台山风景名胜区、九华山风景名胜区、龙虎山风景名胜区等自然与文化双遗产 13 处[③]。2013 年 10 月 29 日，住房和城乡建设部公布新版《中国国家自然遗产、自然与文化双遗产预备名录》46 项，包括北京市房山岩溶洞穴及峰丛地貌、河北省承德丹霞地貌等国家自然遗产预备名录 28 处，山西芦芽山风景名胜区、湖南省紫鹊

① http://www.sach.gov.cn/art/2012/11/17/art_59_122785.html. 中华人民共和国国家文物局：关于印发更新的《中国世界文化遗产预备名单》的通知(文物保函〔2012〕2037 号).

② 建设部. 建设部关于做好建立《中国国家自然遗产、国家自然与文化双遗产预备名录》工作的通知(建城[2005]56 号).

③ http://www.mohurd.gov.cn/zcfg/jsbwj_0/jsbwjcsjs/200611/t20061101_157201.html. 建设部：关于公布首批《中国国家自然遗产、国家自然与文化双遗产预备名录》的通报(建城[2006] 5 号).

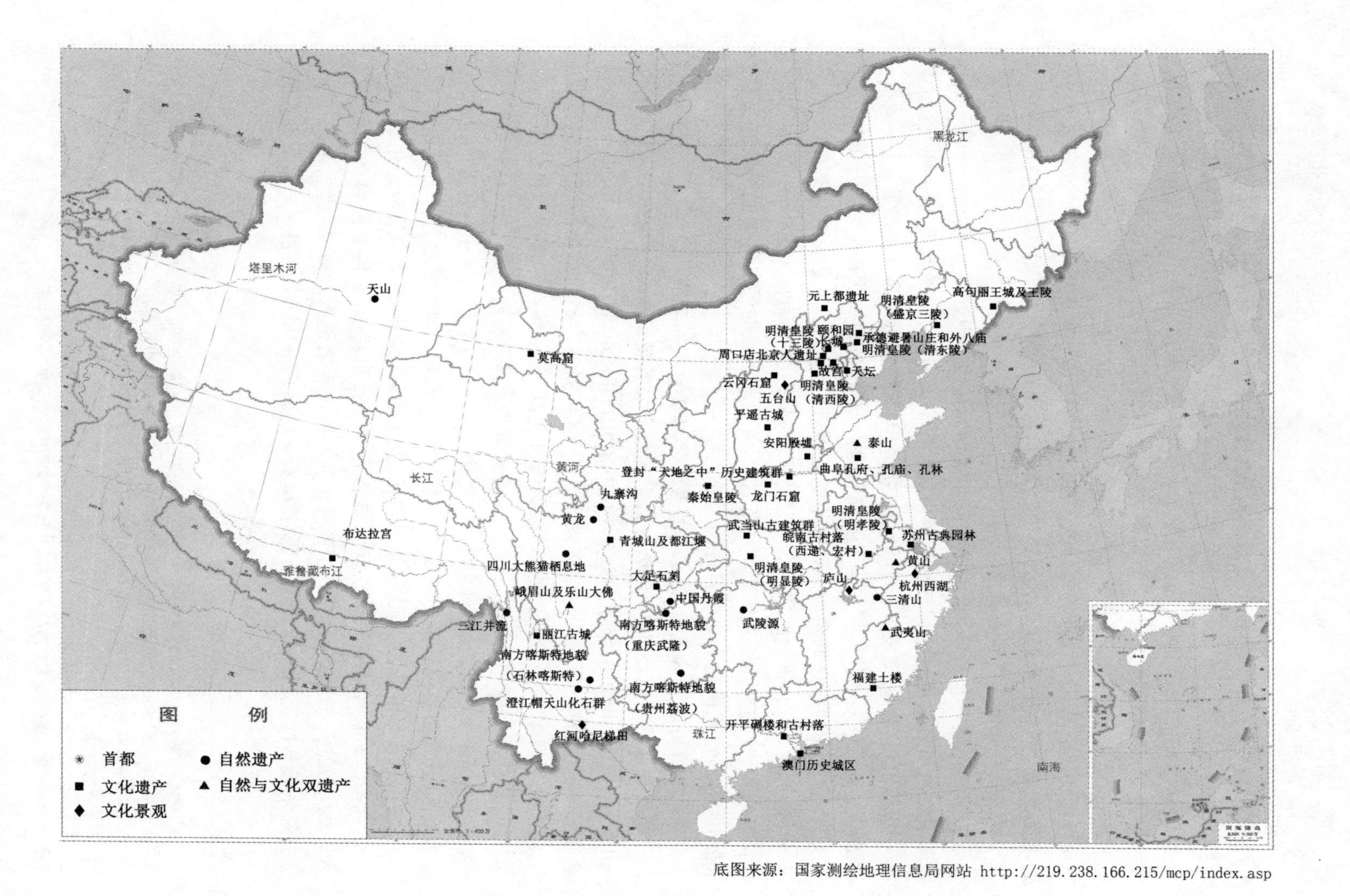

图 1-2 中国世界遗产分布示意图（截至 2013 年 6 月）

界-梅山龙宫风景名胜区等国家自然与文化双遗产预备名录18处①，并要求列入预备名录的单位加强科学研究、培训和能力建设，提高保护管理水平。

1.1.2　本书的研究重点

上述各类保护地，其定义和设立的目的决定了各自功能和保护利用侧重点的不同。其中自然保护区、湿地等因为承担着保护生物多样性重任，因此相对来说保护最为严格；地质公园、森林公园、水利风景区等则更多地强调资源的展示利用。历史文化名城名镇名村、文物保护单位则主要是在利用的基础上维护本体及其环境的真实性与完整性。而世界遗产和风景名胜区因为具有极高的科学、美学和历史文化价值，并承担着促进区域可持续发展的重任，因此既要严格保护、又要合理利用，继而成为中国各类遗产保护地中保护管理最复杂、功能最综合的法定保护区。因此本书中主要以世界遗产和风景名胜区为例，探讨中国自然文化遗产资源的价值体系及其保护利用。

1.2　显著的成绩与堪忧的问题

1.2.1　取得的主要成绩

新中国成立特别是改革开放以来，中国的自然文化遗产事业从无到有，快速发展，取得了显著成绩。结合中国文化和自然遗产地保护"十一五"规划纲要，成绩主要体现在：

初步建立了国家自然文化遗产管理机制。在体制建设方面，形成了与现行行政体制相对应的部门负责与属地管理相结合的管理方式；在法律法规上，各部门、各级政府出台了一系列法律、法规、规章及规范性文件，基本形成了"国家法律法规-地方政策法规-自然文化遗产地管理规定"的三级框架，有些还需要遵守相关国际公约；在规划管理上，基本形成了覆盖各类自然文化遗产的规划体系，各类国家自然文化遗产保护规划编制工作取得较大进展。国家自然文化遗产保护开始由粗放管理向规范化、法制化、科学化管理转变。但是，部门管理与属地管理也造成了

---

① http://www.mohurd.gov.cn/zcfg/jsbwj_0/jsbwjcsjs/201311/t20131112_216196.html.中华人民共和国住房和城乡建设部:关于更新《中国国家自然遗产、自然与文化双遗产预备名录》的通知(建城[2013]156号).

中国自然文化遗产资源多头管理、地方过分追求经济利益等问题。

自然文化遗产保护工作被纳入国家社会经济发展整体战略，自然文化遗产保护意识在全社会逐步普及。随着科学发展观的贯彻落实，中国自然文化遗产的保护和利用正在成为可持续发展和构建社会主义和谐社会的重要内容。国家“十一五”规划明确提出“实施主体功能区战略”，世界文化自然遗产、国家级自然保护区、国家级风景名胜区、国家森林公园、国家地质公园等被明确划定为禁止开发区域。党的十八大报告又系统、完整地提出生态文明的战略任务。随着自然文化遗产保护的宣传、教育工作逐步加强，自然文化遗产价值认识逐步深化，自然文化遗产保护观念得到推广，全民自然文化遗产保护意识逐渐形成。这也进一步要求国家层面关于遗产地财政保障机制和绩效评估机制等具体政策必须及时跟进。

自然文化遗产的环境、社会和经济效益日渐突出。自然文化遗产在中国生态环境保护、民族文化传承和社会发展进步方面发挥着不可替代的重要作用。目前，中国85%左右的陆地生态系统类型、绝大多数国家公布的重点保护野生动植物物种以及大部分具有国际代表性和国内典型性的地质遗迹和古生物遗迹，在国家自然文化遗产体系中得到保护①。中国湿地维持着约 2.7×10^{12} t 淡水，保存了全国96%的可利用淡水资源，是中国淡水安全的生态保障②。同时，自然文化遗产凝聚着深厚的民族精神，在加强精神文明建设、传承民族优秀传统文化、开展爱国主义教育、促进民族团结、维系海内外中华儿女情感和增进国家认同感等方面发挥着日益重要的作用。自然文化遗产也是旅游业发展的宝贵资源，遗产旅游带动了诸多相关产业的发展，增加了就业机会，促进了自然文化遗产周边群众的脱贫致富，2011 年，中国游客量前十位的风景名胜区年游客数均超过 1400 万人次，而门票收入前十位的风景名胜区仅此一项均超过 3.5 亿元(见表 1,表 2)。湖南省的世界遗产地和风景名胜区 2011 年吸纳了全省 40%以上、总数达到 1.3 亿人次的游客，创造了占全省 1/4 以上、总数 400 亿元的旅游收入③。

表 1-1 2011 游客量前十位的风景区

排 序	风景区名称	面积/km^2	游客量/万人次
1	太湖	905	4448
2	杭州西湖	59	2840
3	桂林漓江	2064	2788
4	富春江新安江	1364	2006

① 国家发展和改革委员会. 国家文化和自然遗产地保护“十一五”规划纲要，2007.

② 中国新闻网 http://www.chinanews.com/gn/2014/01-13/5728201.shtml. 中国湿地保存 96%可利用淡水资源保障淡水安全.

③ 中国风景名胜区协会. 中国风景名胜区回顾与展望[M]. 北京：中国建筑工业出版社，2012：58.

（续表）

排　序	风景区名称	面积/km²	游客量/万人次
5	白云山	22	1995
6	钟山	41	1742
7	武陵源	397	1621
8	梧桐山	32	1500
9	鼓浪屿-万石山	209	1556
10	秦皇岛北戴河	366	1456

表 1-2　2011 年门票收入前十位的风景区

风景区名称	面积/km²	游客量/万人次	门票收入/亿元
武陵源	397	1621	8.77
三亚热带海滨	247	1257	7.70
太湖	905	4448	6.94
黄山	161	274	5.65
九寨沟	720	284	5.39
胶东半岛海滨	92	872	5.30
富春江新安江	1364	2006	4.95
黄龙	1340	210	4.30
石林	350	304	4.02
丽江玉龙雪山	360	850	3.60

自然文化遗产保护的国际交流与合作日益广泛深入。中国在自然文化遗产保护方面还与多个国际组织和有关国家建立了广泛的合作关系，合作模式从过去的“走出去，向别人学习”逐步向“重合作，在合作中创新”转变。中国是《保护世界文化和自然遗产公约》、《生物多样性公约》、《湿地公约》等国际公约的缔约国，并作为遗产大国承办了第 28 届世界遗产大会、第 3 届世界自然遗产大会、国际风景园林师联合会第 47 届世界大会，还与相关国际组织合作举办了一系列国际会议。由江西庐山发起成立了世界名山大会。截至 2011 年，共有 27 个国家级风景名胜区与国外的国家公园建立了友好公园，并派出 2061 名技术人员赴国外学习交流，接待

133 801 名国外国家公园人员访问交流[1]。这些合作不仅有效地促进了中国遗产保护事业的国际化，同时也增进了国际同行对中国文化和自然遗产保护理念、方法的认识和理解，形成了一些具有重要影响的国际文件（如《苏州宣言》、《峨眉山宣言》等），发挥了作为一个自然和文化遗产资源大国应有的积极作用，为国际自然和文化遗产保护事业作出了重要贡献。

1.2.2 堪忧的问题

在看到中国自然文化遗产保护取得突出成绩的同时，也要清醒地看到中国自然文化遗产保护在国家快速工业化和城镇化的背景下还面临着错误认识、错位开发、体制不顺、区域不平衡等因素带来的严峻挑战，存在着一系列亟待解决的问题。

1. 错误认识

自然文化遗产是人类宝贵的文化财富。但随着近年来一些自然文化遗产知名度大增，游客蜂拥而至，在取得了显著的经济效益和社会效益的同时，一些地方和领导对遗产的认识出现了严重的错误，将遗产这种不可再生的资源完全等同于一般的经济资源而且是无成本的经济资源，以其旅游价值完全取代了历史文化和科学价值。

于是，一方面造成片面追求经济利益，对自然文化遗产资源超载开发，过度利用；另一方面，这种利用在空间上集中在遗产地范围内，产业上多限于狭义的旅游业，结果是超载利用、低效收益。这些都对自然文化遗产的真实性和完整性造成了破坏，甚至在国内外产生了不良影响，损害了国家的声誉和形象。

2. 错位开发

首先，无序的建设造成遗产地内部"城市化"、"商业化"和"人工化"，破坏了遗产地原有风貌以及生态环境，也降低了遗产资源的审美内涵，影响了游客的游览情趣。其次，遗产地外围混乱的布局造成遗产地环境"孤岛化"，大量建设用地沿着通道或多方向不断蚕食、挤占遗产地外围保护用地甚至遗产用地，使遗产地失去了其存在和演变的历史环境，真实性和完整性受到严重损害。

3. 体制不顺

目前，部分国家自然文化遗产拥有多重身份，风景、旅游、森林、土地、文物、宗教等分别属于不同部门管理，没有统一的遗产管理机构，容易产生"遇到利益一哄而上，遇到责任互相推诿"的现象。各类自然文化遗产区划重叠、边界不清、核心功

[1] 住房和城乡建设部. 中国风景名胜区事业发展公报(1982—2012)，2012.

能不明造成了管理效能低下，不利于统筹自然文化遗产资源的整体保护。

除了多头管理外，中国现行行政法规对国家文化和自然文化遗产保护均作了相应规定，但一些领域的立法滞后，实践中有法不依、执法不力、违法不究的问题在一些地方还较为突出，法制化建设亟待加强。规划管理方面，当前在一些自然文化遗产规划管理中存在的规划缺乏、水平不高、执行不力、修订滞后、公众和专家参与不足等突出问题，严重削弱了规划在自然文化遗产保护管理中的基础性作用，导致一些自然文化遗产盲目建设、粗制滥造，甚至造成破坏。

4. 区域不平衡

中国自然文化遗产分布点多、面广，尤其是对于广大中西部地区而言，分布着中国大部分重要的生态保护区（如三江源）以及珍贵的大型民族文化遗产（如丝绸之路），但由于经济相对落后，多年来在设施设备和日常管理上资金投入不足，许多自然文化遗产保护设施短缺，装备陈旧，技术人员匮乏，因此它们面临的主要是保护管理能力低下的问题。而对于东部地区，由于经济发达，人口密集，遗产地在征地、拆迁、就业、收益分配等方面和当地居民容易引发诸多冲突，影响了自然文化遗产的有效保护和可持续利用，因此，东部面临的更多是巨大的发展压力问题。

1.3 政府的重视与现实的无奈

针对遗产地存在的问题，政府给予了高度重视。中央领导作出批示，国务院发布专项通知，国家行政主管部门制定一系列针对性的办法，一定程度上对这些问题起到了预防、监督和改进的作用。以风景名胜区为例，从国家层面上看：

1995 年 3 月 30 日，《国务院办公厅关于加强风景名胜区保护管理工作的通知》（国办发[1995]23 号）强调：风景名胜资源是珍贵的、不可再生的自然文化遗产，要正确处理好经济建设和资源保护的关系，把保护风景名胜资源放在风景名胜区工作的首位；风景名胜资源属国家所有，必须依法加以保护。各地区、各部门不得以任何名义和方式出让或变相出让风景名胜资源及其景区土地，不准在风景名胜区、景区设立各类开发区、度假区等。

2000 年 3 月 13 日，《国务院办公厅关于加强和改进城乡规划工作的通知》（国办发[2000]25 号）发布，要求科学编制风景名胜区规划，按照生态保护和环境容量的要求，严格控制开发利用活动。在风景名胜区、景区内不准规划建设宾馆、招待所、各类培训中心及休、疗养院所。各地区、各部门不得以任何名义和方式出让或变相出让风景名胜资源及其景区土地，不准在风景名胜区内设立各类开发区、度假区等；擅自进行开发建设的，要坚决予以纠正。

2002年5月15日，国务院发布《国务院关于加强城乡规划监督管理的通知》(国发[2002]13号)，再次强调风景名胜资源是不可再生的国家资源，严禁以任何名义和方式出让或变相出让风景名胜区资源及其景区土地，不得在风景名胜区内设立各类开发区、度假区。在各级风景名胜区内应严格限制建设各类建筑物、构筑物。

2006年，针对山西省方山县违规出让北武当山风景名胜区管理权等问题，温家宝总理和曾培炎副总理都作出重要批示，要求立即纠正。

2007年，国务院批准由国家发展和改革委员会会同财政部、国土资源部、建设部、国家文物局、国家环境保护总局、国家林业局、国家旅游局联合编制的《国家文化和自然遗产地保护"十一五"规划纲要》。这是新中国成立以来第一个在国家层面以遗产地为对象的专项保护规划纲要，它在深入研究中国各类遗产地有关情况的基础上，对"十一五"期间遗产地保护的有关重大战略、重大措施、重大项目和重大行动进行了统筹规划。

2008年4月22日，国务院发布《历史文化名城名镇名村保护条例》(国务院令第524号)，将2008年4月2日国务院第3次常务会议通过的《历史文化名城名镇名村保护条例》进行公布，并于2008年7月1日起施行。

2012年6月，国家发展改革委会同国土资源部、环境保护部、住房城乡建设部、文化部、国家林业局和国家文物局等六部门联合印发了《国家"十二五"文化和自然遗产保护设施建设规划》，要求坚持保护为主、合理利用的方针，以完善保护性基础设施和核心区域环境整治为重点，努力使中国各类重要文化和自然遗产的保护基础设施水平明显改善。

2012年10月31日，国务院发布《国务院关于发布第八批国家级风景名胜区名单的通知》(国函[2012]180号)，公布了第八批17处国家级风景名胜区名单，并要求地方各级人民政府处理好保护与开发利用的关系，统一规划和管理风景名胜区，切实做好风景名胜资源的保护和管理工作。国务院有关部门要密切配合，加强对风景名胜区有关工作的指导和监督，促进风景名胜区可持续发展。

住房和城乡建设部(原建设部)2000年以来也针对性地发布了一系列通知：

2000年1月24日，建设部发布"关于转发《关于对〈旅游区(点)质量等级的划分与评定〉国家标准意见的函》的通知"(建城景字[2000]第1号)，将建设部、国家环保总局、国家林业局"关于对《旅游区(点)质量等级的划分与评定》国家标准意见的函"转发至各省、区、直辖市建委(建设厅)。

2000年4月7日，建设部发布“关于贯彻落实《国务院办公厅关于加强和改进城乡规划工作的通知》的通知”（建规[2000]76号），要求继续开展城乡规划执法检查，严格执法，严肃查处各类违法建设。当年，要重点检查各类开发区、旅游度假区、城乡结合部、风景名胜区和重点历史街区的规划管理情况。

2000年4月28日，建设部发布《关于加强风景名胜区规划管理工作的通知》（建城[2000]94号），通知要求各级风景名胜区管理部门必须认真按照规划进行建设，严格控制开发利用活动，坚决制止违法违章建设；按照生态保护和环境容量的要求，对各项开发利用活动进行科学合理地安排，科学地组织好风景名胜区规划的编制工作；各地要加强对风景名胜区规划建设项目的管理，严格执行《风景名胜区建设管理规定》和规划审批制度。

2000年8月1日，建设部发布《关于对特殊游览参观点门票价格管理的意见》（建城景字[2000]第15号），提出鉴于风景名胜资源特殊性和公益性，对于特殊参观点门票价格应以政府定价为主，适当考虑市场影响和调节作用。

2000年8月4日，建设部发布《关于对泰山中天门索道改建问题的批复》（建城函[2000]247号），明令指出泰山索道改建工程明显违背了国务院批准的《泰山风景名胜区总体规划》，也违反了《国务院办公厅关于加强和改进城乡规划工作的通知》（国办发[2000]25号）精神和建设部《风景名胜区建设管理规定》等规定的程序，造成了不良社会影响，应追究决策人的责任，将来必须拆除。

2000年9月1日，建设部发布“关于印发《城市古树名木保护管理办法》的通知”（建城[2000]192号），要求对树龄一百年以上的古树、国内外稀有的以及具有历史价值和纪念意义及重要科研价值的名木予以保护。

2001年3月9日，建设部发布《关于国家重点风景名胜区开展创建ISO14000国家示范区活动的通知》（建城[2001]51号），建设部和国家环境保护总局决定在国家重点风景名胜区开展创建ISO14000国家示范区活动。

2001年4月20日，建设部发布“关于发布《国家重点风景名胜区规划编制审批管理办法》的通知”（建城[2001]83号），要求国家重点风景名胜区总体规划应当确定风景名胜区性质、范围、总体布局和公用服务设施配套，划定严格保护地区和控制建设地区，提出保护利用原则和规划实施措施。详细规划应当依据总体规划，对风景名胜区规划地段的土地使用性质、保护和控制要求、环境与景观要求、开发利用强度、基础设施建设等提出详细规划，并对规划审批程序给予明确规定。

2001年11月2日，建设部发布“关于转发中央电视台《张家界：黄牌警告之后》报道资料的通知”（建办城函[2001]322号），提出加大风景名胜区规划管理和监督力度，加强和改进风景名胜区的管理工作。

2002年8月2日，国家建设部、文物局、国土资源部、发展计划委员会、文化部、监察部、财政部、国家旅游局、中央机构编制委员会办公室等九部委发布“关于贯彻落实《国务院关于加强城乡规划监督管理的通知》的通知”（建规[2002]204号），要求进一步强化城乡规划对城乡建设的引导和综合调控作用，健全城乡规划建设的监督管理制度，促进城乡经济社会的健康发展。

2002年8月14日，建设部发布《关于立即制止在风景名胜区开山采石加强风景名胜区保护的通知》（建城[2002]213号），指出当前在一些风景名胜区内存在的不同程度的开山采石、毁林毁木、破坏植被等现象，使自然生态环境遭到严重破坏，国家财产和人民群众生命安全受到极大损失，要求立即制止破坏行为加强保护。

2002年11月6日，建设部发布《关于加强城市生物多样性保护工作的通知》（建城[2002]249号），提出生物多样性保护工作的重要意义，要求各级部门结合当地情况突出重点，开展生物资源调查并制定保护计划，加强对生物多样性保护管理工作的认识与领导。

2002年11月19日，建设部发布《关于开展城市规划和风景名胜区监管信息系统建设试点工作的通知》（建科信函[2002]143号），明确了试点省市及试点工作的主要内容、计划进度、工作成果、组织分工等相关安排，为推动城市规划和风景名胜区建设事业的信息化发展做准备。

2003年3月11日，建设部发布《关于开展国家重点风景名胜区综合整治工作的通知》（建办城[2003]12号），决定在全国国家重点风景名胜区开展综合整治工作，对风景名胜区标牌、标志的设立，风景名胜区的机构设置，风景名胜区核心保护区的划定等内容进行严格整治，依法查处破坏风景名胜资源行为的情况。

2003年4月11日，建设部发布《关于做好国家重点风景名胜区核心景区划定与保护工作的通知》（建城[2003]77号），对切实做好国家重点风景名胜区特别是核心景区划定与保护工作提出要求，要求进一步提高风景名胜区核心景区划定和保护工作，明确核心景区概念并科学划定其范围。此外，针对核心景区的保护要编制专项保护规划，明确保护重点，确定保护措施，并加强落实与监督工作。

2003年6月25日，建设部发布“关于印发《国家重点风景名胜区总体规划编制报批管理规定》的通知”（建城[2003]126号），旨在加强国家重点风景名胜区总体规划编制和报批的管理，进一步提高规划编制的规范性和科学性。

2003年9月2日，建设部发布《关于进一步加强与规范各类开发区规划建设管理的通知》（建规[2003]178号），旨在认真做好各类开发区清理工作，严格规范开发区的设立和扩区，避免擅自设立开发区，盲目扩大开发区规模及各类违反城乡规划管理原则等问题，进一步加强和规范开发区的规划管理工作，促进开发区的健康有序发展。

2004 年 1 月 9 日，建设部发布“关于印发《国家重点风景名胜区审查办法》的通知”(建城[2004]9 号)，将《国家重点风景名胜区审查办法》、《国家重点风景名胜区审查评分标准》及《国家重点风景名胜区申报书》进行印发。

2005 年 4 月 20 日，建设部发布“关于做好建立《中国国家自然遗产、国家自然与文化双遗产预备名录》工作的通知”(建城[2005]56 号)，明确要求建立预备名录机制并实行动态管理，列入《预备名录》的项目，建设部和省级建设行政主管部门将在制订保护规划、资源监测、管理能力建设、科研、培训、国际合作等项目安排上给予一定的支持；在推荐申报世界遗产方面，将优先考虑资源保护比较好、管理能力比较强、申报工作准备充分的国家自然遗产、国家自然与文化双遗产项目。

2005 年 9 月 22 日，建设部副部长仇保兴在合肥举行的全国风景名胜区综合整治暨风景名胜区纪检监察工作会议上表示，风景名胜区经营权的转让方式中，有 4 条底线是不能突破的：一是政府的行政管理职能不能有任何削弱，更不能做任何的转移，风景名胜区不能交给企业管理；二是绝不能在核心景区推行任何实质性的经营权转让；三是对已经开发、成熟的景点以及其他重要的景点，不允许转让其经营权；四是风景名胜区的大门票不能让公司垄断，或者捆绑上市。

2005 年 11 月 4 日，建设部发布《关于搞好国家重点风景名胜区数字化建设试点工作的通知》(建城景函[2005]143 号)，初次提出在全国选定部分国家重点风景名胜区作为试点，就数字化建设工作进行重点指导和扶持，同时启动国家重点风景名胜区管理平台等有关数字化建设。

2005 年 11 月 14 日，建设部发布《关于做好 2005 年国家重点风景名胜区综合整治总结与考评工作的通知》(建城景函[2005]152 号)，对 2005 年国家重点风景名胜区综合整治总结与考评工作提出要求。

2006 年 1 月 10 日，建设部发布《关于公布数字化景区建设试点名单的通知》(建城景函[2006]5 号)，公布了包括北京八达岭在内的 18 个国家重点风景名胜区为数字化景区试点单位。

2006 年 3 月 7 日，建设部发布《关于做好 2006 年国家重点风景名胜区综合整治工作的通知》(建办城函[2006]117 号)，对 2005 年国家重点风景名胜区综合整治工作做了总结，并对 2006 年工作提出要求，要求仍然从理顺管理体制、查处违章建设、加快规划编制与报批、加快监管信息系统建设和规范标志、标牌设置五方面加强国家重点风景名胜区综合整治。同时，还要加强综合整治考评工作，进一步扩大整治结果。

2006 年 3 月 7 日，建设部发布《关于做好 2006 年国家重点风景名胜区监管信息系统建设工作的通知》(建办城[2006]13 号),对 2005 年国家重点风景名胜区监管信息系统建设工作做了总结,并对 2006 年工作提出要求,要求在扩大监管信息系统建设覆盖面、搭建监管信息系统网络平台和建立监管信息系统管理制度等三个方面取得新的突破。

2006 年 4 月 10 日,建设部发布《关于加强风景名胜区防火工作的通知》(建城[2006]80 号),对加强风景名胜区的防火工作提出了意见,要求增强防火工作的紧迫感、责任感和使命感,采取有效措施,与有关部门密切合作,切实做好火灾防范工作。

2006 年 5 月 12 日,建设部发布《关于严格限制在风景名胜区内进行影视拍摄等活动的通知》(建城电[2006]53 号),提出为切实加强对风景名胜资源的保护,严格限制在风景名胜区内进行影视拍摄活动,力保风景资源的真实性与完整性。

2006 年 6 月 7 日,建设部发布《关于进一步做好创建文明风景名胜区工作的通知》(建城函[2006]156 号),提出在全国风景名胜区进一步深入开展创建文明风景名胜区活动,要求加大创建的力度并创新活动形式、丰富其内涵,严格掌握标准,扎实稳定地推进创建工作。

2006 年 9 月 15 日,建设部发布《关于开展国家重点风景名胜区综合整治互查工作的通知》(建办城函[2006]605 号),提出国家重点风景名胜区综合整治互查工作分阶段检查的要求,并对检查重点以及检查方式、时间、要求等相关做了详细安排。

2006 年 10 月 12 日,建设部发布《关于认真做好〈风景名胜区条例〉宣传贯彻工作的通知》(建城函[2006]275 号),要求充分认识《风景名胜区条例》的重要意义,认真组织好《风景名胜区条例》的宣传。各地和景区要在当年 11 月份开展条例专题宣传月活动。

2006 年 10 月 19 日,建设部发布《关于对山西省方山县违规出让北武当山风景名胜区管理权等问题的通报》(建城[2006]249 号),将对山西省方山县人民政府违规出让北武当山风景名胜区的管理权、建设权、收益权等权利和违规开发建设的问题进行专项调查,并向国务院作出报告等有关情况进行了通报。

2006 年 10 月 24 日,建设部发布《关于召开〈风景名胜区条例〉宣贯工作电视电话会议的通知》(建办城电[2006]142 号),定于 2006 年 10 月 30 日召开《风景名胜区条例》宣贯工作电视电话会议。

2007 年 2 月 7 日,国家环境保护总局、建设部、文化部以及国家文物局联合发布《关于加强涉及自然保护区、风景名胜区、文物保护单位等环境敏感区影视拍摄和大型实景演艺活动管理的通知》(环发[2007]22 号),将影视制作和大型实景演艺活动导致自然保护区、风景名胜区、文物保护单位生态破坏与环境污染的问题依法进行监督管理。

2007 年 3 月 29 日，建设部发布《关于做好 2007 年国家级风景名胜区监管信息系统建设工作的通知》（建办城函［2007］197 号），将 2007 年国家级风景名胜区监管信息系统建设工作的有关事项予以通知，指出 2007 年国家级风景名胜区监管信息系统建设工作的总体目标、主要工作和几点要求。涉及国家级风景名胜区监管信息系统的安装、培训和基础数据库建设、国家级风景名胜区监管信息系统网络传输服务、加强国家级风景名胜区监管信息系统规范化建设、管理和应用等内容。

2007 年 4 月 3 日，建设部发布《关于做好国家级风景名胜区综合整治全面验收工作的通知》（建办城函［2007］207 号），在开展风景名胜区综合整治工作的第五年时，将有关验收工作予以通知，明确总体要求及验收工作的具体安排，并下达建设部组织编制的具体统一的验收标准。

2007 年 4 月 3 日，建设部发布“关于印发《国家级风景名胜区徽志使用管理办法》的通知”（建城［2007］93 号），对国家级风景名胜区徽志图案的中文标注进行了局部调整，以加强风景名胜资源的保护与宣传，更好地树立国家级风景名胜区的统一品牌形象，规范国家级风景名胜区徽志的使用和管理。

2007 年 4 月 7 日，建设部发布《关于开展中国风景名胜区设立二十五周年宣传活动的通知》（建办城函［2007］217 号），定于 2007 年 4 月至 9 月，开展以宣传风景名胜区发展成就和贯彻落实《风景名胜区条例》为主题的中国风景名胜区设立二十五周年系列宣传活动，将有关事项予以通知。

2007 年 4 月 27 日，国家测绘局和建设部联合发布《国家测绘局，建设部关于启用泰山等第一批 19 座著名山峰高程新数据的公告》（国家测绘局　建设部公告第 1 号），公布了泰山等第一批 19 座著名风景名胜山峰高程新数据。

2007 年 5 月 10 日，建设部发布“关于印发《国家级风景名胜区综合整治验收考核标准》的通知”（建办城函［2007］291 号），并定于 2007 年 5 月下旬至 7 月下旬组织对国家级风景名胜区综合整治工作进行验收考核。

2007 年 10 月 26 日，建设部发布“关于印发《国家级风景名胜区监管信息系统建设管理办法（试行）》的通知”（建城［2007］247 号），印发各地执行建设部组织制订的《国家级风景名胜区监管信息系统建设管理办法（试行）》，规范国家级风景名胜区监管信息系统建设管理，建立健全国家级风景名胜区科学监测体系和监管机制。

2007 年 11 月 16 日，建设部发布“关于召开‘贯彻落实《风景名胜区条例》推进风景名胜区综合整治总结会议’的通知”（建办城函［2007］714 号），定于 2007 年 12

月1日在北京人民大会堂召开"贯彻落实《风景名胜区条例》,推进风景名胜区综合整治总结会议"。

2007年11月28日,建设部发布《关于国家级风景名胜区综合整治工作的通报》(建城[2007]270号),对在整治工作中取得显著成绩的综合整治工作先进单位和个人进行了表彰,并分别授予"国家级风景名胜区综合整治十佳单位"、"国家级风景名胜区综合整治先进工作者"等荣誉称号。

2008年3月11日,建设部发布《关于做好2008年国家级风景名胜区监管信息系统建设暨推进数字化景区试点工作的通知》(建办城函[2008]116号),提出以国家级风景名胜区监管信息系统管理平台为依托,积极推进部、省、景区三级监管信息系统的网络化、规范化运行,强化遥感监测核查在风景名胜区规划实施和资源保护方面的技术支撑和应用,加快推进数字化景区试点建设工作,促进风景名胜区的健康发展。

2009年3月19日,中央精神文明建设指导委员会办公室,住房和城乡建设部以及国家旅游局联合发布《关于表彰第二批全国文明风景旅游区和全国创建文明风景旅游区工作先进单位的决定》(文明办[2009]2号),对第二批全国文明风景旅游区和全国创建文明风景旅游区工作先进单位进行了表彰,并复查确认继续保留荣誉称号的首批全国文明风景旅游区名单。

2009年6月28日,住房和城乡建设部办公厅发布《关于做好国家级风景名胜区规划实施和资源保护状况年度报告工作的通知》(建办城函[2009]584号),就年度报告报送工作的报送单位,内容和方式,报送时间及要求等有关事项进行了通知。

2010年9月7日,住房和城乡建设部发布《关于进一步加强世界遗产保护管理工作的通知》(建城函[2010]240号),针对遗产工作中存在的"重申报、轻管理","重开发、轻保护"等现象,提出了深刻认识保护世界遗产的重要意义、科学推进申报、依法开展保护、加大宣传力度、加强能力建设等明确要求。

2010年11月12日,财政部办公厅、住房和城乡建设部办公厅发布《关于组织申报2011年国家级风景名胜区和历史文化名城保护补助资金的通知》(财办建[2010]95号),就2011年国家级风景名胜区和历史文化名城保护补助资金申报工作有关问题进行了布置,并规定了各部门的文件上报时间。

2011年2月27日,住房和城乡建设部城市建设司公布2011年工作要点,提出加强风景名胜区和世界遗产保护工作,深入贯彻《风景名胜区条例》,加强风景名胜区规划、建设和管理的监管,正确处理好风景名胜资源保护和利用的关系。继续做好国家级风景名胜区规划审查和重大建设项目选址的核准工作,严格查处各类违法违规行为。继续推进国家级风景名胜区监管信息管理工作，加强风景名胜区动态监测核查工作。

2012 年 1 月 11 日，住房和城乡建设部批准《风景名胜区游览解说系统标准》为行业标准（住房和城乡建设部公告第 1244 号），编号为 CJJ/T173-2012，自 2012 年 6 月 1 日起实施。

2012 年 12 月 4 日，住房和城乡建设部发布《中国风景名胜区事业发展公报》，全面总结了中国风景名胜区事业 30 年发展的成绩与问题，系统阐述了风景名胜区的性质、功能、国家方针以及今后的发展方向，进一步强调了风景名胜事业的公益性，以及“科学规划，统一管理，严格保护，永续利用”的十六字方针。公报加深了社会公众对国风景名胜区事业的认知，对中国风景名胜事业发展具有承上启下的重要作用。

2012 年 12 月 6 日，住房城乡建设部下发通知，通报风景名胜区保护管理执法检查结果，安徽黄山等 16 个风景名胜区被评为优秀等级，予以表扬；因保护管理不达标，有 5 个风景名胜区被责令限期整改。

以上通知、要求内容广泛，涉及风景名胜区功能地位、总体要求、法制建设、规划管理、经营利用、技术规范、数字化建设、部门协调、综合整治以及生态破坏与环境污染等专门问题等方面。政府的重视使一些破坏遗产资源的现象得到了制止，有关责任人受到了处理。但是，我们也清楚地看到一些无奈的现实：由于国家层面统筹管理机制的缺乏和地方政府的观念认识等深层次、根本性缺陷，加上政府、开发商、原住民和游客等多种利益的博弈，我们的遗产资源在被当做地方资源、当做摇钱树开发而遭到持续地破坏。

1998 年湖南张家界作为中国首批列入世界自然遗产名录的风景名胜区，曾被联合国教科文组织（United Nations Educational，Scientific and Cultural Organization，UNESCO）亮出过“黄牌警告”，并严肃指出，“张家界的武陵源现在是一个旅游设施泛滥的世界遗产景区，大部分景区像一个城市郊区的植物园或公园。”2013 年 1 月，联合国教科文组织在世界地质公园检查中给予湖南张家界、江西庐山和黑龙江五大连池三大景区“黄牌警告”，督促三者在“向公众科普地球科学知识”等方面整改①。

2013 年，住房和城乡建设部继 2012 年以后再次抽取全国 64 处国家级风景名胜区进行执法检查。其中新疆天山天池等 17 处风景名胜区为优秀等级；贵州九洞

---

① http://huanbao.gongyi.ifeng.com/detail_2013_02/07/22053029_0.shtml. 凤凰网：张家界景区被联合国“黄牌警告”官方承诺整改.

天等19处风景名胜区为良好等级;山西五台山等9处风景名胜区为达标等级;山东青岛崂山等12处风景名胜区为达标等级,但存在突出问题,责令限期整改;福建清源山等7处风景名胜区为不达标等级,予以通报批评,并责令限期整改①。责令限期整改的风景名胜区达到19处,占检查总数的30%,普遍存在管理体制不顺、管理机构职能薄弱、不能依法实施统一有效管理以及不依法履行重大建设项目选址报批手续、部分建设项目不依法报经管理机构审核并履行有关报批手续、严重影响景观风貌、村落无规划控制、建设无序混乱等现象。

国家林业局2014年1月13日发布了第二次全国湿地资源调查结果,全国现有湿地总面积5360.26×10^4ha,过去十年间,中国湿地面积减少了约340×10^4ha,大约等于两个北京市的面积②。

中国城镇化率已经从1980年的19.4%增加到2011年的51.27%,城镇人口首超农村,达到6.9亿人。几十年来市场经济和城市化浪潮,再加上新农村建设,使成千上万个古村落面临威胁。目前全国有230万个村庄,由于重开发、轻保护、当成摇钱树,依旧保存与自然相融合的村落规划、代表性民居、经典建筑、民俗和非物质文化遗产的古村落只剩下两三千座,而在2005年还有约5000座,7年消失近一半③。

1.4 对遗产价值体系研究的必要性

可以说,对自然文化遗产资源的一切破坏源自于对遗产性质和价值的错误认识。因而长期以来,"保护与开发的关系"就成了遗产学术部门和地方政府管理部门、专家与领导争议的焦点。有三种主要观点,分别代表了不同的利益主体。

一是"保护说"。"在保护的前提下适度利用",这是大多数专家的观点和国家政策的要求。保护是第一位的,所以既有次序关系,也有强度要求。

二是"并重说"。"保护与开发并重",这是许多遗产地所在政府和管理部门的

---

① http://www.mohurd.gov.cn/zcfg/jsbwj_0/jsbwjcsjs/201309/t20130929_215739.html.中华人民共和国住房和城乡建设部网站:住房城乡建设部关于2013年国家级风景名胜区执法检查结果的通报.

② http://jingji.cntv.cn/2014/01/13/VIDE1389617820325440.shtml.经济信息联播:中国湿地十年减少340×10^4ha相当于两个北京.

③ http://news.xinhuanet.com/politics/2012-10/11/c_113342489.htm.新华新闻:7年消失近一半——拿什么拯救我们的古村落?

“口号”。

三是“开发说”。开发是保护的基础。只有更好地开发,才能更好地保护,空谈保护是不现实的也是不可行的,这是多数遗产地开发商或经营者的理念。

由此不难看出,专家的观点在理论上是科学的,但他们不是遗产的具体管理者。而出于地方利益、眼前利益、个人利益、经济利益等考虑,作为真正的遗产管理者和政策执行者的大多数地方政府,即使打着“并重说”的口号,实际上也无法做到真正的并重,而是继续走着“先污染,后治理;先开发,再保护”的老路。而作为开发商或经营者,追求最大的经济利益是其原本目的。于是,当一切理论上的观念争议还在进行时,对遗产的破坏却在每时每刻地发生着。出现这些问题的原因,首先在于对自然文化遗产的价值没有正确的认识,不清楚“保护什么,利用什么”,无法处理好保护与利用、长远与近期、整体与局部的关系。于是,尽管遗产具有多方面、多层次的价值,然而在实际利用中,却仍然仅限于旅游开发;对遗产保护技术层面的问题已经有广泛的讨论和共识,在实践中依然让位于各种开发,达不到实施保护的目的。

这些年,中国对遗产保护的研究涉及诸多方面,包括观念的改变、管理体制的变革、监测评估体系的建立、公众的广泛参与、资金投入的加强等。对遗产利用的研究则多限于旅游开发,一系列的文章都在讨论具体旅游开发的模式和进展,向岚麟基于 13 类中文核心期刊统计了遗产地的研究主题,关于旅游开发文章占文章总数的 28.1%,位居第一名。

本书将从系统论出发,对遗产资源保护利用最基础,也是最关键的遗产价值进行分层次、分时空的归纳和探讨,厘清保护和利用的不同主体和主次关系,从而针对性地提出自然文化遗产保护和利用的基本原则,以更好地解决遗产资源“为什么要保护,保护什么,怎样保护;为什么要利用,利用什么,怎样利用”的重要问题。

第二章　中国自然文化遗产的价值体系及其特性

2.1　中国自然文化遗产价值体系的概念

2.1.1　国内外研究综述

何谓“价值”?《辞海》(上海辞书出版社,1979 年版)给出了两方面定义:

一是指事物的用途或积极作用,如有价值的作品。

二是指凝结在商品中的一般的、无差别的人类劳动。它是商品的基本属性之一,是商品生产者之间交换产品的社会联系的反映,不是事物的自然属性,未经劳动加工的东西(如空气)和用以满足自己需要,不当作商品出卖的产品都不具有价值。价值通过商品交换的量的比例即交换价值表现出来。

由此可见,我们通常所说的遗产价值应该包括两方面的含义:第一种就是遗产对自然、社会经济发展的积极作用,这时候的“价值”基本等同于“功能”(《辞海》释为“功效、作用”);另一种就是遗产作为一种经济资源的实物产出(如林果)和特殊资源而开发的旅游产品的交换价值。因此,这些价值具有自然、社会、经济的多重属性。而遗产的特殊性质决定了第一种价值的绝对主导地位。

关于遗产的价值,国内外学术界进行了大量研究。

1. **国外研究**

早在 1969 年,国际自然保护联盟(IUCN)在对国家公园的定义中就提出了其“科学的、教育的、游憩的、高度美学的”价值。1972 年,《保护世界文化和自然遗产公约》给出了世界遗产的价值,即“历史、艺术、考古、科学、审美、人种学或人类学、保护等方面的突出的普遍性价值”。英国在其 1997 年的遗产讨论文件中提出遗产具有“文化、教育、经济、资源、休闲娱乐”等价值。

国外学者认为,自然文化遗产的价值包括经济的、社会文化的以及多种价值构成的“价值体系”。如遗产的经济价值被认为是一种资本,是一种多价值的经济资源，可以提供不同利益(Mazzanti，2002)。在荷兰，通过文化遗产保护计划对保护进行的投资能使几代人在住房舒适度和旅游方面都受益(Ruijgrok，2006)。西班牙的一个案例研究得出结论：遗产地的经济价值是无法确定的，不过消费者的支付意愿能够表明，游客可以把其他类型的价值，如艺术、文化和历史的价值与遗产连接起来(Bedate，Herrero，Sanz，2004)。在冰岛，当解释为什么收取费用，以及这些资金将怎么使用时，游客都倾向于把费用和保护联系在一起，从而加强环境的保护价值(Reynisdottir，Song，Agrusa，2008)。同样，在菲律宾图巴塔哈群礁国家公园，收费被视为游客参与保护的一种方式(Tongson，Dygico，2004)。与其他价值相比，遗产的经济价值被公认是一种资本，是一种多价值的经济资源。文化遗产的经济层面有物质和非物质两个方面，并在一个社会经济的环境中可被分析为多维的、多属性和多值的。在多维的场景中，文化资源能提供服务和功能给公众，也能提供给私人(Mazzanti，2002)。

对于一些发展中国家，遗产项目被视为在提升知名度和个人价值方面很有潜能，如毛里求斯这个案例(Soper，2007)。遗产地也代表了一个国家的遗产的一方面，有利于构建一个想象的共同体(Prentes，2003)并且象征这一个国家的地位，因此，遗产旅游是一种平台，能将其与生俱来的文化同国家紧密相连，如韩国(Park，2010)。

2. 国内研究概况

这些年，国内学者围绕自然文化遗产价值开展了大量研究。据中国知网·中国学术期刊网出版总库，以“风景区价值”为主题词精确检索出的有效文章共 132 篇；以“国家公园，价值”为主题词精确检索出的文章共 290 篇，有效文章 228 篇；以“世界遗产，价值”为主题词精确检索出的文章共 136 篇，有效文章 107 篇；以“自然保护区，价值”为主题词精确检索出的文章共 301 篇，有效文章 291 篇。但其中约 97%集中在单个遗产地的价值或其某一方面的价值，如《张家界武陵源风景区自然景观价值评估》、《台湾太鲁阁“国家公园”生态旅游资源非使用价值研究》、《中国丹霞的世界遗产价值及其保护与管理》、《喀纳斯世界遗产价值分析与保护开发》、《对世界遗产的旅游价值分析与开发模式研究》、《作为整体的“中国五岳”之世界遗产价值》、《庐山自然保护区森林生态系统服务价值评估》、《长白山自然保护区森林生态系统简介经济价值评估》，等等。而整体探讨自然文化价值的文章不足 3%，主要包括以下方面：

风景资源的价值具体包括生态、美学、科学、历史、文化艺术、游览观赏、经济等七大类(朱畅中，1988)。中国风景名胜区是以富有美感的典型的自然景观为基础，渗透着人文景观美、环境优良的、主要满足人们精神文化需要的、多功能的地域空间综合体,因此它具有极高的美学价值、自然科学价值和历史文化价值(谢凝高,1991)。国家公园可以提供人类追求的健康环境、美的环境、安全环境以及充满知识源泉的环境,这种环境提供人们健康、美丽、安全以及充满智慧源泉的生态系统和景观,这使得国家公园具备健康的、精神的、科学的、教育的、游憩的、环境保护以及经济方面的多种价值,并相应地具备提供保护性环境,保护生物多样性,提供国民游憩、繁荣地方经济,促进学术研究及国民环境教育四大功能(王维正,2000)。遗产价值的核心是它的广义文化价值和知识价值,经济价值由此派生出来(谢凝高,2000)。中国的世界遗产在历史、艺术、科学、美学、人种学、人类学等许多方面具有“突出的普遍价值”,不仅属于中国,而且属于全人类(陶伟,2000)。王秉洛将世界遗产的价值概括为直接实物产出价值、直接服务价值、间接生态价值和存在价值四个方面(王秉洛,2001)。自然文化遗产的多价值性是其相关的利益结构与制度设计的根本原因,其存在价值、潜在经济价值与短期直接开发价值分别对应于全社会成员、区域内人民和商业公司这三个利益集团。还有学者认为,恰如其分地尊重每一种价值及其对应的利益的合理性,看到三者从根本上的一致性乃是国家自然文化遗产制度的主要出发点之一(郑易生,2002)。遗产的价值涉及多种领域,包括美学、思想史、宗教、社会学、历史、科学与技术等。就单个遗产而言,它们所具有的价值类型彼此并不完全一致(徐嵩龄,2003)。

结合中国世界遗产旅游价值开发的实际,通过对世界遗产旅游价值的分析,世界遗产分为有形价值与无形价值,两者之间存在相互依存的内在联系。从旅游资源复合系统的角度出发,有形(显性)价值和无形(隐性)价值两个大类又可分为旅游价值、科考价值、文化价值和环境价值四个亚类(梁学成,2006)。中国世界遗产面临着价值转变,并应按照从高贵到朴素、从专业到大众、从经济到教育、从静态到动态和从保护到传承五个思路来进行转变(薛岚,吴必虎;2010)。世界自然遗产价值分为环境价值、审美价值、旅游价值、历史文化价值、精神价值、科学研究价值和教育价值、经济价值七个方面。通过对旅游者、当地居民和当地政府的调查研究,发现他们对世界自然遗产的价值认知存在差异:旅游者认为经济价值对于自然遗产来讲是最不重要的,而当地居民和政府则认为经济价值的重要性仅次于环境价值,处于比较重要的地位(程梦婕,2010)。

从宏观的角度,应提倡的方法是建立一个价值分类系统,将世界遗产价值分为两类:社会文化与自然价值、经济价值,其中经济价值又分为使用价值和非使用价值,这样的分类有利于利益相关者清楚各价值之间的情况,并且对下一步的价值评估具有指导作用(张柔然,2011)。世界遗产是一个特殊的商品,其价值并不能完全放置在市场流通环节中进行生产、加工、交换,一部分公益价值不能通过价格体现。所以,正确认识世界遗产价值和价值创造,正确对世界遗产估价,树立高补偿、大众化消费观,加大政府的投入,是世界遗产持续发展的必由之路(粟娟,2011)。世界遗产的核心价值是本真性价值,其派生价值为社会价值、旅游价值、经济价值。遗产的本真性价值——社会价值-旅游价值-经济价值构成了遗产的价值系列。本真性价值是形成经济价值的基础(郎玉屏,2012)。依据系统论观点,中国自然文化遗产价值是由"本底价值、直接应用价值和间接衍生价值"构成的"价值体系"(陈耀华,刘强,2012)。

在中国香港地区,成功的旅游和遗产管理取决于利益相关者对升值的考虑和保护文物价值的需要(McKercher,Ho,duCros,2005)。在澳门地区,长期保护的价值是通过其公民受益于文化遗产的价值——教育、认同感和丰富的城市生活方式这些方面体现出来的(Chung,2009)。信仰、知识等,都是称为价值的社会学解释,后来被称为遗产的"价值体系"(Darvill,1994)。

上述各种遗产价值的提出无疑都是很正确的,均客观地反映了遗产资源的自然、社会、经济功效。但是,由于说法众多,更重要的是仅仅从功能角度出发陈列的这些价值之间没有明确的主次关系、因果关系,因而也给现实的管理带来一定的混乱：既然价值多种多样,我们就都应该努力追求。那么这些价值中哪些是最根本的,也就是我们应该严格保护的？而哪些又是不损害遗产本身,因而我们可以大力发展的呢？于是我们需要引入"价值体系"的概念解决这些问题。

2.1.2　中国自然文化遗产价值体系

"体系"是指"若干有关事物互相联系、互相制约而构成的整体。"[①]它有很重要的三要素,即一系列相关事物、彼此关联、是一个整体系统,其最大特点就是系统的层次性和整体性。"层次性",是指各个要素之间在系统中处于不同的位置,处于最基础、最根本位置的要素缺失会导致整个系统价值的受损或消失;而"整体性",则是指各要素彼此协调构成整个系统的价值,缺一不可。因此,结合上述遗产"价值"的分析,我们可以清楚地得到：中国自然文化遗产的价值体系,是指一系列层次、分工明确、彼此有机关联的自然、社会、经济多重功效构成的自然文化遗产价值系

① 《辞海》.上海辞书出版社,1979.

统。按照遗产本身的特点和系统论的观点，我们可以把它分为三大类，即本底价值、直接应用价值和间接衍生价值。自然遗产和文化遗产在具体价值上可能各有侧重，但并不影响遗产价值整体体系。

2.2　本底价值

"本底价值"是指自然文化遗产不受人的主观意志影响、不需现在人为加工就已经客观存在的价值，如其生态价值、反映地球演化的科学价值等。正如三江并流的每一块岩石都清晰地反映着欧亚板块和印度板块的碰撞结果，而都江堰精美的水利工程也在无声地向世人诉说成都平原千余年的沧海桑田。因此，本底价值更多的是自然文化遗产本底属性的反映，是一种"存在价值"，也是其他一切价值存在的基础。具体可以包括科学价值、历史文化价值和美学价值。在地域空间上，这种价值主要存在于遗产地范围以内。

2.2.1　科学价值

1. 科学信息的载体

科学不仅包括自然科学，也包括人文科学。

自然科学价值主要体现在遗产是地球发展的重要记录者。"地球已经有45亿年历史，是一切生命的起源、更新和变化的摇篮。在它漫长的进化和缓慢达到成熟的过程中，形成了我们如今生活的环境。""正如一棵老树的年轮留下了它成长、生活的所有记录一样，地球也记录下它的历史。地球的记录储存在它深处的岩石中、表面的地貌里，可以被辨别，可以被解释。"①

世界自然遗产标准第一条明确指出：世界遗产必须是"展现地球演化史的主要阶段的杰出范例，包括生命的记录，地形发展中正在进行的重大地质过程，或地形地貌。"②

---

① 《保护地球历史国际宣言》(International Declaration of the Rights of the Memory of the Earth)，法国迪尼，1991-06-13.

② 《实施公约世界遗产的操作指南》(Operational Guidelines for the Implementation of the World Heritage Convention)，UNESCO，2011.

“三江并流”自然景观位于青藏高原南延部分的横断山脉纵谷地区，由怒江、澜沧江、金沙江及其流域内的山脉组成，整个区域达 $4.1\times10^4km^2$。它地处东亚、南亚和青藏高原三大地理区域的交汇处，是世界上罕见的高山地貌及其演化的代表地区，也是世界上生物物种最丰富的地区之一。

区域内保存了较为发育的蛇绿岩，它与深水硅质岩、枕状溶岩、层状辉长岩等相伴出现，是大洋演化阶段的地质历史记录。还有不同类型的混杂岩，代表了区域地质构造变迁的复杂过程。而自古生代至第四纪的地层记录通过岩性和岩相的复杂性和变化特征，表征出台地-斜坡-大洋-深水盆地间的沉积变化关系。

区域内岩浆岩出露广泛，记录了地质历史演化中深部地质作用过程的丰富信息。现存的独龙江、高黎贡山、雪龙山和石鼓等变质岩带，留下了多期造山作用变质变形、叠加改造的丰富信息。

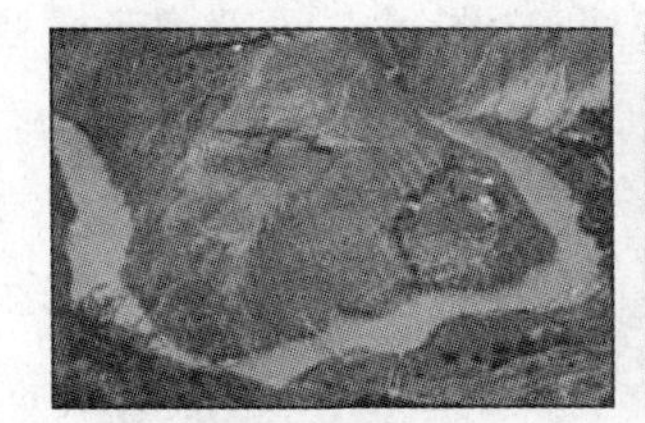
德钦县境内的澜沧江河道

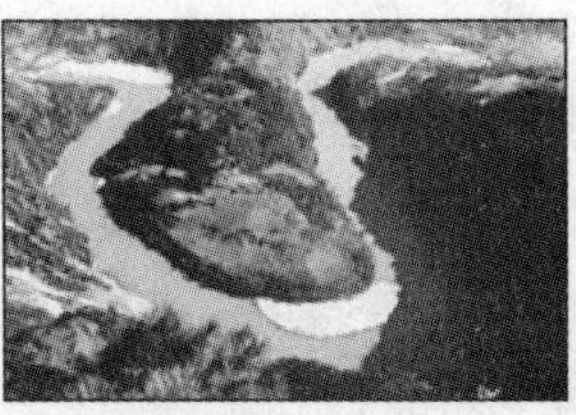
泸水县境内的怒江河谷

德钦县境内的金沙江

图 2-1 三江并流的优美景色(来源于中国世界遗产网)

三江并流地区复杂和类型多样的地质构造，特别是发育了以大规模逆冲-推覆构造和平移剪切带为特征的新的构造组合格局，既反映了特提斯演化阶段地质构造的特点，又反映了地球发展史上喜马拉雅陆内造山作用的强烈改造特征。另外，区内雪山林立，冰峰汇聚，海拔在 5000m 以上的山峰达 118 座(雪线一般在 4600～4800m 之间)，是低纬度山岳冰川集中地带。区域内最高峰为卡瓦格博峰(海拔 6740m)，著名的雪山还有白茫雪山、哈巴雪山、碧罗雪山、甲午雪山、察里雪山等。区域内分布着许多现代冰川，最著名的是卡瓦格博峰下的明永冰川，冰舌海拔为 2700m，深入森林地带。在残余高原面和冰川谷地内留下了有一定规模的 424 个冰蚀湖，形成了高山冰蚀湖群区，同时还残留了大量的冰碛、冰蚀地貌，是第四纪山岳冰川和现代山岳冰川地质地貌的展示区。①

再如 2007 年 6 月入选世界自然遗产名录的“中国南方喀斯特”(云南石林、贵州荔波、重庆武隆)，其独特的自然地理特征充分体现了世界自然遗产评价标准，即

① 引自云南三江并流申报世界自然遗产申报书材料第 6—17 页.

反映地球演化历史主要阶段的杰出范例，包括生命的记录，重要的、正在进行的地貌演化，重要的地貌形态或自然地理特征。

首先，中国南方喀斯特代表了地球上中国南方地区自古生代以来长期、多期演化历史。该区域不仅记录了从古生代以来中国南方地区的地球演化历史，包括陆地抬升、海转化为陆、山脉的形成与发育、过去气候变迁等，而且留下了地球演化过程中中国南方地区发生的多期重大历史事件的印记，包括三叠纪末期以后的印支运动、燕山运动、喜马拉雅运动等[①]。

其次，中国南方喀斯特代表了地球热带-亚热带典型锥状、石林和峡谷喀斯特地貌特征、形成演化机制与正在进行的地质过程。一方面，该区域具有丰富多样的地表和地下喀斯特地貌形态，包括热带-亚热带主要的三种地貌类型——锥状喀斯特、石林喀斯特和峡谷喀斯特，以及很多与之伴生的喀斯特地貌形态，如洞穴、瀑布、伏流等。另一方面，遗产地也展现了扬子地块西南缘、中国第二级阶梯云贵高原向广西低地过渡地带高原面、斜坡地带喀斯特地貌大系统演化与地质过程，具有很强的系统性[②]。这些喀斯特地貌系统相互联系，以不同的空间位置、不同的发育阶段、不同的类型、不同的序列例证其地质历史演化过程，共同演绎着热带-亚热带喀斯特地貌演化过程与地质进程。

最后，中国南方喀斯特代表了世界上面积最大的喀斯特片区独特的自然地理特征。整个地区水平距离约为 800km，地形高差近 2000m，跨越从云贵高原到长江河谷的多种地貌部位，面积为世界最大。区内既有连续分布受地表、地下水溶蚀的石灰岩、白云岩地表，又有在热带-亚热带气候条件下形成的与喀斯特地貌相适应的植被类型和生态系统。遗产地综合展示了地球大陆热带-亚热带喀斯特片区的地形、地貌、气候、水文、植被、生态等方面的环境特征。

而在人文科学方面，遗产的价值主要表现在大量人文遗存本身的科学价值上。如 2000 年与邻近的青城山一起被联合国教科文组织列入《世界遗产名录》的都江堰，作为中国水利文明的代表，其独特的价值和世界意义得到国际范围内的认可。经过历代的治理和完善，都江堰由最初以防洪、航运和灌溉为主的古代水利工程，演变为现在具有更完备的分流、排沙、泄洪、灌溉和工业用水等功能的综合性水利工程。从遗产本体来看，都江堰的科学价值尤为突出，主要体现在工程本身科学的规划和布局设计、对泥沙的巧妙处理以及代表着战国末期水利发展的最高技术水

---

① 肖时珍. 中国南方喀斯特发育特征与世界自然遗产价值研究[D]. 贵阳：贵州师范大学，2007.

② 熊康宁，肖时珍，刘子琦等."中国南方喀斯特"的世界自然遗产价值对比分析[J]. 中国工程科学，2008(04)：27—36.

平，其水利技术在历史发展中不断被传播和传承。同类型的古水利工程还有位于广西桂林市兴安县的灵渠，作为秦代三大水利工程之一，灵渠以现存世界上"最理想的选址、最科学的大坝、最精当的铧嘴、最灵巧的南北渠、最微妙的泄水天平、最牢固的秦堤、最古老的船闸"[①]，入选世界文化遗产预备名单。

还有位于中国历史文化名城和世界文化遗产的云南丽江古城内鳞次栉比的纳西民居，近年来不断受到建筑界学者的关注。受自然环境、社会制度、经济形态、生产生活方式、风俗习惯、民族个性与审美、民族交流等因素影响，纳西族民居在建筑材料、平面布局、立面处理、色彩、细部装饰以及街道网络、聚落形态等方面都体现出独特的地域特色和民族特征，具有很高的建筑学价值。

2. 生态环境的圣地

自然遗产地具有良好的自然生态和自然环境，因此其生态价值是遗产科学价值的重要组成部分。遗产地作为一种纯洁的、不容破坏的、具有特殊用途的环境生态的"圣地"，其价值又包括环境和生态两方面：自然环境的调谐器，生物多样性的保存地。

(1) 自然环境调谐器

人类生存所需的氧气，主要依靠绿色植物的光合作用不断输送补充，循环再生。遗产地山清水秀的良好生态环境和葱郁茂密的林木，可以有效地通过叶绿素固定太阳能，促使生物量增加，构成生物链第一环，保持生态良性循环；并通过 CO_2 的固定和 O_2 的释放保持大气的动态平衡，降解污染物，增强大气自净能力，抑制病虫蔓延。同时，通过涵养水源、防风固沙、提高地面植被覆盖率等有效调节区域小气候，为遗产地生物多样性奠定良好的环境基础。如武夷山保护区属于中亚热带湿润季风气候，年平均气温 8.5～18℃，极端低温为零下 15℃，年降水量1500～2100mm，局部地方高达 3000mm 以上，年相对湿度为 80%～85%，雾日 120 天，是福建全省气温最低、降水最多、湿度最大、雾日最长的区域。这些特殊的自然条件不仅使保护区的大气质量优于国家规定的大气环境质量一级标准，主要水体符合国家地面水一级水质标准，也使得在如此一个相对狭小的地区还保存有 290km² 的原生性生态植被，其被子植物更兼有从北温带地区到新热带美洲地区 4 个植物区 12 个亚区成分。[②]

近年来，基于"3S"技术以及生态学、经济学定量方法，自然遗产地的生态资产，即一切国家拥有的、能以货币计量的、并能带来直接或间接或潜在经济利益的生态

① 郑文俊，刘雨．桂林灵渠文化遗产价值及其旅游产品开发[J]．柳州师专学报，2013，4：54—58．

② 吴邦才．世界遗产武夷山．福州：福建人民出版社，2001：50．

经济资源[1]，可以得到较直观的评估。以云南石林世界遗产地为例，根据 1992—2007 部分年度的 SPOT 遥感影像资料，提取 6 种景观类型信息（耕地、森林、草地、建筑用地、水域和裸岩石砾地）进行监督分类，并通过全球静态部分平衡模型和 ArcGIS 数据分析，可以计算出各类型生态系统在气候调节、水源涵养、土壤形成与保护、生物多样性保护等方面的价值。结果显示，石林世界遗产地及缓冲区每年每公顷森林、草地和水域生态系统价值分别为 58 136.15 元、7039.89 元、44 699.39 元，其中：在气候调节方面的价值分别为 2389.10 元、875.12 元、447.29 元；在水源涵养方面的价值分别为 11 946.05 元、777.89 元、19 816.70 元；在土壤形成与保护方面分别为 9574.34 元、1896.10 元、9.72 元。[2]

(2) 生物多样性保存地

世界自然遗产是"展现正在进行的陆地、淡水、海岸、海洋生态系统以及动植物群落的重要生态学、生物学过程的杰出范例"（世界自然遗产标准 2）。也是"包括最重要的有意义的自然栖息地，其中保持着生物多样性，从科学和保护的角度看，含有具有突出的普世性价值的濒危物种"（世界自然遗产标准 4）。

同样以三江并流为例。该遗产地内云集了相当于北半球南亚热带、中亚热带、北亚热带、暖温带、温带、寒温带和寒带等多种气候类型和生物群落类型，是欧亚大陆生物生态环境的缩影；同时，是自新生代以来生物物种和生物群落分化最剧烈的地区。另外，由于未受到第四纪冰期时大陆冰川的覆盖，而山川河流均为南北走向，使遗产地成为欧亚大陆生物的主要避难所，是世界生物多样性最丰富的地区之一。具体包括：

① 是欧亚大陆生物多样性最丰富的地区。遗产地有高等植物 210 余科，1200 余属，6000 种以上，以占中国 0.2% 的面积，容纳了中国 20% 的高等植物；有哺乳动物 173 种、鸟类 417 种、爬行类 59 种、两栖类 36 种、淡水鱼类 76 种、凤蝶类昆虫 31 种，这些动物种数均达中国总数的 25% 以上。这在中国乃至北半球或全世界都是非常独特的。

② 是欧亚大陆生物群落最丰富的地区。该区有 10 个植被类型、23 个植被亚型、90 余个群系，拥有北半球绝大多数的生物群落类型，几乎是北半球生物生态环境的缩影。

---

① 宋鹏飞，郝占庆. 生态资产评估的若干问题探讨[J]. 应用生态学报，2007，18(10)：2367—2373.

② 段锦，李玉辉. 云南石林世界遗产地生态资产评估与补偿研究[J]. 资源科学，2010，32(4)：752—760.

③ 是世界生态系统类型最多的地区之一。无论按植被类型或植被亚型分，还是按群系划分，该区均拥有北半球绝大多数的生态系统类型。

④ 是第四纪冰川时期欧亚大陆主要的生物避难所。该区拥有第四纪冰川期之前的众多孑遗物种和珍稀濒危物种，有 34 种中国国家级保护的植物，37 种云南省级保护的植物，有 77 种中国国家级保护动物，79 种动物列入 CITES 名录，是中国珍稀濒危动物最多、最集中的地区。

⑤ 是世界最著名的动、植物标本模式产地。该区采集到的植物模式标本约 1500 种，动物模式标本 80 余种。

⑥ 是亚洲大陆动物的分化中心和起源中心。该区的动物物种原始与特化并存，孑遗种类与进化种类混生，原始类群多，特有类群多，单型属或寡型属种类多。

⑦ 是南北交错、东西汇合、地理成分复杂、特有成分突出的横断山脉山区生物区系的典型代表和核心地带。该区的生物区系是中国生物多样性最丰富的地区，名列中国多样性保护 17 个“关键地区”的第一位。

又如地处青海高原东北部的青海湖国家风景名胜区，虽然湖区属高寒半干旱草原气候，全年降水量偏少，年蒸发量为降雨量的 3.8 倍左右；冰期长达 6 个月，但环湖地区仍然形成了丰富的生物多样性生态格局。

据统计，青海湖湖区有种子植物 52 科 174 属 445 种，其中裸子植物 3 属 6 种，北温带分布型科属占有较大比重。植物资源以草本为主，多为优良牧草，其他资源植物有药用植物、纤维植物、油脂植物、淀粉类植物、观赏植物、饮料类植物等。湖水中的浮游植物有 53 种、浮游动物共计 29 种、底栖动物共有 22 种。湖区共有鸟类 164 种，分属 15 目 35 科；兽类 36 种，分属 6 目 15 科。在这些野生动物中，有 11 种属国家 I 级保护动物，如雪豹、藏野驴、白唇鹿、马鹿、普氏原羚、野牦牛、黑颈鹤、玉带海雕等，国家 II 级保护动物有 24 种。在上述这些鸟兽中，有显著经济价值的动物约 30 种左右，如斑头雁、大天鹅、鸬鹚、鹤类、鱼鸥、棕头鸥、鸭类、雪鸡、鹰类、狗獾、狐狸、狼、马麝、白唇鹿、岩羊、普氏原羚、狍鹿等；有鸟禽 164 种，分属 15 目 35 科，总数在 16 万只以上。[①]

① 李迪强，蒋志刚，王祖望．青海湖地区生物多样性的空间特征与 GAP 分析[J]．自然资源学报．1999，14(1)：47—55．

2.2.2 历史文化价值

1. 历史的见证

世界文化遗产作为“表现出人类创造性才华的杰作”(世界文化遗产标准1),“作为现存的及已经消逝的文化传统或文明唯一的、至少是特别的见证”(世界文化遗产标准3),“作为一类建筑物、或建筑与工艺技术整体、或景观的杰出范例,表明人类历史一个重要阶段”(世界文化遗产标准4)。它们真实地记录了人类文明的发展历史,也是漫漫历史长河中某些特定事件的当事者、目睹者和记录者。

图2-2 都江堰宝瓶口(作者摄于都江堰,2003-08-21)

都江堰是当今世界年代久远、唯一留存、以无坝引水为特征的宏大水利工程。两千多年前,秦蜀郡守李冰根据山川地势,巧妙利用岷江出山口处的特殊地形,在恰当位置选址作堰,利用高低落差,采用热胀冷缩原理,在生产工具和施工技术比较落后的情况下,凿离堆,劈玉垒(山),穿“二江”(郫江、检江,即今走马河、柏条河),化害为利,自流灌溉成都平原,造就了中外闻名的“天府之国”。如今,都江堰创建时的鱼嘴分水堤、飞沙堰溢洪道、宝瓶口引水口三大主体工程和百丈堤、人字堤等附属工程保存完好,奔腾不息的江水向世人倾诉着这段艰辛而又伟大的水利发展史。

广东开平碉楼则是人类聚落发展过程中防御外族侵略、匪患及自然灾害的具体体现。当地从清朝末年开始就逐步形成多层、以碉楼为楼身、楼顶突显西方建筑风格的聚落景观群系，是世界上罕有的将异域文化与本土文化融合且形成新的建筑与聚落景观的文化吸收案例[①]。开平碉楼景观类型丰富多彩，其景观价值也非同一般：一方面，它是特定历史条件下特定人群(开平华侨、侨眷）创造的特殊的文化景观，是特定社会环境的重要历史见证；另一方面，开平碉楼是在吸收客家土楼防御性特点的基础上，将西方建筑艺术大胆运用于本土建筑景观进行再创造的成功案例，体现了世界文化传播过程中罕有的与国际移民有关的"文化反射"现象[②]。

中国的风景名胜区中，有的是古代"神山"因被历代帝王封禅祭天活动而形成的"五岳"，有的是自古以来因宗教活动而逐渐发展的佛教名山和道教的洞天福地，有的是千百年来就是人民群众游览的地方，有的则是近代发展起来的避暑胜地……因此都保存着大量的文物古迹、摩崖石刻、古建园林、诗联楹额、壁画雕刻。它们都是文学史、革命史、艺术史、科技发展史、建筑史、园林史等的重要史料，是历史的见证。所以风景名胜区被誉为一部"史书"，有"游山如读史"之说。如公元前209年，秦二世封禅泰山，并刻石纪功，其碑今尚存十个残字，不仅成为名山刻石之祖的稀世珍品，而且真实地昭示了中国帝王封禅的历史。而现存举世闻名的北齐所刻经石峪《金刚经》以及金章宗赐佛爷寺额"玉泉禅寺"、"香严禅院"等，都是泰山佛教史上的重要标志。

2. 文化的传承

文化遗产作为"在建筑或技术发展、纪念物艺术、城镇规划、景观设计等方面，展现人类在时间跨度中或世界某一文化区中的重要的交替"(世界文化遗产标准2)，作为"传统人类定居与土地利用的典型文化的杰出范例，尤其是在不可逆转的变化中变得脆弱的"(世界文化遗产标准5)，作为"与具有突出的全球重要性的事件或生活传统、思想和信仰、艺术和文学作品有着直接和实质联系(仅在例外情况下与其他标准共同使用)"(世界文化遗产标准6)，它们对文化的诞生、延续、继承和发展具有重大作用。这种文化主要包括宗教文化、山水文化、民族文化等。因此，中国诸多风景名胜区和遗产地发展的历史，往往就是中国文化发展史的缩影和重要组成部分。

---

① 申秀英，刘沛林，Abby Liu. 开平碉楼景观的类型/价值及其遗产管理模式[J]. 湖南文理学院学报(社会科学版)，2006，31(7)：95—100.

② 刘沛林. 广东侨乡聚落的景观特点及其遗产价值[J]. 中国历史地理论丛，2003，(1)：76—88.

以中国道教发源地之一的青城山为例。自公元143年(汉安二年)道教创始人张陵来赤诚崖舍,用先秦“黄老之学”创立“五斗米道”即天师道以来,青城山便以道教发源地和天师道祖山、祖庭而名标史册。汉晋之际,范长生助李雄建立汉政权,天师道成为汉政权和蜀民的精神支柱。唐王朝崇奉道教,青城山被封为希夷公,修灵宝道场周天大醮,山中道观多达40余处,先后演变成7个道派,使得中国道教发展进入鼎盛时期。9世纪晚期,著名道教学者杜光庭圆融道教各派,成为道教理论集大成者和一代宗师,著书约30部250多卷,其影响遍及全国道教名山和东南亚。其后青城山一直是中国道教文化的重要传承者,由青城山道士张孔山传谱的古琴曲《流水》还在1977年被美国录入镀金唱片由“旅行者二号”太空飞船带入茫茫宇宙。因此,这种文化的传承不仅是全国的,而且是世界的。[①]

再如泰山人文景观中大量具有突出文化传承价值的摩崖石刻和碑碣。据统计,从岱庙至岱顶的登山道一带,就有823处。从时代看,有秦(公元前209年)李斯刻石、汉张迁碑和衡方碑、晋孙夫人碑、北齐经石峪刻石、唐摩崖石刻以及大量宋、元、明、清、近代的刻石。这些摩崖石刻不仅反映山神崇拜活动和封禅活动,而且赞赏泰山的自然美,歌颂壮丽河山和中华民族的伟大精神。不仅丰富了泰山景观形象,赋景观以深刻的文化内容,而且系列真实地再现了五岳之首泰山逐步演变为中华“神山”的发展历程。同时,也是对中国书法艺术、山水文学等文化的重要载体。[②]

还有因符合世界文化遗产遴选标准C(Ⅰ)～(Ⅴ)而被列入《世界遗产名录》的苏州古典园林,不仅以其小巧精美、构思新奇的园林建筑、景观著称于世,而且形成了自成体系的独特退隐文化。如现存最早始建于北宋的沧浪亭,是在园主苏舜钦仕途受挫、闲居苏州时修建。园林主人的退隐之心从园名上即可看出,如沧浪亭取自《楚辞渔父》“沧浪之水清兮可以濯我缨,浊兮可以濯我足,随世沉浮。”拙政园取自晋潘岳《闲居赋》“拙者之为政也”,拙于做官,即不善于官场逢迎之意。

历代众多遭贬谪、隐退购地建园的官吏,在园林的构建风格上,都不自觉地流露出自身心性来。如园林中内涵深刻的楹联、匾额、石刻、诗文、建园小记等,或暗示“身在园林,心在庙堂”的矛盾,或显露“怀才不遇,无人赏识”的忧愤,或表达“自得其乐,随遇而安”的淡泊。苏州古典园林已成为中国古代隐逸文化以及隐逸美学、哲学的重要象征,也是中国古代文人寻求心灵诗意栖居的文明实体。

---

① 世界自然文化遗产青城山-都江堰编辑委员会.青城山-都江堰,1999.

② 北京大学风景研究室.泰山风景名胜区总体规划,1987:29.

2.2.3 美学价值

关于美是主观的还是客观的这一哲学难题，从古至今中外学者各执己见。既有柏拉图、康德、黑格尔等大哲学家的唯心论，认为美是一种“理念的感性显”[①]；也有亚里士多德、狄德罗等先哲的唯物论，认为美是事物的客观关系，存在于事物本身之中，以事物的“秩序、匀称与明确”等形式体现。[②] 中国古代的墨子、孔子和孟子等先贤对此也都探讨过。抛开这些高深的哲学争论，自然事物的美是由自然界本身产生的确是客观事实。南朝梁文学理论家刘勰认为：“日月叠壁，以垂丽天之象；山川焕绮，以铺地理之形。”[③]这就是说，“日月叠壁”和“山川焕绮”之自然美，都是天和地的自然规律所形成的。他又说：“傍及万品，动植皆文：龙凤以藻绘呈瑞，虎豹以炳蔚凝姿；云霞雕色，有逾画工之妙；草木贲华，无待锦匠之奇；夫岂外饰？盖自然耳。”意思是说，所有的动物植物比如龙凤、虎豹、花木以及云霞都是有文彩的，但都不是依靠“锦匠”的奇妙加工或外在装饰，而是自然的道理。

而世界遗产“包括最好的自然现象，有独特的自然美景和重要的审美价值的地区（与其他标准共同使用）”（世界自然遗产标准 3）。风景名胜区也必须以富有美感的典型自然景观为基础。因此，遗产的美学价值是脱离人的主观意志（审美）而客观存在的。从宏观上看，每一处自然遗产地都可以说是一首山水合奏的“交响曲”；而在微观上，其内包含的建筑、雕刻、书法、园林等又可以说是一座众多人文美学艺术构成的“博物馆”。

1. **自然山水的“交响曲”**

“自然风景的结构，是各种形式的自然因素有规律的组合，包括地形、水系、植被、色彩、声音、线条，等等。”[④]地形，又有山地、河谷、平原、盆地、高原等种种形态。在这千变万化的地形环境中，还流动着江海河湖溪潭泉瀑等姿态各异的水体。而在不同的气候、地形、水热条件制约下，山水之间又生长着五彩缤纷、生机盎然的植被森林以及栖居其间、充满生命力的各种动物，从而构成色彩缤纷、形式纷繁的自然界。同时造就了种种有规律的自然景观美的形式，包括形象美、色彩美、线条美、动态美、静态美、听觉美、嗅觉美等以及雄、奇、险、秀、幽、奥、旷等七大山水形象美。

① 黑格尔．美学（第一卷）：142．

② 杨辛，甘霖，美学原理．北京大学出版社，1985：26—30．

③ 刘勰．文心雕龙（原道）．

④ 谢凝高．山水审美——人与自然的交响曲．北京大学出版社，1991：42．

“青山不墨千秋画，流水无弦万古琴”，这些美的形式在时间和空间上的有机组合、有序交替和运动变化，正如大自然山水合奏交响曲的动人乐章，给人们带来无限的自然美的享受。

以“平地涌千峰”的石灰岩峰林地貌和“群峰倒影山浮水”的漓江碧水组合而成的桂林山水(图 2-3)堪称中国山水自然美的典型代表。韩愈赞曰“江作青罗带，山如碧玉簪”；而宋代诗人范成大则说“桂之千峰，皆旁无延缘，悉自平地崛然特立，玉笋瑶簪，森列无际，其怪且多，如此，诚当为天下第一。”这些诗句都非常形象地描述了岩溶平原上森立如林的峰林奇观的美。而袁枚的一首“江到兴安水最清，青山簇簇水中生。分明看见青山顶，船在青山顶上行。”却又把烟雨漓江的朦胧美描写得淋漓尽致。

图 2-3　秀美的桂林山水(来源于中国桂林旅游服务网)

总面积达 10 余万平方千米的长江三峡则以其疾水、猿鸣、秀峰、茂林成为古往今来文人墨客争相称颂的美景长廊。早在北魏时期，郦道元的《水经注》中就有这样描写：“自三峡七百里中，两岸连山，略无阙处。重岩叠嶂，隐天蔽日，……有时朝发白帝，暮到江陵，其间千二百里，虽乘奔御风，不以疾也。春秋之时，则素湍绿潭，回清倒影，绝巘多生怪柏，悬泉瀑布，飞漱其间，清荣峻茂，良多趣味。每至晴初霜旦，林寒涧肃，常有高猿长啸，属引凄异，空谷传响，哀转久绝。”在这段铿锵的文字里，三峡是如此声色俱美，形神兼备。而李白的“两岸猿声啼不住，轻舟已过万重山”赋予三峡山水一抹浪漫、自由、明快的色彩。明代徐霞客在记述了三峡“难以辞述”的“叠嵦秀峰”、“离离蔚蔚”的萧森林木等后，感慨道“既自欣得此奇观，山水有灵，亦当惊知己于千古矣。”更是将自身对三峡景观美的喜爱和眷恋毫不掩饰地表达了出来。

岳阳楼-洞庭湖风景名胜区，位于湖南省岳阳市区西北部，为国家级风景名胜区。自古以来，洞庭湖就以湖光山色吸引了络绎不绝的游客。唐李白诗云："淡扫明湖开玉镜，丹青画出是君山。"刘禹锡也赞叹道："湖光秋月两相和，潭面无风镜未磨。遥望洞庭山水色，白银盘里一青螺。"北宋文学家范仲淹更是在其著名的《岳阳楼记》中这样感慨，洞庭湖"衔远山，吞长江，浩浩汤汤，横无际涯；朝晖夕阴，气象万千。"霪雨霏霏时"阴风怒号，浊浪排空"，春和景明时"波澜不惊，上下天光，一碧万顷；沙鸥翔集，锦鳞游泳；岸芷汀兰，郁郁青青。"气象宏阔、烟波浩渺的洞庭湖不仅以其佳绝风光为人称道，而且成为历代文人"先天下之忧而忧，后天下之乐而乐"人生理想的寄托之地。

2. 人文艺术的"博物馆"

除了自然景观美，渗透在遗产地中的、与环境融为一体的建筑、雕刻、园林等众多人文遗迹也展示了极为丰富的、瑰丽多彩的艺术美。

如泰山大量的摩崖石刻中，有的点石成景，如"斩云剑"；有的点题意境，如"高山流水"；有的图景富意，如"虫二"(寓"风月无边")；有的因石赋感，如"醉石"；有的即景联想，如"没胸生层云"、"呼吸宇宙"等等。从书法艺术看，有的顺石势而飞舞，有的着笔苍古，有的飘逸洒脱，有的端庄严肃，有的刚劲，有的秀丽，真是百花齐放。就书体而论，则真、草、隶、篆各体具备。就流派来讲，颜、柳、欧、赵，应有尽有，因而不愧是"中国历代摩崖石刻艺术博览馆"。

在列入世界遗产预备清单的大理风景名胜区，其风格独特的喜洲白族民居除具有很高的建筑、民族学价值外，还具有很高的美学价值。与丽江的三坊一照壁、北京的四合院、徽州民居相比，大理白族民居更重视外部的装饰性，色彩尚白，门楼和照壁更考究和华丽，走马廊等二层结构、入口处的诗文装饰等也更具观赏性。与徽州民居的高墙危耸以及北京民居的平缓舒展相比，喜洲白族民居的二层建筑与一层半高的照壁和一层高的围墙以及门楼互相勾檐斗角，形成高低错落的空间韵律，丰富了建筑的外轮廓整体景观。其大片墙面的简洁处理与顶部檐口处多样的彩绘以及重点装饰的门楼形成对比，使得喜洲白族民居成为中国民居门楼、照壁和装饰文化的集中体现。明清以来世界知名的大理石在大理白族民居的柱础、照壁、墙壁乃至家具上越来越多的使用，极大地丰富了白族民居建筑的装饰性和地方性(图 2-4)。在中国民居建筑中门楼、照壁和装饰是重要元素，但它们在喜洲白族民居中的类型之多样，堪称中国民居中的集大成者。

图 2-4　喜洲白族民居
（作者摄于大理喜洲镇，2002-07-11）

同样，在浙江楠溪江国家风景区内的许多古村落里，大量河卵石作为建筑材料而运用到堤坝、沟渠、寨墙、券门、房基、院墙、照壁、道路、天井、台阶等多处，形成古朴自然、协调优美的石头文化艺术，令人赞佩（图 2-5）。

图 2-5　楠溪江古村落

石板路、石栏杆、石围墙、石桥、石屋、构成楠溪江国家风景区大量古村落中特有的"石文化"(楠溪江上游林坑村)。

还有以曲折幽深、富于变化而又充满诗情画意的风格著称的苏州古典园林。在面积有限的空间内,古代文人在掇山、理水上深下功夫,借助自然山水景观中的典型规律,精炼概括为园林中的山水。在设计中苏州园林都采用了对层次与空间关系的串套连续的手法,具体讲,就是园中有院、园院重叠相套的空间关系。同时在造园过程中,注重运用形体的大小、高低;相互疏密、聚散;层次的远近、曲直;光影的明暗、浓淡;色调的深浅、艳素;质地的粗细、虚实,将一座园林中的诸多物象构成一幅幅布景并烘托出来。如在留园东部的建筑庭院区,设计者在不大的狭长地段用院廊分割和连接的手法,通过蜿蜒曲折的多层小空间转折,给人以小中见大的空间感。[①] "多方景胜容于咫尺山林之中",苏州古典园林通过精巧的空间组织、巧于因借的造园手法,以及因地制宜、独具匠心的建筑、假山、理水、植物配置艺术,取于自然而胜于自然,呈现出丰富多彩、步移景异、充满诗情画意的园林景观。

以上是自然文化遗产的三大本底价值。需要特别强调的是,由于中国悠久的文明史和"天人合一"等传统哲学的深远影响,自然与人文相融合,科学、历史文化与美学价值相结合是中国遗产资源价值的重要特色。文化遗产地在具有很高的历史文化价值的同时兼备很高的自然科学和美学价值,如颐和园,不仅贵在皇家园林建筑,其湖光山色及其与西山大环境的巧妙结合也造就了一流的自然文化胜景;而自然遗产地在拥有很高的自然科学价值、美学价值的同时还有很高的历史文化价值。即使在三江并流这样一个人迹罕至、以生物多样性和地质科学价值著称的自然遗产地,也还有 14 个世居少数民族与自然环境和谐共处创造的丰富民族文化。这样的特点是国外很多单纯的自然或文化遗产地所不具备的。这是我们的特点,是我们的优势,也正是今后需要我们重点保护和继承发扬的。

2.3 直接应用价值

"直接应用价值"是自然文化遗产作为一种特殊资源在被人类直接利用时产生的社会和经济效用。比如作为旅游资源产生旅游经济效益,作为科研资源促进科

---

① 管玉明.苏州古典园林的艺术特点[J].安徽农业大学学报(社会科学版).2003,12(3):90—93.

学事业发展等等。"直接应用价值"必须依赖"本底价值"而存在,又是自然文化遗产间接衍生价值的基础,主要包括科学研究、教育启迪、山水审美、旅游休闲、实物产出等。在地域空间上,这种价值主要存在于遗产地范围以内,以及部分存在于遗产地所在区域(如旅游)。

2.3.1　科学研究

由于自然文化遗产地受到人类干扰相对较少,因此往往是特有的地形、地貌、地质构造、稀有生物及其原种、古代建筑、民族乡土建筑保存的原始场所和宝库,而且它们都有一定的典型性和代表性,因此对于揭示地球演变、生物演化、人类进步、文明发展具有极其重要的科学价值。这种价值是巨大的,也是广泛的,通常涉及地质、地貌、气候、水文、生态、环境、考古、历史、建筑、地理、园林、哲学、宗教、民族、文化等多个领域的科学研究价值。而且对这种价值的利用自古有之,中外有之;专家学者研究,平民百姓研究,甚至古代的皇帝也研究。

以泰山为例。从自然科学来讲,古代书籍中已有对泰山零星的记载,当然以一般自然现象描述为主。康熙皇帝对泰山的来龙去脉,也作过一番研究,并写了《泰山龙脉论》。他认为"古今论九州山脉"的人,"总来究泰山之龙于何处发脉。朕细考形势,深究地络,遣人航海测量,知泰山实发龙脉于长白山也。"他的结论,从山脉走向和地质构造体系来看,是有一定科学道理的。而从现代科学角度来研究泰山的地质,在中国也还是比较早的。1907 年,美国地质学家 B. Willies 和 E. Black-wekler (维理士和白维德)发表了名为"泰山杂岩"的报告。1923 年,北京大学地质系孙云铸教授开始研究。此后,有许多国内外著名地质学家相继研究了几十年,至今已有近百年的现代地质学研究史。泰山北麓张夏镇附近至长清县一带的寒武纪地层,已确定为中国寒武纪中、上统的标准剖面,并以该地地方命名地层单位。地层出露齐全,化石丰富,研究深入,已经成为中国区域地层对比的重要依据,也是国际寒武纪地层对比的重要依据。上述研考均论述了泰山在世界地质学发展史上具有重要地位。①

近年来,随着人类自身生存环境的恶化,对生物多样性的保护和研究愈发显得重要和紧迫。目前全球共有 17 291 种已知物种有灭绝危险,其中包括鲜为人知的植物、昆虫、鸟类和哺乳动物。这仅仅是冰山一角,许多物种甚至在发现前就已经

---

① 北京大学风景研究室.泰山风景名胜区总体规划,1987: 24.

消失。人类活动使物种灭绝正在以比自然淘汰高达1000倍的速度进行。中国是世界上生物多样性最丰富的12个国家之一，拥有陆地生态系统的各种类型，物种数量居北半球国家第一，是世界四大遗传资源起源中心之一。然而，在占有丰富的生物多样性资源的同时，中国面临的物种保护压力也十分艰巨。根据国际自然保护联盟2003年公布的《濒危物种红色名录》，中国有422个物种面临灭绝的威胁，其中包括哺乳动物81种、鸟类75种、鱼类46种、爬行动物31种、植物184种。在该组织2007年更新的《濒危物种红色名录》中，更多的鸟类和哺乳动物被写进了严重濒危的名单。2007年6月，第14届CITES(濒危野生动植物物种国际公约)缔约国大会上通过了CITES附录，这个附录是受国际贸易影响而有灭绝危险的野生生物名录、中国的1999个动植物种名列其中，占到了CITES附录所收录的物种总数的6%。①

风景区是生态环境优良的地域，自然氛围较浓，分布着具有代表性的不同自然地带的环境和生态系统，是珍贵稀有动物的自然栖息地，也为珍稀植物群落提供了良好的生存条件。黄山风景区属亚热带季风气候，地形复杂，受第四纪冰川影响较小，植被垂直地带性明显，因而植物种类丰富，被誉为"天然植物园"，分布着许多珍稀植物资源，有国家级保护植物30种，隶属于21科26属，如银杏、华东黄杉、黄杉梅、蛛网萼、水杉和短穗竹等古老植物，极具科学研究价值，对于植物区系的发育、演化、分布等方面的研究有着重要意义。银杏是中国特有的孑遗植物，被誉为植物中的"大熊猫"，对于研究裸子植物的发育、古植物区系、古地理和第四纪冰川气候的功能，均具有十分重要的价值；黄杉梅是中国、日本间断分布的典型种类，对阐明中国和日本的植物区系关系有参考价值；短穗竹是中国特有的单种属植物，形态上与日本的亚平竹属相似，对于研究竹类分类系统有一定的科学意义。②

湖北神农架国家级自然保护区凭借其独特的地理位置、气候环境和复杂的地质结构，成为中国拥有丰富生物种类的重要区域之一，其中，神农架金丝猴是中国特有的珍稀濒危物种、国家一类保护动物，是神农架亚高山生态系统中分布密度最高的大型动物之一，目前数量约1200只，呈孤立小种群状态。本地区金丝猴在物种进化史上占有重要地位，但其生存状态极度濒危，对该种群的研究与保护对维持

---

① 中国有近2000种野生动植物濒临灭绝．中国环保网，http://www.chinaenvironment.com，2010-05-25.

② 毕淑峰．黄山风景区的珍稀植物资源[J]．国土与自然资源研究，2004(4)：95.

整个金丝猴种群的遗传多样性意义重大。①

森林是陆地生态系统的主体，具有生态效益和经济效益。近年来，人们对森林的生态效益普遍关注，有关生态环境、生态建设、生态效益等词汇频频出现。有学者针对世界自然遗产地森林生态效益进行研究，以张家界为例②，根据 SEEA 的森林账户经济指标，对张家界基于森林的绿色 GDP 总值和净值进行了核算。结果显示，2010 年张家界经森林培育资产产出为 243.13 万元，生态服务价值调整的地区生产总值为 486.17 亿元，基于森林的绿色 GDP 总值为 242.56 亿元，占当年 GDP 的比重为 100.03%；绿色 GDP 净值占当年 GDP 的比重为 97.86%，森林培育资产产出大于资产的耗减，说明森林对张家界市 GDP 的贡献总量是不断增加的。对森林生态效益进行评价，有利于转变资源消耗的观念、加强政策的制定、提高资源的管理水平和改变不可持续的经济行为。

如果说故宫、长城、龙门石窟等大量文化遗产的研究是为了更好地了解历史，继承发展，那么作为生物多样性保存相对完好的许多自然遗产地和风景名胜区，其生态学和一系列自然科学研究对人类未来的生存和发展将是至关重要的。因此，严格意义上说，对于人类而言，遗产的科学研究价值是遗产最根本的利用价值。保护遗产不是为了遗产本身，而是为了科学研究，为了子孙后代。正如美国 21 世纪遗产地管理的口号："科学地保护公园，保护公园为了科学"（Science for parks, Parks for science）。

2.3.2　教育启智

教育启智具体又可以包括科普教育、启迪智慧和爱国主义教育三方面。

1. *科普教育*

人们透过自然、文化景观的表象，深层次地了解到产生这种景观的自然、文化背景，这就是科学普及。泰山贵为五岳之首，不仅在于它崛起于华北大平原东缘、凌驾于齐鲁丘陵之上、相对高度达到 1360m 的雄伟气势，还在于封建社会历代统治者的封禅祭祀、精神渲染以及从蒿里山—泰安城—岱顶分别代表着的地府—人间—天堂三重空间的一系列人文景观的衬托。桂林山水甲天下，而形成这江山胜

---

① 杨敬元，廖明尧，余辉亮，姚辉. 神农架金丝猴保护与研究现状[J]. 世界科技研究与发展，2008(30)：418.

② 李彧宏，谢凝高. 世界自然遗产地张家界市森林生态效益研究[J]. 经济地理，2011(10)：1729—1732.

景的是特殊的石灰岩峰林地貌以及簪山、带水、幽洞和奇石四绝。楠溪江风景区中的古村落保持着比较完整的传统历史风貌，如大量的明代古建筑、文化遗迹和“七星八斗”等多种村落布局格式，还保留着许多传统文化习俗。而从人文景观的角度来看，更重要的是透过这些景观现象，可以了解到内容极为丰富的“山村文化”，如浙东沿海著名的“耕读文化”和“宗族文化”。因此，通过这些典型的古代社会细胞，又可以对古代中国社会的历史文化增强感性认识。

因此，自然文化遗产资源具有很高的科学研究价值。然而科学是大众的，广阔的自然界不单是专家研究的“实验室”，更是广大民众认识自然、接受文明的“大课堂”。而对自然和历史奥秘的了解、知识的普及，又更能激起人们对科学的热爱和探索，从而反过来更好地在保护自然的前提下利用自然，和谐共处。2000 年，武夷山等一批遗产地被确定为全国科普教育基地、全国青少年科技教育基地。目前，全国作为科普教育基地的风景区共有 156 个[①]，其中包括九寨沟国家级自然保护区、安徽天柱山风景名胜区、贵州黄果树风景名胜区、贵州百里杜鹃风景名胜区、浙江天目山国家级自然保护区等。

2. 启迪智慧

千变万化的自然风景和孕育其中丰富多彩的人文景观，不仅以其优美的造型、绚丽的色彩、深厚的文化底蕴给人以美的享受，还启发人们不断地探索蕴藏其中的奥秘，寻求事物的客观规律。

明代有一位叫张五典的学者，他在山东任职期间，多次赴泰山考察，对古书所记载的“泰山高者四十里”产生怀疑。为了科学测量泰山高度，张五典创造设计了一种器械。他用刻有尺寸的 1 丈长的竖竿，顶端置一铁环，再用 1 丈长的横竿，在中间置一铁环，把绳子系在横竿环上，再串在竖竿环中，牵动绳子可使横竿上下而不失平衡。在竖竿所立的地方，看横竿所至的地方，以 5 尺为 1 步，测量远近。若在平地，横竿便两端着地；若遇斜坡，横竿便前端着地，后端悬空，由竖竿刻度可知悬空尺寸，测出高度。再用记录簿，每页画 360 个方格，每量 1 步，则填 1 格，遇平地填“平”字，遇斜坡就注明高度，每填满 1 页，合 1 里路程，填写页数即为泰山里程，累计高度即为泰山高度。其实测结果比较接近现今测量的高度。而在桂林普陀山留春岩，刻于宋淳熙辛丑年（公元 1181 年）的《乳床赋》[②]，是世界上首篇探讨岩溶成因的文章。作者梁安世惊叹于钟乳石的千姿百态并进行了认真分析，认为一切皆由流水作用而成，“泉春夏而沈流，积久而凝，附赘垂疣”，并认为其发育速度是

① 全国科普教育基地服务平台，http://www.kpjd.org.cn/index.aspx.

② （宋）梁安世．乳床赋．该文刻于普陀山留春岩，为《桂林石刻》收录．

“十万年而盈寸”，这个估算已经非常接近现代科学的计算结果了。到了明代，徐霞客通过四十余天、百余个岩洞的探索，对岩溶地貌及其成因做了系统的描述和分析，并创造性地使用专门术语加以表述，对桂林山水的美学、科学研究作出了杰出贡献，极大地增加了人们对自然山水的了解。因此，桂林山水不仅启迪了人们心灵的美感，还启迪了人们探索岩溶科学的智慧。

雁荡山的造型地貌，也对科学家产生了强烈的启智作用。如北宋科学家沈括游雁荡山时说“予观雁荡诸峰，皆峭拔险险，上耸千尺，穹崖巨谷，不类他山，皆包在诸谷中，自岭外望之，都无所见，到谷中则森然干霄。原其理，当是谷中大水冲激，沙土尽去，惟巨石岿然挺立耳。如大小龙湫、水帘、初月谷之类，皆是水凿之穴。”当代地理学家竺可桢认为，沈括对于流水对地形的侵蚀作用已经有了相当正确的认识，比欧洲学术界关于侵蚀学说的提出早600多年。这种科研、启智作用，正是现代自然文化遗产地的重要功能。作为沈括提出流水侵蚀地貌学说的源地，雁荡山也是值得纪念的。

雁荡山的启智和科学研究功能，正发挥更大作用。现代地质学研究表明，雁荡山是一座具有世界意义的典型的白垩纪流纹质古火山——破火山，它记录了距今1.28—1.08亿年间火山爆发、塌陷、复活隆起的完整地质演化过程，为人类留下了研究中生代破火山的一部永久性文献，是研究酸性岩浆作用的流纹质火山岩天然博物馆，也是太平洋板块与亚洲大陆相互作用的动力学过程在火山与岩石学上的表现，其科学价值具有世界突出的普遍的意义。

3. *爱国主义教育*

中国的自然文化遗产资源数量多，质量高，种类丰富，是祖国锦绣山河的典型代表。人们游憩其间，无不在他们的心田中激发着爱国之情。当我们看到世界七大奇迹的万里长城蜿蜒穿行在崇山峻岭中的雄姿，听到历经2250年仍在灌溉着川西平原千万亩良田的都江堰流水的咆哮，感悟到登泰山而“一览众山小”的高远意境的时候，我们无不为祖国的大好河山和五千年的文明史而自豪，所以自然文化遗产地又是爱国主义教育的重要课堂。目前，中国国家级爱国主义教育基地共有370个，其中风景区约有20个，包括南岳忠烈祠、敦煌莫高窟、都江堰景区、大禹陵、炎帝陵、中山陵、雨花台风景区、茅山风景区等①。此外，属于省级爱国主义教育基地的风景区有安徽九华山风景名胜区、黄山风景区、甘肃万象洞景区、湖南浯溪景区等。

---

① 中国网络电视.爱国主义教育基地名单.中国教育和科研计算机网，http://www.edu.cn/agzy_11518/20110509/t20110509_612476.shtml，2011-05-09.

2.3.3 山水审美

1. 山水审美——悦形、逸情、畅神

自然美是客观存在的,而人类对美的认知和感悟过程即是审美。自然山水作为独立的审美对象,在中国约始于魏晋南北朝时期。[①] 中国山水诗人谢灵运在《石壁精舍还湖中》诗曰"昏旦变气候,山水含清晖"。自此,自然山水从经济开发的对象中分离出来,保护起来,成为专供人们进行游览、审美、创作体验和探索自然的精神文化活动场所。[②]

审美是主观对客观的反映,是一种精神文化活动,它与审美者的文化修养、社会经验和审美实践有密切关系,因而山水审美具有层次性,即审美者发现、感受、理解、评价和欣赏山水美的能力和深度具有差异性。这种差异,大体可以分为由浅及深的三个层次或阶段:悦形、逸情和畅神。"悦形"是对山水形式美的感性认知,比如形态、色彩、声音、光影等,它可以引起心理、生理的愉悦感,通常的"鸟语花香"、"犀牛望月"等就是这类审美的感受。在此基础上,具有丰富山水审美经验和素养的审美主体,经过对比、联想等心理思维活动,以多种方式寄情于审美对象,将自然山水"人格化",从而进行人与山水的情感交流。如春秋战国的"比德说",魏晋南北朝的"人物品藻说"以及众多宗教和民间神话传说,这就是"逸情"。而"畅神"则是在前两者的基础上,经过感性和理性统一复杂的心理活动,达到物我两忘,"应会感神、神超理得"[③]的最高审美境界。庐山形同一座北东西南的巨型笔架,故横看成岭,侧看成峰,必须从整体上"跳出山外"才能把握其真实面貌,于是就有了苏轼"横看成岭侧成峰,远近高低各不同。不识庐山真面目,只缘身在此山中。"这首哲理深刻的《题西林壁》绝句。

2. 山水创作——游记、山水诗、山水画

除了心灵感悟以外,山水审美往往以多种可见的形式表现出来,典型的就是山水诗、山水画、山水游记等山水创作活动。它们都是作者广游名山大川后对大量自然山水审美观照的心得和产物,也是留给后人回味无穷千古传诵的历史文化作品。

早在春秋时期,孔子的许多活动已经与泰山有关。《丘陵歌》中说:"登彼丘陵……喟然回顾,题彼泰山,郁确其高,梁甫回连。"《诗经》中"泰山岩岩,鲁邦所瞻"及

---

① 谢凝高.山水审美——人与自然的交响曲.北京大学出版社,1991:1.
② 谢凝高.保护自然文化遗产,复兴山水文明.中国园林,2000(2):36.
③ 谢凝高.山水审美——人与自然的交响曲.北京大学出版社,1991:110.

"登泰山而小天下"等诗句长期留传于世。汉代天文学家、唯物主义哲学家张衡也曾留下"我所思兮在泰山"的诗句。《汉书》作者班固、文学家蔡色、著名学者马融、应劭也曾登览泰山。应劭曾留下了《泰山封禅仪记》,记录了他们当时登览泰山的见闻,为现存第一篇泰山游记,也是中国现存的最早游记之一。此后,三国著名诗人曹植,登泰山写上了《泰山梁父行》、《飞龙篇》、《驱车篇》、《仙人篇》等诗,歌咏泰山。晋大诗人陆机的《泰山吟》诗说:"泰山一何高,迢迢造天庭;峻极周以远,层云郁冥冥。"南朝山水诗人谢灵运,写了没有神话色彩而专咏泰山的诗歌——《泰山吟》标志着泰山作为游览审美历史的起始篇。"岱宗秀维岳,崔嵬刺云天。岝崿既崄巇,触石辄迁绵。"宋唐以后,诗人、旅行家、画家、游人接踵而至,畅神审美,为泰山留下了丰富的文化精品,泰山美学资源得到发掘和颂扬。泰山不仅是"神"的化身,更是美的象征。如李白《泰山吟》,咏道:"四月上泰山,石平御道开。……天门一长啸,万里清风来。""平明登日观,举首开云关。精神四飞扬,如出天地间。"杜甫的《望岳》名句"会当凌绝顶,一览众山小"更是千古绝唱。宋代著名学者范成大游泰山诗《日观峰》云:"岱岳东南第一观,青天高耸碧喷元。着叫飞上峰头立,应见阳马浴来乾。"诗人苏东坡,书法家黄庭坚、赵孟頫等都留诗句和墨迹。明清时代,游泰山的文人学士更是蔚然成风,不可胜举,如宋濂、方孝孺、汪广洋、李裕、王守仁、董其昌、徐霞客、宋弼、袁枚、魏源,等等。他们不仅为泰山留下了许多诗文、游记、墨迹和摩崖石刻,大大丰富了泰山的文化内容,也把游人从山神崇拜中引向游览观赏、求知审美的新方向,而且也使旅游审美成了泰山的主要功能之一。

浙东沃洲山、天台山一带是中国山水诗重要发源地。东晋儒生因厌战避乱而游历栖隐于沃洲山水之间,并以山水风云等自然现象演译为玄理佛学,传世诗作甚众。到谢灵运游历剡中时期,开始形成了独立的山水诗,他说,"瞑投剡中宿,明登天姥岑,高高入云霓,还期那可寻。"唐代诗仙李白、诗圣杜甫也慕名远来漫游。杜甫 20 岁时就入台、越,游冶忘归达 4 年多,到 50 余岁流寓西南,仍追怀昔游。李白四入浙江,三入越中,二上天台。即使身在他处,凡遇有佳山水,总以剡中风光作比拟。其他众多诗人亦接踵而来,据载当时有 300 多位诗人栖隐于沃洲做诗抒怀唱和,由此形成了"唐诗之路"文化奇观。全唐诗中直接咏及沃洲山水风物就有 50 多首。在数量方面,根据对浙东各地历代方志的统计,在该地区活动过且被载入《全唐诗》的诗人为 226 人,约占《全唐诗》收载的诗人总数 2200 余位的 10%;在质量方面,他们多数是唐代诗坛上的杰出人物。如《唐才子传》收才子 278 人,这里就有 174 人,占其总数的 63%。从此,历代名家墨客、名士高僧追慕前贤圣迹,远游赏景。如宋朱熹游了沃洲山水帘洞以后,写下了名诗:"水帘幽谷我来游,拂面飞泉最醒眸。一片水帘遮洞口，何人卷得上帘钩。"真是山水因胜迹而名扬，胜迹因人文而显性，两者相得益彰。①

特别需要指出的是，基于山水审美的山水诗词等作品同样包含了悦形、逸情、畅神等不同的审美意境，典型的如《岳阳楼记》。"予观夫巴陵胜状，在洞庭一湖。衔远山，吞长江，浩浩汤汤，横无际涯；朝晖夕阴，气象万千。此则岳阳楼之大观也。"这是作者在岳阳楼陶醉于所见的气势恢宏、波澜壮阔的画面，产生审美的愉悦，即所谓的"悦形"；而其后"登斯楼也，则有去国怀乡，忧谗畏讥，满目萧然，感极而悲者矣。""登斯楼也，则有心旷神怡，宠辱偕忘，把酒临风，其喜洋洋者矣"。作者先写览物而悲，由霪雨、阴风、浊浪等恶劣的天气写到人心的凄楚，令过往的"迁客骚人"有"去国怀乡"之慨、"忧谗畏讥"之惧、"感极而悲"之情；后写览物而喜，描摹出一幅湖光春色图，读之如在眼前，而"登斯楼也"的心境也变成了"宠辱偕忘"的超脱和"把酒临风"的挥洒自如。一悲一喜，一暗一明，两相对照，传达出景与情互相感应的两种截然相反的人生情境，即所谓的"逸情"。文章的最后发出了"先天下之忧而忧，后天下之乐而乐"的感慨，曲终奏雅，点明了全篇的主旨，是作者由所见所想受到启发，道出了超乎这悲喜二者之上的一种更高的理想，表达了其忧国忧民的高尚境界，为"畅神"。

3. 山水理论

在山水审美、山水创作的同时，大量源自于自然山水经总结凝练而成的山水理论被提出，主要涉及绘画、文学、书法、哲学和山水欣赏等方面。如南朝宋山水画家宗炳的《画山水序》、清人施元孚的"游山法"、清末学者魏源的"游山学"等。

雁荡山的美学价值早在1000多年前就被发现和利用。清人施元孚"寝游雁荡山中，经十余寒暑，披奇剔险，著有成书。"提出"游山法"这一论著。他以雁荡山为实例，讲了许多游山学的思想和原理，也是值得研究的。如什么季节游什么地方，什么景水大时欣赏，什么景水涸时欣赏，什么是"喜风"，什么是"畏风"等等。更重要的是强调"林泉淡逸清幽，游者亦宜与称"，指出游览者的文化素养和行为，应与自然山水协调。如游山时，游者对物质享受应以"简少为贵"，不要奢华，富者游山，进山前，该摒弃轿和马。当官的如游山，应"节省从徒"，勿劳民伤财。提倡："游者须用自己本色。我儒也，不妨遵道讲学；我文士也，不妨登高作赋；我善书，或摩崖题壁；我善画，或绘画图山"等等。"率具所知所能，以从事烟霞泉石间。"这样，"得见高峰增色，流泉生韵，草木鸟兽为之绰约翔舞。"这是"用其本色，实济胜之妙具

① 北京大学城市规划设计中心. 新昌县旅游总体规划，2001.

也”，指出游山不能俗化，雁荡虽有佛氏道场，无需效佛习套。“近见游者，念佛不休，人皆厌而避之。”实际上，高僧的“禅机”与文人的“诗机”，在对待“烟霞泉石”之事是相通的。

施元孚的“游山法”是中国古代游览山水活动中回归自然、与大自然精神往来的精神文化活动的经验总结，与清末学者魏源提出的“游山学”是一致的，也是值得总结的山水文化遗产。他的论著是游寝雁荡十年的产物，不能不说是深入体验雁荡的杰作。

山水赋作为重要的赋文学题材，是中国山水文学的主要成就之一，如曹丕的《济川赋》、《沧海赋》、《临涡赋》，郭璞《江赋》、《巫山赋》，孙绰《游天台山赋》等一系列作品。山水赋出现于先秦西汉时期，在魏晋（尤集中于东晋）成熟，继而勃兴。《诗经》中已把自然山水纳入初步的审美活动中，其中对自然山水的描写乃是后世山水文学的萌芽。魏晋以后，崇尚自然的风气盛行，山水赋的艺术境界和美学追求也达到了新的高度。山水赋作者更乐于在虚构的幻境中去驰骋自己的想象和艺术构思，通过巧构瑰丽的、神奇宏阔的场面来进行艺术创作，实现作者的美学追求。如司马相如《子虚赋》写云梦之泽“方九百里，其中有山焉。其山则盘行弗郁，隆崇苍翠；岑岑参差，日月蔽亏，交错纠纷，上干青云；罢池破陀，下属江河。”极尽博大宏深，雄阔壮观之美。此外，山水赋也多半借助神话和传说点缀事物，展现不可企及的超乎人力的意境。如许多赋在写海时，常常用到“巨鳞吞舟”的惊人描写，出现“方丈、流洲”和“蓬莱”仙境等。山水赋是中国文人艺术审美意识的不断提高，艺术表现力不断提高的历史风向标。①

黄山是中国有名的以“仙”著称的山，终年云雾缭绕，远观犹如漂浮在云层之上，近观则一步一景，集奇秀险峻为一身。黄山为背景的画作以新安画派和黄山画派最具代表性。新安画派主要指居住在徽州及其附近的画家，作品的最大特色是就地取材、以景抒情，从绘画中表达其品质与气节。起先龚贤将黄山、新安一带的画家统称为“天都派”，后来清代画论家张庚在《浦山论画》中将这些画家归为新安派。弘人、查士标、孙逸、汪瑞之并成为“新安派四家”。弘人“敢言天地是吾师，万壑千崖独杖藜，梦想富春居士好，并无一段入藩篱。”绘有《黄山图》，其特征是以线性的渴笔和极简的皴法勾画出近乎几何形的瘦削山崖，这种平淡、近乎透明的图像似乎隐含着难以言传的孤独感。查士标常白日睡觉晚上作画，他的画“不求闻达，一室之外，山水而已”，有明显的“意象”特征，他笔下的黄山神形兼备，寥寥几笔就

---

① 张宁．论中国古代山水赋的审美特征．大同高等专科学校学报（综合版），1995(1)：45—48．

能展现黄山松石的风貌。黄山画派专指扎根于黄山进行绘画创作的画家群体，可能来自全国各地，绘画主旨更为明确。画家常年深居黄山之中，揣摩黄山实景，内心已与黄山融为一体。这一派以浙江、梅清、石涛三人为核心，绘画的主要特色就是简单、求新。近代画家，如刘海粟、张大千、黄宾虹等也被归入黄山画派。[①]

自然山水的钟灵毓秀孕育了大量人杰，如今依然吸引大量文化人士欣然前往。不论是画作、书法、理论，还是摄影、文学作品，文人艺术家对于山水的再感悟、再创作都不会停止。

2.3.4 旅游休闲

自然文化遗产地有良好的生态环境、优美的自然风景、有丰富的文物古迹，因而成为广大人民群众向往的游览观赏之地。随着生活综合水平的提高，人们在工作之余游山玩水，身心得到休息和锻炼，陶冶性情，已经逐渐成为精神生活中的重要组成部分。自然文化遗产地的旅游更是得到了前所未有的发展，突出表现为：一是旅游种类逐步丰富，其中既有游览观光的、休闲度假的、宗教朝拜的，也有近些年兴起的商务旅游、生态旅游、科学旅游、健身旅游和其他特种旅游等。二是旅游人数增长迅速。2002 年全国接待入境游客 9800 万人次，比 2001 年增长10.1%。旅游外汇收入首次突破 200 亿美元，达到 204 亿美元，比上年增长 14.6%，是世界旅游业增长最好的国家之一。而国内旅游也持续升温，仅 2003 年"十一"黄金周的第二天，[②]全国 99 个直报旅游区(点)中，有 36 个已超过最佳日接待量，全天共接待游客 229.7 万人，比首日增长 47.5%，比 2002 年同期增长 3.59%；当日门票收入 7832.6 万元，比首日增长 74.9%，比上年同期增长 8.72%。在 59 个直报城市和旅游区中，宾馆饭店出租率超过 80%的有 23 个，超过 90%的有 8 个。而一些知名遗产地更是普遍进入高峰，主要景区(点)纷纷再创游客接待量的历史新高。北京故宫当天接待 9.29 万人次，是最佳日接待量的 3.7 倍，同比增长 1.3%；八达岭接待 3.91 万人，比首日增长 50%以上。苏州全市各旅游区(点)当天共接待39.91万人次，比去年同期增长 35%，其中虎丘 2.1 万人次，拙政园 1.4 万人次，同里 3.57 万人次。杭州西湖三大景区接待游客 30 万人次；其中三潭印月接待 3.65 万人，已超

---

① 刘粲. 中国山水画中的仙山——以新安画派、黄山画派为例. 当代教育理论与实践，2012(4)：146—147.

② 全国假日旅游部际协调会议办公室. 十一黄金周 2 号旅游通报：2003 景点游客接待量创新高. 中国新闻网 http：//www.sina.com.cn，2003-10-02.

过最佳日接待量。

到2012年，全国国内旅游人数为29.57亿人次，比上年增长12.0%，国内旅游收入22706.2亿元，比上年增长17.6%，约占GDP的5%。春节黄金周期间，全国共接待游客1.76亿人次，比上年同期增长14.9%；实现旅游收入1014亿元，增长23.6%。中秋、国庆8天假日期间，全国共接待游客4.25亿人次，按可比口径，增长23.3%；实现旅游收入2105亿元，按可比口径增长26.3%。两个黄金周长假实现旅游收入占全年的国内旅游收入的13.7%。[①] 全年海外游客为1.32亿，实现国际旅游(外汇)收入500.28亿美元，比上年增长3.2%。[②] 武陵源风景区2011年游客1600万人次，其中海外游客33万人次，门票收入8.77亿元。拥有长城、故宫、周口店北京猿人遗址、颐和园、天坛五个世界遗产的北京市2012年国内游客总数为2.26亿，海外游客500万，旅游总收入3600亿元。旅游业对各地的经济振兴和社会发展起到了重要作用，当然，同时也伴随着对遗产地不同程度的超载利用。

2.3.5　实物产出

指人类对遗产地的矿产、土地资源、野生动植物资源直接开发利用所得的效益，如农业产品、林业产品、药材、茶菜水果等等。风景区远离城市，远离工业，能够营造良好的生态环境，为野生动植物提供栖息地，也为实施半野生栽培打开了通道，有利于形成各种中草药半野生状态的药物种源基地。神农架林区海拔1100～3200m，是国家级自然保护区，至今保持着原始生态，是一座天然的百草园，可入药的动、植物达2013种，像“头顶一颗珠”、“江边一碗水”、“七叶一枝花”、“文王一支笔”等诗画般药名的中草药和天麻、当归、党参等名贵中草药都有丰富的资源。目前，药材播种面积12 599亩，产量约501.4t。此外，神农架土特产品资源丰富，有神农架小板栗、木鱼有机茶、绿源公司压缩木耳、望林公司长方冲菜、新华的杜仲茶以及生漆、香薰腊肉等等农副产品。[③] 武夷山高等植物中就有药用植物1194种，主要用材树种365种，纤维植物171种，芳香、油料植物161种，糖类植物219种，还有染料、色素及饲料植物70余种。另外，作为世界四大茶类中小叶种代表的武夷

---

① 中国旅游报. 2012年国内旅游人数29.57亿，同比增12%. 环球旅讯 http://www.traveldaily.cn/index.html，2013-03-04.

② 中国旅游报. 2012年中国旅游业统计公报. 中国经济网 http://travel.ce.cn/，2013-09-16.

③ 杨金萍. 自然风景区野生中草药资源与市场开发探讨. 综合研究，2005(7)：115—116.

岩茶，是乌龙茶的鼻祖，位居中国十大名茶之前茅，产品畅销海内外。[①] 世界遗产武当山的八仙观茶场，地处海拔 1020m 的武当山中段，历史悠久，面积 1200 余亩，年产武当银剑、武当针井等高档名茶 1.5 万斤，年创利税愈百万元。

需要强调的是，实物产出价值不是遗产地的主要价值和追求，必须严格控制，更不能靠挤占风景用地、不适当地扩大种植规模等来获取。而对于矿产资源、林木资源的开发更应严格禁限。

2.4 间接衍生价值

"间接衍生价值"则是指由于遗产的存在和遗产资源的直接利用而对遗产地所在区域带来知名度提高、就业机会增加、产业结构优化、城镇建设加快、社会文明进步等关联作用，从而对区域社会经济整体产生"催化"和"促进"作用。它也是自然文化遗产社会、经济价值的综合反映，而且必须以"本底价值"和"直接应用价值"的存在为基础。具体可以包括产业发展、社会促进两大方面。在地域空间上，这种价值主要存在于遗产地范围以外的遗产地所在区域。

由于遗产的这种间接衍生价值主要存在于遗产地界限范围以外的遗产地区域，因此这是一种将遗产地当做一个"点"而更好地带动遗产地所在区域这个"面"发展的重要途径。这种价值的产生多源于本区知名度的提高和更多的人员、信息、资金流动，尤其是旅游活动的开展。内容涉及经济、社会等方面，具体可以概括为产业发展和社会促进两方面。

2.4.1 产业发展

1. 总量增长

遗产地通过知名度提高、吸引外来资金、旅游业发展以及相关产业发展而促进整个地区的经济总量增长。大理国家风景区所在的大理州，面积在云南省 17 个地州单元中位于思茅、曲靖、红河、文山之后列第五位，耕地面积排在第 7 位。由于受到地形条件、生态环境保护等因素影响，1997 年其第二产业国内生产总值 297.8

① 吴邦才.世界遗产武夷山.福州：福建人民出版社，2001:3,52.

亿元列全省第六，但第三产业357.4亿元，数值超过第二产业，列全省第四，对全州的经济发展起到了很好的拉动作用，也和第一产业一起确保大理州整体经济实力保持在全省第五。① 西湖世界遗产所在的杭州市2012年实现全市地区生产总值(GDP)7803.98亿元，比上年增长9.0%。其中，第一产业增加值255.93亿元，第二产业增加值3626.88亿元，第三产业增加值3921.17亿元，分别增长2.5%、8.5%和10.1%，第三产业占比首次超过50%。就旅游业而言，杭州市2012年全年共接待入境旅游者331.12万人次，比上年增长8.1%；接待国内游客8236.88万人次，增长14.7%。旅游总收入达到1392.25亿元，增长16.9%，其中旅游外汇收入22.02亿美元，增长12.5%。市民出境旅游93.09万人次，比上年增长24.8%。旅游产业的蓬勃发展促进了旅游基础服务设施日趋完善。至2012年年末，全市共计各类旅行社达606家，比上年增长7.8%；星级宾馆达到217家，其中五星级酒店20家，四星级酒店43家；A级景区40个，其中5A景点3个，4A景点26个。②

2. 优化结构

“所谓产业结构，是指国民经济各个产业之间和产业内部各个组成部分之间相互制约的经济联系和数量对比关系，随着生产力的发展和社会分工的不断扩大而日益复杂化。”③产业结构的演变有其自身的规律性，调整产业结构就是充分发挥有利于产业结构优化的积极影响作用，最大限度地控制不利于产业结构优化的消极作用的影响。

遗产地旅游业的发展，促进了相关产业的大力发展。尤其是第三产业的发展最为明显，在整个国民经济中的作用也越来越显著，将改变各个产业在国民经济增长中的重要性，从而通过改变三大产业的比重来优化产业结构，使优势产业起到推动整个国民经济的发展，进而带动其他产业发展的目的。另外，这种优化还包括旅游行业内部“吃、住、行、游、购、娱”六要素的配套和旅游业相关产业的协调等等。

桂林市2001年国内生产总值331.84亿元，其中第一、二、三产业分别为105.65、99.88和126.31亿元，三次产业结构为32∶30∶38。第三产业超过其他产业，确保了桂林市社会经济的持续发展。

平羌三峡地区距乐山大佛仅10km，盛产当地人唤作“青波、石棒子、白甲、肥砣、黄辣丁”以及“鲫、鲶、鲤”等十多种鱼类。近几年随着其附近的峨眉山-乐山

---

① 云南省统计局. 云南统计年鉴1998. 北京：中国统计出版社，1998.

② 数据来自西湖区统计网. 2012年杭州市国民经济和社会发展统计公报，http://www.xihu.gov.cn.

③ 崔功豪等. 区域分析与规划. 北京：高等教育出版社，2000.

大佛申报世界遗产成功及大佛景区被评为 4A 级景区后，开通了游船旅游专线，每天到平羌三峡旅游的人络绎不绝，带动了平羌三峡的旅游业。同时，游客的大量涌入，也带活了当地农家的第三产业。[①]

从整体上看，既是国家级风景名胜区，又是国家重点文物保护单位或者国家历史文化名城，同时也是世界遗产的地区，旅游业在区域经济中占据的比重相对较大。比如武夷山、黟县、丽江，旅游收入占城镇 GDP 比重均高于 50%（丽江接近 70%），旅游也成为核心产业；而黄山、临潼、敦煌、都江堰等，旅游收入占城镇 GDP 比重介于 20%～50%之间，旅游业也是当地的主导产业。从遗产类型上看，可进入性和参与性强的山岳型遗产地和城镇村落型遗产地旅游业对当地经济整体规模和结构优化影响加大，而一些严格控制游客进入的保护区以及专业性较强的考古遗址等旅游业的影响则相对较弱。

此外，随着产业结构调整的不断深化和人们对于文化的需求不断提高，遗产地的旅游服务性产业也更加多样化。现在很多的遗产地不仅依靠门票收入和餐饮住宿等产业获取收益，也开始大力开发遗产地的文化产业，打造自己的文化品牌。如丽江就依托良好的民族文化资源优势，大力发展文艺演出、影视创作、民俗体验等文化产业，提升了经济和社会效益。《纳西古乐》、《丽水金沙》、《印象·丽江》、《花楼恋歌》等都是优秀的丽江文艺演出作品。此外，丽江优美的地域风貌和民俗文化也为影视的拍摄提供了良好资源，《一米阳光》、《茶马古道》、《千里走单骑》、《木府风云》等影视剧集都来到丽江取景拍摄。通过这些宣传和推广，提升了丽江的社会认知度，增强了其品牌效益，从而进一步推动了丽江旅游产业的发展。[②]

2009 年，曲阜市文化产业增加值占 GDP 比重已经达到 4.08%。世界自然遗产地云南石林在大力展示喀斯特地貌普世价值的同时，充分依托彝族等少数民族文化资源发展文化产业，文化产业增加值从“十五”末的 1.7 亿元增加到“十一五”末的 3.69 亿元。全县三次产业结构“十五”末为 29.8 : 25.5 : 44.7，“十一五”末为 28.2 : 28.4 : 43.4，旅游服务和文化产业在国民经济发展中发挥了重要作用。[③]

3. 合理布局

在市场指向、环境保护等因素影响下，随着遗产保护过程中对环境改善的要

① 郑元同. 乐山旅游经济发展与世界自然文化双遗产保护研究. 经济体制改革，2005(5).

② 张重艳. 香格里拉生态旅游区丽江旅游文化资源分析. 旅游管理研究，2013.

③ 罗朝峰. 坚持科学发展 推进富民强县 为建设国际旅游胜地和滇中经济区的东南新城而努力奋斗. 石林年鉴，2011，专文.

求，各种产业布局有了较大的变化。污染大、原料运输量大等工业企业逐渐远离遗产资源区、居住区，向非遗产影响区转移；而一些污染较小、为遗产地服务的企业，如食品加工、手工艺品生产的企业向接近遗产地的外围人口密集区发展。这不但促进了遗产资源地区的环境保护，而且使原有的工业布局更趋合理。其他农、林、牧、副、渔业等也都会得到相应的布局调整，从而使原有的产业布局更趋合理。如桂林市，为了确保漓江风景区良好的水质和优美的环境，市区中部漓江沿线的兴安、灵川、阳朔等县和桂林市区均严格禁止污染企业发展，而全市工业重心被布置在市区西部、机场和高速公路等交通条件更为优越的临桂。[①]

此外，为维护遗产地与其周边区域景观风貌上的完整性和协调性，进一步提升遗产地环境和生态质量，通常会对遗产地周边区域进行综合治理。如丹霞山世界自然遗产地积极开展环境综合整治工作，对违规建筑和违法用地进行集中整治。拆除丹霞山周边区域 5 处违章建筑，关停景区内 5 处采砂点，核心景区内的 12 个违规项目或自行拆除，或将房屋统一交由丹霞山管委会安排。[②]

2.4.2　社会促进

遗产的社会促进价值表现在给遗产所在地区带来的社会知名度的提高、城镇建设的发展（包括基础设施的完善）、文明的进步和综合环境的改善等方面。

1．社会知名度的提高

世界遗产的概念和保护原则体现了当今世界范围内关于遗产及遗产保护最高水平的共识，也为整个遗产保护事业提供了更完整、更准确的认定和楷模。

许多申报世界遗产的地方政府领导都体会到，世界遗产工作蓬勃开展的作用已远远不限于遗产工作本身。世界遗产工作的成功不仅取决于少数决策者认识的提高和措施得力，而且取决于每一位和遗产有关的个人和每一个单位是否具有良好的环境观、审美观、大局观、历史文化和科学修养以及优良的文明举止。如何对待遗产、如何保护环境的大事，已经细化到连垃圾箱的制作和设置都要尽力与环境相协调了，其教化作用自然如雨润物。申报过程中的宣传和遗产环境的改观，给每一位旅游者带来愉悦和享受，相约亲朋再至，从而大大提高了该遗产资源的社会知名度。从旅游景点门票收入、旅游人数变化和其他旅游产业收入的资料可以看出，许多申报世界遗产的资源在成功申报后社会知名度均有很大提高，这也说明旅游

① 赵宁．城市边缘区世界自然遗产地保护规划研究——以广东省丹霞山世界自然遗产地为例．

② 黄大维．广东丹霞山申遗成功两周年工作回顾．中国风景名胜，2012-08-27．

者对世界遗产资源的保护工作是十分认可的。这种在社会范围内的品牌效应,使得很多原本名不见经传甚至"老、少、边、穷"地区的城镇获得了极大的发展机会。

武陵源国家风景名胜区原本是湖南西北部一个交通偏僻的无名山区,它不似五岳、黄山、桂林等千百年来就遐迩闻名的其他名山秀水久负盛名,而是一直默默无闻直到20世纪70年代还鲜有人知。大画家吴冠中偶然到此,为这里的山水所倾倒,不由发出"明珠遗落深山"的感叹。1988年国务院审定武陵源为国家重点风景名胜区,并批准设立省辖张家界市,建立武陵源区人民政府,以加强风景名胜区的保护和管理,同时由于大量国内外游客的到来和其价值得到世界认可,武陵源终于声名渐起。1992年12月,武陵源正式被联合国教科文组织作为自然遗产列入《世界遗产名录》,大大提高了武陵源的社会知名度,武陵源成为许多科学工作者和旅游者关注的地方,吸引了大量游客到此旅游消费、科学考察。2010年共接待中外游客1399.83万人次,门票收入9.25亿元,实现旅游总收入56.2亿元①,这三项统计数据均进入当时全国208个国家级风景名胜区前十名行列。

类似的,开平碉楼是清朝末年和民国时期开平华侨建造的住所,随着时间流逝以及华侨的离去,大部分碉楼已经人去楼空,外表不再光鲜、实用功能已经丧失的碉楼在当地居民生活中的地位逐渐弱化。2007年开平碉楼成功列入《世界遗产名录》后,即使在全国旅游形势严峻的2008年,开平市年接待游客人数仍增长37.64%,旅游总收入增长47.45%。在此背景下,那些曾经的"破房子"变成了现在的"无价宝"。九寨、黄龙、丽江古城、平遥古城等遗产地都有类似的经历。②

2. 城镇建设

遗产地不仅需要良好的生态环境,其所依托的服务基地或游客集散中心作为一个代表国家、省市和地方形象的公共场合,应该具有完善的城镇基础设施和良好的城镇建设风貌。因此,遗产和遗产旅游对这些城镇带来的促进是巨大的,各级政府也纷纷投巨资对相关城镇进行了统一规划、精心改造和高品位的建设。

麦积山作为第一批公布的国家重点风景名胜区,其面积215km²,位于长江、黄河两大流域交界处的"陇上江南"甘肃天水市。2001年左右,为了配合麦积山申报世界遗产工程,全市除了投资3亿多元改造、完善景区基础设施和提高景观质量以外,还对城市各项软硬设施进行了大规模建设。相继建成310国道、天巉公路、天

① 张家界市武陵源区统计局.2010年张家界市武陵源区国民经济和社会发展统计公报,http://www.zjjwly.gov.cn/zjjwly/deptonline/wlytjj/tjfx/20110318024927.html.

② 张朝枝,游旺.遗产申报与社区居民遗产价值认知:社会表象的视角——开平碉楼与村落案例研究.旅游学刊,2009.

江公路，从而使天水的东、西、南大门畅通无阻，极大地改善了城市外部交通。同时，投资 6.77 亿元新修了市内的南外环、北外环和羲皇大道；投资 0.98 亿元改造了解放路、双桥路、泉湖路等市区内重要干道；新增了 6 条公交线路，开通了麦积山、仙人崖景区的旅游专线车。出租车增加到 1900 辆，IC 电话随处可见。全市在主要交通枢纽、街道、景点设置公共信息图形符号、中英文指示牌 2676 块，新建、改造公共厕所 27 个，星级饭店由 3 家发展到 13 家。城市建设的快速发展也反过来促进了景区振兴和旅游繁荣。2002 年全市共接待国内外游客 148 万多人次，年增幅达到 22%；旅游收入 4.14 亿元，占到全市 GDP 的 4.3%。①

旅游业及相关产业的发展往往会在很大程度上影响地区的规划和发展方向。如西安和临潼政府对临潼 915km² 的辖区重新进行了系统规划，初步制定的方案将把未来的临潼划分为六大区域：以行政管理、生活居住为主要职能的生态新区；以华清池、骊山以及仿唐街景为特色的唐文化区；以火车站、南北大街为主的商业区；以秦陵保护区以东工业园为主的工业区；以秦始皇陵、兵马俑博物馆为核心的秦文化旅游区；以市区周边村镇为主的新农村示范区。利用秦俑馆馆前服务区改造项目进行的产业开发，包括以停车场、旅游购物商贸区为主的旅游服务区和民俗文化旅游度假区。位于秦俑博物馆外东侧的兵马俑国际旅游广场，占地 10km²，建筑面积 7ha，提供特色餐饮、小吃、手工艺制作、旅游纪念品销售等旅游相关服务和零售行业。打造一个以秦文化为背景，复合旅游、文化、休闲、娱乐和购物的体验式商业广场。②

这些改造项目有利于遗产保护和遗产地功能与环境的提升，也使周边居民受益。如在进行陕西大明宫遗址保护项目时，为改善遗址周边的风貌，重点对周边的棚户区进行拆除和迁移。从 2007 年到 2010 年，拆除占压遗址的建筑 250ha，妥善搬迁了 2.5 万户约 10 万人口和 88 家企事业单位，告别了长期严重污染、交通堵塞、景观杂乱、犯罪率高的“城中村”。大规模棚户区的改造，在改善了遗址所在区域景观的整体性和观赏性、提高了遗址保护水平的同时，也给当地的发展提供了机遇，为居民带来了美好的生活环境，切实改善了当地民生和城市环境。③

3. 社会进步

随着遗产地知名度的扩大，旅游业的兴起，遗产地对外的人员、信息交流大大增加，而这对遗产地的就业、文化发展、居民素质的提高和市场经济意识的改变、社

① 赵春. 羲皇故里天水创优中树品牌形象. 中国旅游报，2003-03-31.

② 张颖岚. 秦始皇陵文化遗产地资源管理对策研究，2008.

③ 中国文化遗产事业发展报告蓝皮书，2012.

会和谐等起到十分重要的作用。

遗产地促进社会就业的作用是十分显著的。以承德市为例，承德避暑山庄外八庙管理机构就职的人员在2008年超过2000人。2006年全市直接从事旅游业的就业人口40 000人，占全部就业人口数的15%；而从事旅游相关行业的人员更高达200 000人。对就业的拉动还增强了居民对遗产的认同感和地方的自豪感，并更自觉地投入到遗产保护中。在泰山，2009年对于"因为遗产地而产生了自豪感"这一陈述表示强烈同意的居民达到62.19%，表示同意的占到34.33%；在承德，75%的居民同意或强烈同意世界遗产的存在提高了他们的生活质量，68%的居民表示愿意参加与遗产相关的志愿者工作，36%的居民表示会在工作生活中宣传自己家乡的遗产地。①

许多具有丰富遗产资源的地区，其文化建设与发达地区存在较大差距，丰富的历史文化价值远远没有得到发挥。长期以来，许多地区科技教育水平的低下是生产力低下和经济水平不高的重要原因。而随着社会知名度的提高、旅游业的发展，将带动整个遗产地区社会经济的良好发展，从而提高了当地居民生活水平。经济水平的提高，是科学技术发展的一个重要前提。随着社会经济的发展，科技教育事业无论是从经费投入、还是从人民文化素质提高方面都会有长足的进步。而旅游服务规范化、优质化的需求又可以有效地提高从业人员素质以及所在地普遍文明水平和社会秩序水平。

近年来，随着遗产保护事业的不断深化，公众保护自然文化遗产的意识和自觉性也提高了，尤其是遗产地居民。不仅表现在专业性机构组织的建立，更表现为广大的普通民众对于遗产的关注。当前，自然文化遗产保护的每一个环节都处在公众的监督之下，他们的意见和建议在很大程度上也影响了保护工作的开展。对于不利于遗产保护的行为，公众们往往也会通过舆论谴责加以制止，与相关部门配合保护自然文化遗产。2013年10月以来，天津、北京、哈尔滨、南京、武汉等地的志愿者和民间组织，多次依法提出文物认定申请，配合主管部门从推土机下抢救了梁思成故居等一大批文物建筑。在第三次全国文物普查中，黑龙江文保志愿者团队在冰天雪地中义务调查中东铁路，将许多重要的车站、桥涵纳入普查范围，并推动了文物部门将绵延四省区的这一线性遗产整体申报国保单位。在青铜峡市文物局普查新发现的127处不可移动文物点中，其中有75处是志愿者直接或间接提供的线索；在非物质文化遗产普查中，有21个项目是志愿者提供的线索，进一步加大

---

① 国家文物局.世界遗产与可持续发展[M].北京：文物出版社，2012.

了对珍贵、濒临灭失的非物质文化遗产实物、资料、场所的征集、收藏、保存和修缮工作。[①]

同时，旅游业创造的大量就业机会、外来游客带入的大量市场需求信息和资金，加上与遗产地建设配套的大量基础设施如交通、通信的改善，使更多的遗产地原居民认识到了大山外面的精彩世界，从而一改“日出而作，日落而息”的传统小农经济思想和生活方式而纷纷走向服务行业或者异地劳务输出，进而增加了收入，走上治穷致富的道路。如雁荡山风景区周边的响岭头村，人均收入从1993年的128元增加到1995年高达万元。如今除18岁以下人口，全村80%从事风景旅游服务业，该村2011年达到13 600元，村集体经济年均收入达到400万元。又如楠溪江风景名胜区鹤盛镇岭上人家，依托石桅岩景区旅游资源，大力发展乡村旅游农家乐。45户人家大部分从事休闲旅游农家乐活动，近三年来接待游客45万人次，营业收入达到4000多万元，成为省农家乐特色村、示范点。这种广大农村地区就业结构的改变加速了社会主义新农村建设步伐，缩小了城乡间差距，成为农村“城镇化”和“现代化”的重要途径。[②]

文明进步的另一个重要体现就是对外开放程度的提高。越南有丰富的旅游资源，其中包括北部的世界自然遗产下龙湾，中部的世界文化遗产古都顺化、古城会安何美山遗址。据越南旅游总局的统计数字，近年来每年有近70万中国游客到越南下龙湾游览，有约10万人次的法国游客来到古都顺化和古城会安，而众多的日本游客则喜欢到胡志明市，到九龙江平原，去参观越南的城市和乡村，品尝纯粹的越南菜肴和各种热带水果，购买独具特色的手工艺品。国际游客数量从1995年的130万人次增加到2002年的260万人次。由旅游业带来的社会收入从2000年的12亿美元增加到2002年的15亿。世界上前十名饭店管理集团都已经进驻越南。[③]

遗产的社会促进作用还表现在推进管理体系逐步完善，统一有效的管理是遗产保护和遗产地统筹发展的重要前提，因此整合机构、优化管理是遗产保护工作中的重点。在一些遗产地，管理失衡表现在地方遗产保护委员会和地方政府管辖权之间存在交叉和缺失，存在“多头管理”现象，增加了投入，却不利于遗产保护和遗产所在地区的发展。明十三陵在2008年之前，由多个管理机构分别管辖不同区域，这些机构往往都从不同的立场出发，处于不同利益立场进行管理。这就导致保

---

① 李鹏. 浅谈青铜峡市文化遗产保护志愿者队伍建设及作用发挥. 价值工程，2011(30).

② 温州市风景名胜区协会. 温州风景三十载，励精图治铸辉煌. 风景名胜区，2012(12).

③ 张加祥. 越南旅游业发展形势看好. 中国旅游报，2002-03-14.

护区内村庄分属两个镇管辖，陵墓周边山谷无人管理，不同部门间权力交叉等问题，使得在一些实际问题上常出现利益冲突，发展中“各行其道、独行其是”的局面。为了改变这种状况，2008 年 2 月，昌平区对原有十三陵、长陵、兴寿三镇进行行政区划调整，撤销原长陵镇，将部分村庄与原十三陵镇合并，形成新的十三陵镇，将十三陵大遗址完整纳入镇域范围，对其保护区、建设控制带及外围缓冲区的土地进行统一管理，有利于统筹协调遗产保护和周边的村镇建设，提升管理效率。①

另外，遗产地的存在对社会福利水平的提高也存在积极作用。韩国 20 个国立公园都实行失业者免费入园制度，为他们提供休息空间。公园内推行公共劳动制度，雇佣失业者从事清洁公园的工作。这些无疑也是社会文明进步的积极表现。

2.5 遗产价值体系的特性

2.5.1 类型的多样性——全面认识

价值的性质取决于具体客体的性质，具体客体的多样性决定遗产地价值类型的多样性。自然文化遗产地是由天文、地理、自然、文化诸多要素构成的复杂综合体，因而也造就了其科学、历史文化和美学等多种价值以及本底、直接应用、间接衍生等多重价值。

类型的多样性决定了对遗产价值的认识必须是全面的、综合的。

2.5.2 要素的有机性——整体保护

每一个系统都是内部各要素按照一定秩序、一定方式和一定比例组合成的有机整体，不是各要素的简单相加。例如，每一个自然系统都是其自然要素的有机组合，每一个经济系统是其经济要素的有机组合。而作为自然文化遗产的价值体系，其构成要素，如气候、地形、水文、生态等自然要素和建筑、历史遗迹等人文要素，也是相互关联的有机整体，它们共同构成遗产的各种价值。如果其中一个要素受到损害，与其对应的价值以及整个相关价值都会受到影响。比如一片山林，甚至是一

① 陈珊珊，李文杰. 大遗址保护区内城乡统筹发展方式的探索——以北京明十三陵为例. 北京规划建设.

棵古树的死亡，不仅是生态学的问题，也会影响或破坏植被景观和整体景观，还有可能影响某些重要历史遗址的自然环境。而这些本底价值的降低对旅游观光、科研科普、山水审美等直接应用价值以及由此对间接衍生价值的影响是不言而喻的。黄山玉屏楼的古松“梦笔生花”死了，不仅是美学、生态等方面的损失，对整个黄山的形象也是一大损害。

而美学、科学和历史文化价值的有机并存恰恰是中国自然文化遗产的重要特色。被康有为誉为“雄伟奇特，甲于全球”的雁荡山，以峰、嶂、洞、瀑、门的奇特形态及其有机组合而形成的变幻多姿的秀美闻名。而这种“天下奇秀”之奇，又在于流纹岩的科学成因。雁荡山地区位于环太平洋亚洲大陆边缘火山带中的一座白垩纪流纹质古火山——破火山，具有典型性。抬升、剥蚀、切割，导致火山根部天然裸露成多方位立体断面模型。而这种流纹质火山在空间上处于西太平洋亚洲大陆边缘。沿亚洲大陆边缘发育全球性的巨型火山带，全长约 12 000km，发育酸性火山岩，又称为流纹岩链。雁荡山流纹质火山，从其成分、发育古火山类型和喷发堆积的岩相学上均最具代表性。从时间上显然比环太平洋安第斯火山带、美国西部火山带要古老，不仅记录了中生代古火山发生、演化历史和深部地壳、地幔的相互作用过程，而且向人们展示了 1 亿年来地质作用所产生的独特自然景观：熔岩在喷出、流动和冷凝过程中，产生各种熔洞、气孔、流纹等构造，垂直节理发育，又经漫长地质时期海陆变迁及风化作用，形成现在奇特的峰、嶂、瀑、门、洞等“奇谲善变，鬼斧神工”，变幻无穷，气势逼人的景观形象：

峰—摩天劈地，拔自绝壑，如柱、如笋、如箭、如笔、如卷……有名之峰百二十，相对高度多在 100～300m，十分壮观。如灵峰、天柱峰、观音峰、剪刀峰等等。

嶂—垂直展开的悬崖绝壁，倚天立地，气势磅礴。有名的嶂有 23 座。如灵峰的倚天嶂，大龙湫的连云嶂，初月谷的铁成嶂，灵岩的屏霞嶂等。

瀑—雁荡飞瀑众多之美，闻名天下。瀑的最大特点是多悬挂于绝壁，嶂谷间，洒落在喇叭形的竖洞中，洞瀑结合。如三折瀑、罗带瀑、含羞瀑等，仿佛从天缝中飘荡下来，或从上覆下凹的穹崖间飞泄。不少悬瀑的单级落差 100m 以上。最高的大龙湫瀑布落差 193m，为国内罕见。终年不涸的瀑布有 23 条，为它山所不及。

门—两柱对峙，流水破嶂而出，切开绝壁成为立地通天的空阙。雁荡山有天柱门、南天门、石门、朝天门、显胜门等 20 多座，其中以显胜门最为奇伟。此门垂高 200 多米，宽仅 10 多米，入门如入山腹，四壁环围，乱峰插天，洞瀑破壁，清泉、巨石、幽奥神秘，如入异境。

洞—古朴幽深，或垂嵌奇峰之间，如合掌峰中的观音洞，高 113m，深 26m，宽

14m；或深藏于嶂壁之下，如水濂洞；或悬挂在绝壁之上……名洞28个，大洞数以百计，小洞不计其数。而正是这些洞穴，又成为雁荡山始于唐、盛于宋1000多年来人文开发的重要场所和历史见证。如合掌峰中的观音洞、灵岩龙鼻洞的400多处摩崖石刻等等。

正是以上这些相互关联的美学、科学和历史文化价值，才使自古以来的大量名人雅士于此赋诗作画，留下大批作品，其中诗词5000余首；今有每年近百万的国内外游客前来观光揽胜，包括来自美国、德国、澳大利亚、丹麦、南非、英国的科学家专程来此考察。其多种价值是密切相关的。[①]

因此，要素的“有机性”一方面决定了遗产美学、历史文化和科学价值的并存性，另一方面也决定了价值整体保护的必要性。

2.5.3 系统的层次性——保护为先

系统是有层次的。遗产价值体系的层次表现为三重价值在整个遗产价值中的地位和作用的不同。其中本底价值是整个遗产价值体系的根本和基础，没有本底价值或者本底价值受到破坏，都将导致相应的直接和间接价值的损失。因此，可以说本底价值是“皮”，其他两重价值是“毛”，皮之不存，毛将焉附。而直接应用价值是对遗产本底价值的直接利用，对其利用必须是适度的，因为它取决于对遗产本底价值的综合评价和利用方式。间接衍生价值则是以前两种价值的利用为基础，其作用范围主要表现在自然文化遗产地以外和所在区域，因此必须是三种价值中最应大力追求的。

我们可以构建一棵遗产“价值体系树”(图2-6)，这棵大树形象地反映出这三重价值和若干具体价值的层次关系：其中“自然和文化背景”是最基本的土壤，深深扎根于这片沃土中的“本底价值”是这棵大树的“根”，一切其他价值均来源于此。而“直接应用价值”和“间接衍生价值”则是基于本底价值这个“根”而生长出的“树干”，其他更具体的价值则是这棵树干上衍生出的婆娑枝叶。只有自然文化背景要素的“土壤”保护好了，才能有高品位的“本底价值”；而“本底价值”这个“根”保护好了，其他价值才能存在和利用，正如“根深”才能“叶茂”；而脱离利用的纯保护，正有如缺乏枝叶的树木光秃而缺乏生机，长久是没有生命力的。

价值的层次性说明了对于遗产资源，保护是根本，而在利用中对衍生价值的追求则是最重要的。

---

① 北京大学世界遗产研究中心. 雁荡山风景名胜区总体规划，1999.

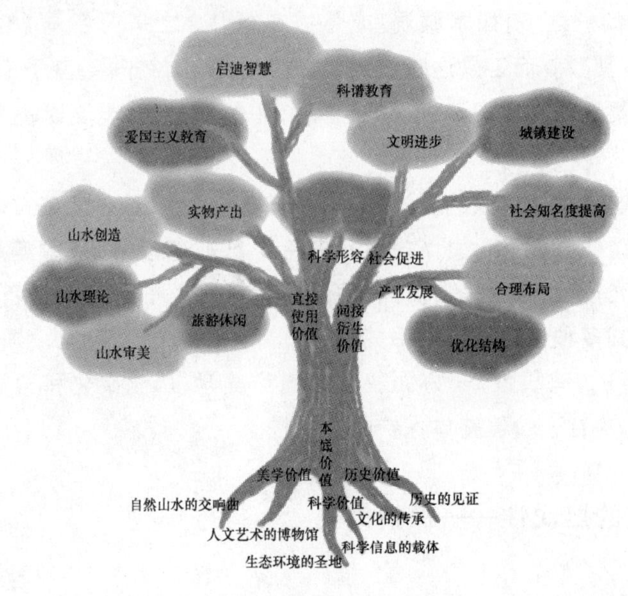

图 2-6 遗产“价值体系树”

2.5.4 发展的阶段性——有序演替

遗产的所有价值中，除了本底价值与生俱有以外，其他价值都是人类直接或间接利用的结果，因此其价值的利用随着遗产地发展阶段的不同呈现出明显的阶段性。按其表现形式和作用大小，可以将遗产价值的利用分为三个发展阶段。

1. 自然本底阶段

此阶段是遗产地开发利用的早期。对遗产的利用强度很小，遗产地受到人类干扰改造很少因而表现出较为原始、自然的景观面貌和生态环境，因而其价值多表现为科学、美学和历史文化的本底价值、以实物产出为主的直接应用价值以及少量的科学研究、山水审美、旅游休闲等其他直接应用价值。其价值的影响范围仅限于遗产地范围内部。这类遗产地多位于位置相对偏僻、交通不便的地区。本阶段是一种低水平利用下保护较好的阶段类型。

2. 直接利用阶段

此阶段是遗产地开发利用的中期。随着遗产地开发时间的增加，以及对遗产本底价值的全面了解，对遗产的利用集中到第二层次也就是直接应用价值上，比如旅游休闲、科学研究、科普教育、山水审美、实物产出等等。尤其是旅游观光，过分追求旅游观光价值的后果有两种：一是仅仅注重旅游而忽视科研、科普、启智等其他直接价值的利用导致整体价值效益的弱化；二是对旅游规模的过度追求和旅游设施的泛滥建设而导致遗产地的错位开发和超载利用。因此该阶段是遗产遭受破坏可能性最大和强度最大的阶段。中国的大部分遗产地均处于这个阶段。

3. **协调平衡阶段**

此阶段是遗产地开发利用的后期。遗产利用的战略从遗产本身转移到利用遗产提高地区知名度、从追求直接应用价值转向主要间接衍生价值，因此开发重点也从遗产地内部转移到遗产地外部。遗产资源得到严格保护，而综合效益却同时得到最大体现，遗产地区域社会经济也因为产业结构的优化、布局的合理和文明的进步而得到整体提高，保护与开发的关系得到妥善处理。因此，应该说这个阶段是对遗产价值体系的最完善利用，也是我们诸多遗产地正在努力的目标，比如武夷山、青城山-都江堰等，这些年在保护遗产和可持续利用方面做了很多有益的尝试。但应该成为我们更多的遗产地未来的发展方向。

造成遗产价值利用阶段性的因素，除去管理者的认识水平以外，还与遗产地本身的区位条件密切相关。具体又可包括宏观上的经济区位、微观的市场区位和局部的交通区位。前者如中国东部地区的遗产地因为区域经济相对发达因而对价值的利用往往比较充分，表现为开发程度高、旅游效益好、资金投入大、服务设施完善，但可能带来的破坏也大，或者对破坏整治的力度也大。而经济相对落后的中西部地区则往往相反，但局部也可能因为无原则的吸引投资而导致更大的破坏。表2-1 反映了中国东、中、西三个不同地带旅游业的发展情况：2002 年东部 11 省市平均每省拥有星级以上饭店 426 个，接待国际游客 277.08 万人次，当地人口人均创汇 31.48 美元；中部 8 省平均每省拥有星级以上饭店 238 个，接待国际游客 49.5 万人次，当地人口人均创汇 3.27 美元；而西部 12 省市平均每省拥有星级以上饭店 170 个，接待国际游客 50.14 万人次，当地人口人均创汇 5.33 美元。西部平均每省接待国际游客数和当地人口人均创汇数超过中部，也反映了西部地区优美的自然环境和特色的民族风情对游客具有很大吸引力。表 2-2 为 2011 年中国东、中、西三个不同地带的旅游业发展情况：与 2002 年相比，2011 年东部 11 省市平均每省拥有星级以上饭店 806 个，接待国际游客 346.77 万人次，当地人口人均创汇 84.31 美元；中部 8 省平均每省拥有星级以上饭店 481 个，接待国际游客 120.19 万人次，当地人口人均创汇 14.08 美元；而西部 12 省平均每省拥有星级以上饭店 315 个，接待国际游客 95.38 万人次，当地人口人均创汇 19.24 美元。从表中来看，东部旅游业发展迅速，各项指标远高于中部和西部省市，仍保持着东部地区的优势。同时，中部省市旅游业发展较快，西部省市虽当地人口人均创汇高于中部，但每省拥有星级以上饭店数量和接待国际游客人数两项指标低于中部，反映了中部省市旅游业的快速发展，中西部两者差距正呈现逐渐缩小的态势。另外，接近中心城市的遗产地往往具有更好的市场区位，因此发展的机会远远高于其他远离城镇的遗产地。这种区位的影响力与中心城市规模密切相关并呈现正相关关系，比如上海是长江三角洲主要自然文化遗产地极其重要的客源。普陀山 2000 年的上海游客占总游客数的 26.5%，仅次于浙江本身市场(29.4%)，而局部的交通条件也通过可达性对遗产价值的利用影响巨大。

发展的阶段性要求对遗产的利用应该因地制宜。不同阶段应有不同的重点。对于交通不便、远离中心城市的遗产地，一开始就把旅游作为地方经济的支柱是不现实的，正确的方式应该是先致力于把遗产资源保护好，充分发挥其本底价值。同时积极改善交通、基础设施等制约条件，从而逐步追求旅游等各种直接应用价值。而对于许多已经进入“直接利用阶段”的遗产地，则需要尽快实行价值追求的综合化、高标准化和可持续化，早日进入保护与发展互相促进的“协调平衡阶段”。

表 2-1　2003 年全国不同经济地带旅游基本情况统计

省市自治区		人口数/万人	星级饭店个数		接待国际旅游人数	外汇收入	
			总数/个	每万人拥有星级饭店个数	总数/万人次	总数/百万美元	人均外汇收入/(美元/人)
东部	北京	1423	572	0.40	310.38	3115	218.90
	天津	1007	81	0.08	50.6	342	33.96
	河北	6735	267	0.04	47.36	167	2.48
	辽宁	4203	347	0.08	92.94	550	13.09
	上海	1625	319	0.20	272.53	2275	140.00
	江苏	7381	575	0.08	222.63	1050	14.23
	浙江	4647	723	0.16	204.1	928	19.97
	福建	3466	284	0.08	184.82	1100	31.74
	山东	9082	401	0.04	97.68	472	5.20
	广东	7859	926	0.12	1525.88	5091	64.78
	海南	803	196	0.24	38.94	92	11.46
	合计	48 231	4691	0.10	3047.86	15182	31.48
	平均每省	4385	426	0.10	277.08	1380.18	31.48

（续表）

<table>
<tr><th colspan="2" rowspan="2">省市自治区</th><th rowspan="2">人口数
/万人</th><th colspan="2">星级饭店个数</th><th>接待国际旅游人数</th><th colspan="2">外汇收入</th></tr>
<tr><th>总数
/个</th><th>每万人拥有星
级饭店个数</th><th>总数/万人次</th><th>总数/百
万美元</th><th>人均外汇收
入/(美元/人)</th></tr>
<tr><td rowspan="10">中部</td><td>山西</td><td>3294</td><td>217</td><td>0.07</td><td>24.8</td><td>75</td><td>2.28</td></tr>
<tr><td>吉林</td><td>2699</td><td>158</td><td>0.06</td><td>29.4</td><td>86</td><td>3.19</td></tr>
<tr><td>黑龙江</td><td>3813</td><td>217</td><td>0.06</td><td>71.74</td><td>297</td><td>7.79</td></tr>
<tr><td>安徽</td><td>6338</td><td>272</td><td>0.04</td><td>45.91</td><td>124</td><td>1.96</td></tr>
<tr><td>江西</td><td>4222</td><td>182</td><td>0.04</td><td>24.09</td><td>72</td><td>1.71</td></tr>
<tr><td>河南</td><td>9613</td><td>308</td><td>0.03</td><td>41.01</td><td>145</td><td>1.51</td></tr>
<tr><td>湖北</td><td>5988</td><td>473</td><td>0.08</td><td>102.43</td><td>284</td><td>4.74</td></tr>
<tr><td>湖南</td><td>6629</td><td>319</td><td>0.05</td><td>56.62</td><td>311</td><td>4.69</td></tr>
<tr><td>合计</td><td>42 596</td><td>2146</td><td>0.05</td><td>396</td><td>1394</td><td>3.27</td></tr>
<tr><td>平均每省</td><td>5325</td><td>268.25</td><td>0.05</td><td>49.5</td><td>174.25</td><td>3.27</td></tr>
<tr><td rowspan="14">西部</td><td>重庆</td><td>3107</td><td>109</td><td>0.04</td><td>46.15</td><td>218</td><td>7.02</td></tr>
<tr><td>四川</td><td>8673</td><td>294</td><td>0.03</td><td>66.72</td><td>200</td><td>2.31</td></tr>
<tr><td>贵州</td><td>3837</td><td>82</td><td>0.02</td><td>22.81</td><td>80</td><td>2.08</td></tr>
<tr><td>云南</td><td>4333</td><td>560</td><td>0.13</td><td>130.36</td><td>419</td><td>9.67</td></tr>
<tr><td>西藏</td><td>267</td><td>49</td><td>0.18</td><td>14.23</td><td>52</td><td>19.48</td></tr>
<tr><td>陕西</td><td>3674</td><td>178</td><td>0.05</td><td>85.01</td><td>351</td><td>9.55</td></tr>
<tr><td>甘肃</td><td>2593</td><td>125</td><td>0.05</td><td>23.68</td><td>54</td><td>2.08</td></tr>
<tr><td>青海</td><td>529</td><td>39</td><td>0.07</td><td>4.35</td><td>10</td><td>1.89</td></tr>
<tr><td>宁夏</td><td>572</td><td>35</td><td>0.06</td><td>0.6</td><td>2</td><td>0.35</td></tr>
<tr><td>新疆</td><td>1905</td><td>190</td><td>0.10</td><td>27.54</td><td>99</td><td>5.20</td></tr>
<tr><td>广西</td><td>4822</td><td>258</td><td>0.05</td><td>136.34</td><td>321</td><td>6.66</td></tr>
<tr><td>内蒙古</td><td>2379</td><td>124</td><td>0.05</td><td>43.94</td><td>149</td><td>6.26</td></tr>
<tr><td>合计</td><td>36 691</td><td>2043</td><td>0.06</td><td>601.73</td><td>1955</td><td>5.33</td></tr>
<tr><td>平均每省</td><td>3058</td><td>255</td><td>0.08</td><td>50.14</td><td>162.92</td><td>5.33</td></tr>
<tr><td rowspan="2">全国</td><td>总计</td><td>127 518</td><td>8880</td><td>0.07</td><td>4045.59</td><td>18531</td><td>14.53</td></tr>
<tr><td>平均各省</td><td>4113</td><td>286</td><td>0.07</td><td>130.50</td><td>597.77</td><td>14.53</td></tr>
</table>

数据来源：中国统计年鉴——2003. 北京：中国统计出版社，2003-07.

表 2-2　2012 年全国不同经济地带旅游基本情况统计

省市自治区		人口数/万人	星级饭店个数		接待国际旅游人数	外汇收入	
			总数/个	每万人拥有星级饭店个数	总数/万人次	总数/百万美元	人均外汇收入/(美元/人)
东部	北京	2019	1210	0.60	447.41	5416	268.25
	天津	1355	219	0.16	63.58	1756	129.59
	河北	7241	489	0.07	98.27	448	6.19
	辽宁	4383	558	0.13	339.41	2713	61.90
	上海	2347	648	0.28	554.99	5751	245.04
	江苏	7899	940	0.12	537.91	5653	71.57
	浙江	5463	1222	0.22	515.04	4542	83.14
	福建	3720	606	0.16	140.02	3634	97.69
	山东	9637	962	0.10	312.33	2551	26.47
	广东	10 505	1731	0.16	749.34	13906	132.38
	海南	877	286	0.33	56.16	376	42.87
	合计	55 446	8871	0.16	3814.46	46746	84.31
	平均每省	5041	806	0.16	346.77	4249.64	84.31
中部	山西	3593	400	0.11	98.25	567	15.78
	吉林	2749	200	0.07	85.49	385	14.01
	黑龙江	3834	247	0.06	197.84	917	23.92
	安徽	5968	459	0.08	151.75	1179	19.76
	江西	4488	372	0.08	43.98	415	9.25
	河南	9388	953	0.10	104.29	549	5.85
	湖北	5758	567	0.10	160.11	940	16.33
	湖南	6596	653	0.10	119.8	1014	15.37
	合计	42 374	3851	0.09	961.51	5966	14.08
	平均每省	5297	481	0.09	120.19	745.75	14.08

（续表）

省市自治区		人口数/万人	星级饭店个数		接待国际旅游人数	外汇收入	
			总数/个	每万人拥有星级饭店个数	总数/万人次	总数/百万美元	人均外汇收入/(美元/人)
西部	重庆	2919	298	0.10	132.61	968	33.16
	四川	8050	840	0.10	113.73	594	7.38
	贵州	3469	264	0.08	23.62	135	3.89
	云南	4631	478	0.10	281	1609	34.74
	西藏	303	42	0.14	24.9	130	42.90
	陕西	3743	537	0.14	189.91	1295	34.60
	甘肃	2564	205	0.08	5.47	17	0.66
	青海	568	60	0.11	4.11	27	4.75
	宁夏	639	65	0.10	1.37	6	0.94
	新疆	2209	238	0.11	48.77	465	21.05
	广西	4645	425	0.09	171.48	1052	22.65
	内蒙古	2482	332	0.13	147.64	671	27.03
	合计	36 222	3784	0.10	1144.61	6969	19.24
	平均每省	3018.5	315	0.10	95.38	580.75	19.24
全国	总计	134 042	16506	0.12	5920.58	56245	41.96
	平均各省	4324	532.4	0.12	190.99	1814.35	41.96

数据来源《中国统计年鉴——2012》. 北京：中国统计出版社，2012-09.

表 2-3 价值体系的阶段性及其表现形式

阶段名称	阶段时序	外部表现	主要利用的价值类型	保护与开发的关系	主要内在特征
自然本底阶段	早期	利用不足 游客较少 面貌自然	本底价值以及直接应用价值中的实物产出	侧重保护 利用不足	受到人类干扰改造很少因而表现出较为原始、自然的景观面貌和生态环境
直接利用阶段	中期	过度开发 游客众多 设施泛滥	直接应用价值尤其旅游休闲	侧重开发 过度利用	过分追求旅游等直接价值，错位开发、超载开发等可能对资源形成较大破坏
协调平衡阶段	后期	资源保护较好 利用规模适度 区域经济繁荣	在本底价值得到严格保护下追求适度的直接应用价值和高度的间接衍生价值	保护与利用良性循环	遗产地区内重保护，外求发展，更加注重本底价值保护基础上的间接衍生价值，从而使遗产地区域经济得到整体提高

需要指出,上述三个阶段本身并不存在严格的高低级别差和必然演替,也就是说,"自然本底阶段"并不是价值利用的最低级阶段,而每个遗产地也不一定要发展到"协调平衡"的最后阶段。国外大量的遗产地被人类利用的痕迹很少,它们的存在就是为了更好地保持其生态环境和历史面目,这也正是遗产保护最根本的出发点,因此其价值利用永远停留在自然本底这个初级阶段。但在中国,由于特殊的国情,人类对其价值利用的成分很大,因此必须因势利导走向和谐利用的阶段。

2.5.5 主体的差异性——统筹兼顾

价值是与利用的人即利用主体联系在一起的。遗产价值体系中不同价值具有不同的利用主体,因而也有不同的表现形式。

1. 遗产资源的存在价值,即本底价值

本底价值是对于全人类或一个国家的全体国民利益而言的。作为一个世界公民,或一个国民,每个人都有权享受特殊遗产资源的普遍性价值。本底价值还决定了特殊遗产资源的公共物品性质,正如世界上所有国家公园均具有公益性质是理所当然的。显然,对其本底价值的维护乃是全社会公民利益的首要体现。在美国等国家,这个"全民利益"是由联邦内政部设置的国家公园管理局来负责保障的。

2. 遗产资源的社会价值和间接经济价值

社会价值和经济价值主要是指间接衍生价值和科学研究、教育启智、山水审美等直接应用价值,它们主要对应着遗产所在地的居民和政府。如果遗产资源能够持久地吸引大量旅游参观者,周边地区的旅游服务业和其他相应配套行业就可能被带动起来,经济发展了,区域基础设施得到改善,城镇风貌得以美化,社会风尚和文明素质得到提高,这就是资源所在地区居民有可能获得的经济和社会利益。显然,这种经济利益不能平均地属于全社会人群,而是当地居民有权享受比社会一般成员更多的该遗产资源的经济和社会价值。

3. 遗产资源的直接经济价值

直接经济价值主要是指直接应用价值中的旅游休闲价值和实物产出价值。它们对应着一部分更小的人群,主要是资源开发集团,如旅游公司、矿业公司、林业公司或农产品公司以及拥有耕地和林地的农民等。他们通过提供直接的旅游服务(如缆车收费、直接的矿产品开发、林业产品加工、粮食、农副产品等)获利。如果说上述间接经济价值是对遗产资源的间接取财,而直接经济价值则是对遗产资源的直接取财。而且遗产资源开发集团的利益往往不同于本地区居民的利益,更不同于世界和国家的整体利益,对遗产直接经济价值的过分追求往往是遗产资源遭受破坏的主要动因。因此,对这部分利益是应该严格限制的。对景观和生态带来负面影响的农副产品、矿产资源、旅游服务设施坚决不能开发建设。

因此,"主体的差异性"要求我们必须以世界和国家利益为重,统筹兼顾,严格保护本底价值,大力开发遗产资源的社会价值和间接经济价值,适度兼顾遗产资源的直接经济价值。①

2.5.6 利用的公平性——永续利用

遗产的价值是为人类所利用的,而这种利用在不同的利用主体和不同的代际应该是公平的。遗产价值体系的利用公平性又可包括受益公平、发展公平和代际公平。

1. *受益公平*

从上述遗产价值体系利用主体的差异性我们可以看到,三种不同的价值表现形式对应着完全不同的三种受益主体。遗产资源作为具有突出价值的公共资源和一旦破坏就永难修复的特种资源,无论从遗产性质的本身和经济学的要求,对其价值的利用都应该是公平的,即无论是遗产资源的所有者——国家,还是该资源长期经济价值的主要获益者——地方(包括政府和居民),以及该资源转化为旅游直接经济收益的推动者——开发商,都有权利享受资源带来的经济收益,任何一个利益群体都不应剥夺其他群体合法的经济和非经济权益。三者之间都能取得最好的效益,即我们通常说的"三赢",是遗产保护利用的追求所在。但是,这一点又往往是现实中矛盾最大最多的,国家、地方、开发商和当地居民四者之间互相都会产生分配上的矛盾。而其中特别不公的有两个:

(1) 国家与地方政府之间的不公。地方政府把遗产资源视为自己行政地域范围内的一般资源开发经营,甚至转让、出卖和上市而忽视遗产的国家性和国际性,从而对国家利益(包括环境利益和经济利益)造成严重破坏。

(2) 地方政府、开发商与当地居民之间的不公。地方政府从遗产资源利用上争取为本地区人民获得利益在现阶段是可以考虑的,是地方政府的责任。而且遗产资源所含的社会价值和间接经济价值主要服务对象也是本地区。但是,问题在于有些地方政府部门名义上"为本地区居民争取利益",实际上为某部门小集团争

---

① 郑易生.自然文化一场的价值与利益.经济社会体制比较,2002(2):82—85.

取利益。在特殊遗产资源管理上，这表现在他们放弃了代表地区人民利益而投靠或直接参与一个代表更少数人的资源开发群体的商业活动，其标志是：①放弃规划的严肃性；②排斥地方普通居民和社区成员参与决策过程。更有甚者，有些领导还拿本地区百姓的穷困作为向上面要各种政策的借口，但真正感兴趣的是利用种种由贫困而得到的公共权力谋私利，即所谓的“贫困权交易”。这是一种典型的欺上瞒下、以权谋私的行为。

2. 发展公平

公平的发展权是当今世界经济一体化背景下各国、各地区之间合作与发展的前提和原则。遗产地作为一个特殊区域也是如此。但是，如果遗产资源的划定（如建立遗产地、国家风景区或保护区）只为社会带来了公益，或只给直接从旅游服务中取财的旅游集团带来了经济收入，而没给周边地方居民带来经济上的好处，或者只带来不公平的少量好处，甚至带来不便和损失（保护区内的居民往往因经济活动受到限制而经济受损），那么这些社会人群因为失去部分发展权而会不满意，从而会不支持遗产的保护制定，甚至会形成紧张的局面。

这种情况在国内、国外都很多见。澳大利亚塔斯马尼亚州水电委员会计划在世界文化自然遗产“塔斯马尼亚野生地区”的哥登河建坝，并认为从此项目获得的工业增长及就业效益要超过野生资源的保护价值。但这种观点与澳大利亚国家政府或世界保护利益并不一致。此类价值和利益上的分歧引起重要的公平问题。为满足他人的利益，澳大利亚最不富裕的一个州是否应放弃潜在的发展？同样而且更明显的公平问题还出现在非洲野生生物的保护上。保护不仅意味着那些地区不能用于农业，而且巡视保护区以防止偷猎的费用也是很高的。在这方面，他们的国家给予了大力帮助和支持。[①]

我们国家的遗产地往往因为面积大、人口多、开发历史悠久而矛盾更突出。山西省平遥古城内的4.5万居民使当地旅游空间场所显得拥挤不堪，随之而来的旅游环境的脏、乱也使游客怨言颇多。2001年开始，平遥县委下定决心规划了改造搬迁工程，到2005年，古城内人口减至2万人以内[②]，这种大规模的搬迁工程对当地居民来说很可能违背他们的意愿。但是古城的保护与旅游事业的发展也刻不容缓。[③] 再比如位于浙江省北部的南浔古镇，在建设南浔历史文化保护区的过程中，

---

① Paul Hawken, Amory Lovins 著. 自然资本论. 王乃粒等译. 上海科学普及出版社, 2000: 175.

② “保护文化遗产 平遥古城将在4年内迁出2万居民”，新华网，http://news.xinhuanet.com/newscenter/2002-05/19/content 399447.htm, 2002-05-19.

③ 张松. 历史城镇保护的目的与方法初探——以世界文化遗产平遥古城为例. 城市规划, 1999(23): 7.

由于居民所获得的搬迁补偿金低于预期，再加上保护区建设的重点区域居民多为60岁以上的老人（年龄最大者已80岁），处于弱势地位，古镇的修缮与管理需要他们改变很多原有的生活方式，比如，机动车在家附近道路禁行，使得日常起居和出行不便，增加了这些老人的出行费用，同时临街河道禁止倾倒污物，禁止在河埠洗菜、淘米、洗拖把等，这些都使得他们必须改变其生活习惯，在缺乏沟通的情况下，很多老人对此难以接受，南浔保护区建设过程中矛盾尖锐。[①] 因此，这些是需要我们认真对待并切实解决的问题。为了更好地保护遗产，国家需要从保护经费、补偿政策、异地发展等多方面给予扶持和帮助。

3. 代际公平

宝贵的遗产资源经历了亿万个地质年代或成百上千个文明时代而且在特殊的自然和人文因素共同作用下形成，并经历过无数自然灾害和人为干扰的洗礼而幸存到现在，是大自然和我们的祖先留给全世界的珍贵财富。中国风景名胜区和遗产地80%左右都有上千年的开发历史，地震没有倒塌它们，洪水没有冲垮它们，战争没有摧毁它们，而我们的先辈在生产力极其落后的贫困年代也没有毁掉它们、卖掉它们，相反却是在努力不懈地建设它们，然而时至今日却有可能在一夜之间被开山炸掉、推土机推掉或者一纸合同卖掉。我们吃了“祖宗饭”，还要断“子孙路”！这就是严重的代际不公。

中国正处在一个利益关系大改组大分化的转型时期，利益关系的变化有相当程度的不确定性。在一些变化中，更有生命力的利益关系会从原来关系的衰落中成长起来；而在一些变化中，由于激励和约束的不平衡，又会导致资源的损失。而遗产这样的公共资源，由于保护与开发的不平衡特点特别突出，而这些公共资源一旦被破坏又很难甚至不可能恢复，因此需要特别考虑利用的公平性，从而使其得以在各方得益的基础上世代相传，永续利用。

---

① 湖州南浔区人民法院课题组.南浔古镇保护开发过程中引发的权益纠纷.湖州师范学院学报，2005，27.

第三章　中国自然文化遗产保护利用的现状问题与因由

中国自然文化遗产保护利用中存在的问题，既有能够看到的表象，更有深层次的因缘。

3.1　表象问题

从表象上看，中国遗产保护的主要威胁来自错位开发和超载开发。乱伐树木、乱开山石、乱建设施、乱卖遗产资源(包括风景区土地和经营权等)等“四乱”行为，导致遗产地过度开发，商业化、城镇化、人工化现象愈演愈烈，并引起了国际社会的关注。

3.1.1　错位的开发

1. 无序的建设——遗产地内部“混乱化”

在遗产地，无序的建设主要包括商业化、城镇化和人工化。

(1) 商业化

“商业化”是指由于理念、建设等原因，风景区内布局不当的、过多的商业服务设施严重影响景区、景点的风貌、环境、功能和整体品位。

2002 年，以“海天佛国”著称的面积仅仅 12.5km^2 的普陀山岛商业气氛浓烈。尤其是前山地段，宾馆、饭店林立，零售商亭密布。当时共有 15 家涉外宾馆，30 家普通宾馆和 202 家个体旅馆，214 家个体饭店，714 个零售商亭，服务设施总计占地 26ha。而且服务设施空间布局无序，商业建筑与风景资源犬牙交错，甚至喧宾夺主，使得风景区自然、人文景观被阻挡、湮没，严重者则造成更为直接的破坏。前者如寺庙旁边并立着海鲜餐厅的现象，后者如朱家尖某些宾馆大面积侵占沙滩（风景资源）的事实（图 3-1）。而在空间分布上，大量旅游服务设施集中以普济寺为中心，在交通方便、位置醒目、游人必经之地的进香路、车行路的两侧或一侧以及山门附近，形成 3～4 条商业街的格局。每一寺庙、风景点都设有以营利为目的的商业服务接待点，最小者为商亭或茶室。其中在普济寺周围，从寺东侧的横街开始，向南至妙庄严路正趣亭，向西沿梅岑路，转而往南至金沙路、入三摩地形成了连绵近 10km 的环带状商业街。整个环带（包括梅岑路、香华街、妙庄严路、金沙路、普济路）的宾馆饭店占据了普陀山宾馆饭店总数的 73.3%，床位数占全山总数的74.0%，餐位数占全山总数的 78.1%，大范围拦腰切断了白华山、西山从山体向海岸完整连绵过度的自然风貌。另外，商业服务设施团团紧围普济寺，使该省级文物局保护单位的周围环境充满着商业气息，灯红酒绿的商业掩盖了佛国净土的自然文化气氛[①]。特别是与朱家尖十里金沙近在咫尺的大量成片开发的住宅、别墅，严重妨碍了景观视线，影响了海滩环境。经过最近这些年大力的规划整治，普陀山整体环境才得到了较大改善。

图 3-1　普陀山风景区朱家尖景区服务设施挤占沙滩（2003）
（作者摄于朱家尖，2003-09-10）

（2）城镇化

遗产地景区内的“城镇化”是指风景区内服务设施用地、城镇建设用地大量挤占风景用地，破坏风景区整体环境。

① 北京大学世界遗产研究中心. 普陀山国家风景名胜区总体规划，2002.

造成景区"城镇化"的原因,一方面是由于遗产地内部违反保护管理有关规划,饮食住宿服务业无序发展,造成区位较好的景区、景点甚至特级、一级保护区内商业网点密布、楼堂馆所林立,形成了实际上的"旅游服务城",从而破坏了这些地区的原有风貌以及氛围,降低了风景资源的审美内涵,影响了游客的游览情趣。从短期效益看,众多的服务设施也许能增加遗产地的经济收入。但是,由于这种拥挤混乱的局面破坏了遗产地自然景观,降低了遗产资源的审美内涵,掩盖了遗产地自身特色,使游人觉得不过是从自己生活的城市来到了另外一个"小城市"而非大自然,因此这样的"小城市"迟早是要衰败的。

另一方面,中国大多数遗产地均有居民点存在,由于对遗产地内居民点规划调控不力、外来人口管理不善等原因,造成景区内城镇建设用地、服务设施用地无序发展,大量挤占风景用地,人口密度和重点地区建筑密度过高,建筑风貌和遗产环境很不协调。比如 2002 年时普陀山小岛上就集聚了当地 25 个自然村的本地居民和外来的管理机关、服务人员、宗教人员、佛学院学生等近万人,其中暂住人口几近一半。加上岛上 250 辆左右的机动车和高峰时每天万人的香客游人,昔日的"庄严圣境"已然成为一个熙熙攘攘的"人间闹市"。2003 年,60km^2 的西湖风景名胜区内七山一水两分田,平坦土地仅占 23%左右,但却分布有 12 个行政村、39 个农居点以及城市型公寓或民房,常住人口达 54 031 人(不包括临时居住人口),单位、居住用地占了将近 40%的份额,且发展势头有增无减,造成景区人口过度膨胀,景区内民宅、单位建筑过密,景区呈城市化现象十分突出,加上村居建筑杂乱无章,建筑风格单调、无地域性、基础设施滞后,严重影响了风景区景观的视觉效果,直接损害了风景区可持续发展的能力①。通过后期大量的城中村改造,才使这种现象得以控制和好转。而在张家界武陵源景区,虽然地方政府一直在控制景区内人口数量,但是从 2001 年底到 2008 年 6 月份,景区内常住人口反倒增加了 861 人,增长率高达 42.5%,总规模达到 2689 人。由于受到政策、资金等方面的限制,当时需要动迁的 600 户中,真正搬走的只有 60 户,未搬迁的住户便想方设法改造扩建住房从事旅游接待。居民住房普遍由传统的小房子变成了水泥钢筋结构的大房子,大部分有自住性质变成了商业用房。人工化、城市化、商业化倾向的抬头,对景区生态环境质量安全和景区观光质量及接待质量造成了不利影响②。2013 年,在国家级风景名胜区执法检查中,贵州红枫湖风景名胜区被查出在核心景区以外区域私搭乱建

---

① http://news.sohu.com/65/22/news206392265.shtml. 搜狐网:西湖风景区保护存在三大问题 总体规划浮出水面.

② 聂建波.世界自然遗产地武陵源景区内建筑拆迁、居民迁移研究〔D〕.湖南师范大学,2009.

现象严重，村镇建设活动基本脱离管理机构监管，整改要求强化风景名胜区内村镇建设管理，杜绝私搭乱建和无序发展。

值得引起关注的是，近些年来某些地方政府在景区内或景区边缘保护地带内违规开发房地产，严重破坏遗产资源及其依托环境。

大理风景名胜区是中国著名的高原山岳湖泊型风景区，其中 250km² 的洱海是云南省第二大淡水湖、中国第七大淡水湖，古时"洱海月"为大理四大美景之一。20世纪 50—60 年代，附近村民在洱海南岸湿地取沙形成了面积近 40 亩的大型水域——情人湖，公园内垂柳成荫、轻舟荡漾，优美的湿地风光加上观湖赏月的良好区位，使情人湖成为知名景点以及洱海不可分割的组成部分。然而，从 2005 年开始，情人湖水域被开发商以建酒店为名开发百余套别墅而全部填埋。尽管事后查明是官商勾结毁掉大理情人湖，相关责任人受到党纪国法惩处，但是，受制于沉重的经济负担，情人湖的景观已经难以恢复，使这颗洱海湖畔的明珠永眠地下。更为重要的是，洱海等高原湖泊受汇水流域的影响较大，湖泊面积小、水体置换周期长、生态系统较为脆弱，原本的湖滨湿地带本是承接工农业生产、生活污染的最初受纳体，如果围湖建房打地桩，会破坏地下水网体系，可能危害整个高原湖泊生态系统。因此，情人湖填埋事件虽尘埃落定，但如果不从中吸取教训，制定严格的洱海湿地保护条例，洱海的未来依然难以乐观①。

图 3-2 大理洱海情人湖被填埋前后②

(3) 人工化

"人工化"是指违背遗产自然性、真实性要求，在景区建设上过度采用园林化等方式，对景区景点真实性和自然生态环境造成影响。有些景区为了视觉上美观，大量引进国外草种营造绿化草坪，不但违反了遗产地禁止引进外来物种破坏本地

① http://tech.hexun.com/2012-05-10/141253700.html. 和讯网：情人湖之死.

② http://yn.yunnan.cn/html/2010-06/04/content_1211806.htm. 云南网：官商勾结毁掉大理情人湖"洱海天域"被查 大理 6 人落马

生态系统的要求,更严重的是后期维护成本昂贵,大量的除草剂和营养剂还会严重污染地下和地表水系。有些湖塘水面本来有很好的自然河堤,却被水泥硬化改造成人工湖面;有些宗教场所门前偌大的硬化广场和停车场使寺庙完全失去了历史上"深山藏古寺"的意境;有些景区原本很自然的步游小径被改造成毫无必要的大理石台阶路……这种遗产地的人工化现象,往往被误认为是对遗产地的保护建设和环境美化,因而具有更强的隐蔽性。

2. *混乱的布局——遗产地外围"孤岛化"*

"孤岛化"是指由于遗产地外围布局不当的城镇建设用地、产业建设用地、基础设施用地等从多方向蚕食、包围遗产地,严重影响遗产地风貌、环境、功能和整体品位的现象。遗产地外围土地的过度开发或不合理使用(包括产业部门的不合理布局)、工业化、都市化的发展以及环境污染使景区周围环境恶化、遗产资源受到严重威胁。比如20世纪中叶美国工农业的发展和市区的不断扩大,使许多遗产地和国家公园的水资源出现了危机,致使长期生活在那里的鱼、鸟等野生动物数目急剧减少。大沼泽地国家公园位于佛罗里达南端,尽管自1948年开始就作为国家公园进行管理,但由于排水和城市化进程导致佛罗里达盆地南部水位下降,加上有毒化学物的日益增加和汇集,公园已为此付出了沉重的代价,曾一直持续不断地走向衰败。一些种类的水鸟曾使公园闻名世界,而今这些水鸟已经减少了90%。佛罗里达山豹已宣布为濒危物种,该公园成为这种山豹的最后一个大本营。美洲鳄鱼已经绝迹,至少有12个其他重要物种也濒临灭绝。面对这种困难的现实,国家公园本身作为最珍贵的自然象征,陷入了严重的困境。前任州长罗伯特·格雷海姆曾同各市政领导人联合制定了一个目标:到20世纪末将大沼泽地国家公园恢复到其自然状态。但所有相关人员都承认,要扭转曾占主导的自然质量状况并非易事。[①]

在中国,遗产地"孤岛化"现象普遍存在,特别是一些城市型或城郊型风景区更为典型,如承德避暑山庄外八庙。

与颐和园、拙政园、留园并称为中国四大名园的避暑山庄皇家园林和皇家寺庙群,集中华园林艺术、古代建筑艺术和佛教文化之大成,融合中原文化、满蒙文化与草原文化于一体,形成了博大精深、独具特色的"大避暑山庄文化",铸就了怀柔四海的深刻治世思想,成就了"一座山庄,半部清史"的传奇。1961年,国务院将避暑山庄及周围寺庙中的普宁寺、普乐寺、普陀宗乘之庙、须弥福寿之庙列为第一批全国重点文物局保护单位;1982年,承德市被国务院命名为历史文化名城,避暑山庄

---

① 王维正.国家公园.北京:中国林业出版社,2000:303—304.

外八庙被列为首批国家重点名胜风景区；1994年，承德避暑山庄及其周围寺庙被联合国教科文组织列为世界文化遗产名录。

承德市的发展与避暑山庄息息相关。在避暑山庄兴建以前，这里仅仅是一个小村落，人烟稀少，仅有几十户人家，叫热河上营。直到康熙巡行塞外时，发现这里"左通辽沈，右引回回，北控蒙古，南制天下"，是北京通向东北的门户，连接华北平原、蒙古高的天然走廊和重要通道，地理位置重要，自然环境优美。康熙四十二年(1703年)开始修建行宫"避暑山庄"，其后历经清康熙、雍正、乾隆三朝，至1792年竣工，历时89年。作为清政府的第二政治中心，大量管理机构、服务人口向承德聚集。乾隆四十三年(1778年)，承德人口达到8979户(约44 895人)而到道光七年(1827年)，承德人口已经达到16 339户(约81 695人)，50年增加了82%。这时候的城市，还主要集中在避暑山庄南部。

随着清王朝的衰落，避暑山庄日渐败落。加上其后的战乱，承德市较为萧条。至新中国成立时，城市规模只有2.5km²，主要布局于山庄南部①。

新中国成立后，由于变"消费城市"为"生产城市"的指导思想和规划管理不当，承德的工业生产发展迅速，城乡规模迅猛扩展。1984年批准的老城区，其人口规模为14万人，而到2000年时实际人口规模为19.9万人，建设用地19.71km²。除了原有的山庄南部主城严重扩张外，山庄北部的上二道子村、殊像寺村、罗汉堂村、狮子园村、东部的喇嘛寺村、西部水泉沟村等乡镇建设用地也无序蔓延。由于城市用地的急剧膨胀、工业迅速发展和种植业、牧业的不合理发展，导致风景区外围森林景观衰败，武烈河水源骤减，山庄内山泉枯竭。同时，由于生产生活的需要，一大批重要基础设施在山庄周边新建或改建，如1977—1980年间在山庄东侧武烈河畔建设了京承铁路延伸线——承(德)隆(化)铁路，近年新建的环城东路、环城北路、环城西路，加上山庄南部的西大街以及沿线扩展的城乡建设用地，从四周完全将避暑山庄围合在一个狭窄的孤立环境内，阻隔了避暑山庄和外八庙的联系，更割裂了这个皇家行宫和周边山水大环境的融合，昔日"自有山川开北极，天然风景胜西湖"的避暑山庄，真正成为现代城市包围中的一座"孤岛"(图3-3～3-5)。

另外，由于避暑山庄占地5.6km²，外八庙占地0.4km²，因此真正的老城区可建设用地仅有13.71km²，集中了近20万的城市人口，全年还要接待中外游客400余万人次，紧张的用地空间、超高的人口密度，导致城市出现大量高层建筑，体量和形式对避暑山庄景观视廊的维护、历史文化名城风貌的保持以及世界文化遗产真实性完整性的保护都产生了严重的不利影响。未来的承德还规划更大的发展，中

① 中国环境科学研究院，英国利物浦大学.避暑山庄环境生态规划研究，1991.

心城市规划控制面积达到 1250km²，建设用地面积扩大到 120km²，到 2020 年，中心城区人口规模 80 万人，城市建设用地面积 84km²，另外还要建设北京至承德城际铁路（京沈客运专线）、旅游支线机场、“一环八射”高速公路等一批重大基础设施①。因此，统筹协调区域发展、严格控制城市规模、正确处理城景关系、整体保护避暑山庄必须放在极其重要的位置上。

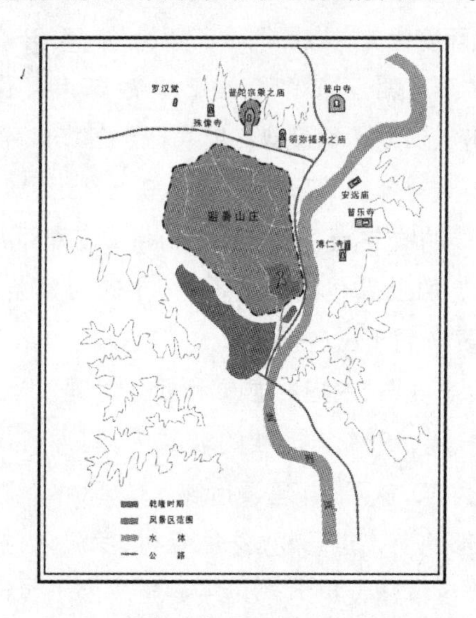

图3-3　乾隆时期的避暑山庄外围用地

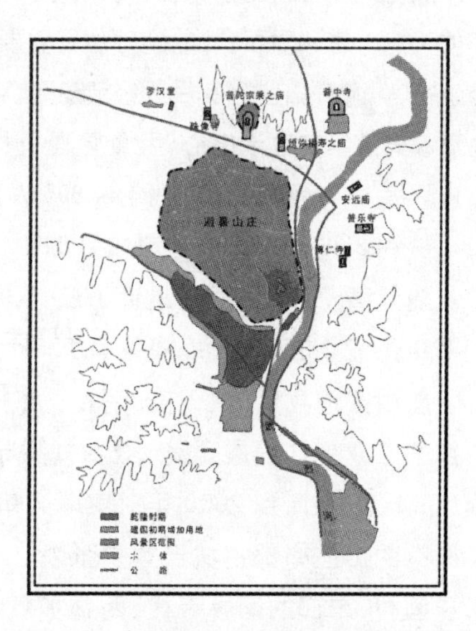

图3-4　建国初期的避暑山庄外围用地

［当初，热河上营这个小居民点最多不过几十户人家，随着避暑山庄的兴建，人口迅速增加，至乾隆时已是“市肆殷阗”，成为管理和服务中心。后来山庄衰落，至解放时规模也只有2.5km²。新中国成立后，由于变“消费城市”为“生产城市”的指导思想和规划管理不当，城市生产和用地迅猛扩展。2000 年末，建成区面积已达 19.71km²，城市人口超过 19 万。铁路、城市环路、建设用地包围避暑山庄，分割了外八庙。］

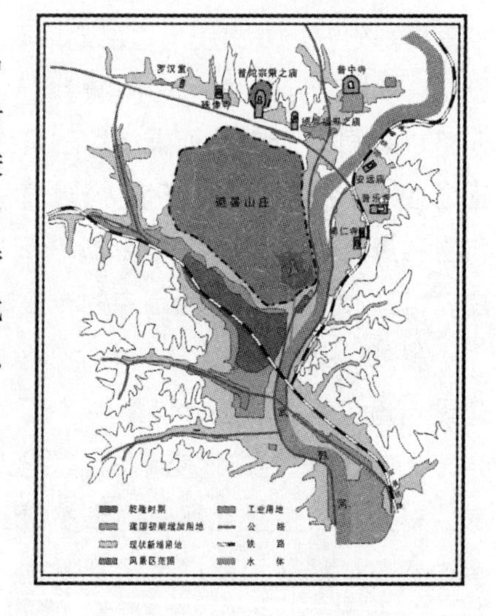

图 3-5　现状避暑山庄外围用地（2000）

① www.chengde.gov.cn.承德市人民政府门户网：承德概况.

需要注意的是，“孤岛化”同样存在于风景区内的景点周围。比如，景点周围不合理地布局了大量商业、服务设施、道路交通、农业上的毁林开荒、污染环境的工厂、工场(如采石场)，等等。

3. *品位的降低——遗产地品味“低俗化”*

在“一切向钱看”的错误观念冲击下，许多早已“超载”开发的景区、景点，为了牟利，继续被当做纯经济对象而遭到破坏性开发。有的把自然文化遗产地当做野外游乐场和“吃喝玩乐综合体”，大兴土木，乱建索道、宾馆饭店、寺观庙宇等。“娱乐城”、“鬼文化”等人造景观也纷纷进入遗产景区，破坏地形、破坏生态，导致自然风景区人工化、商业化和城市化。加上自然度、美感度和灵感度的下降，使这批传世数千年的遗产资源品位严重下降，有些遗产因“原作”严重受损，甚至接近“濒危”状态。20 世纪 90 年代中期，桂林部分低档次娱乐设施和项目严重降低了漓江山水的品位，如台资的阳朔聚龙潭公园、观景台，阳朔古榕公园内的熊山，葡萄乡附近的“世外桃源”，桂阳公路沿线的“蛇大王”、鳄鱼馆，等等。

在现阶段中国国情下，适当的旅游开发与营利在自然文化遗产地是允许的。但当公益目标被漠视，经济目标被夸大，自然文化遗产仅仅被当做“摇钱树”的时候，保护与开发的位置就被颠倒了。

3.1.2 超载的利用

“超载利用”是指超遗产地适宜环境容量甚至最大环境容量而进行的旅游开发，对遗产地生态环境以及基础设施造成严重影响。

近些年来，随着中国自然文化遗产资源国内外知名度的不断提升和交通条件、接待设施的日益改善，人民生活水平持续提高，中国旅游事业发展迅速。2000 年，全国国内旅游人数 7.44 亿人次，入境旅游人数达 8344.39 万人次，其中外国旅游者首次突破千万人次大关①；而到了 2012 年，全国国内旅游人数达到 29.57 亿人次。其中：城镇居民 19.33 亿人次，农村居民 10.24 亿人次；入境旅游人数13 240.53万人次(其中，外国人 2719.16 万人次)②。12 年间国内旅游人

---

① http://wenku.baidu.com/link?url=1Idsn-gPQR8Gah46-HET0NGCSLRYqJAvH7j_BHp-0hjj_IOB-NYtGm5yIXwiEhHbDQTKC9rgHySzpQf1ZZaLIVqGC5Ena7JGxSSOj1UeQQOe. 百度文库网站：2000 年中国旅游业统计公报.

② http://www.cnta.gov.cn/html/2013-9/2013-9-12-{@hur}-39-08306.html. 中华人民共和国国家旅游局网站：2012 年中国旅游业统计公报.

数保持年均超过 12%的高速增长，入境旅游人数年均增长也达到 4%。于是，在一些节假日，尤其“黄金周”以及某些特定的节庆期间，遗产地游客超载现象屡见不鲜。

以“黄金周”为例。2000 年，在春节、“五一”、“十一”三个“黄金周”中，全国共接待国内旅游者 1.26 亿人次，旅游收入 574 亿元，分别占当年全国同类指标的 16.94%和 18.98%；而在 2012 年，仅仅春节、“十一”两个“黄金周”，全国共接待国内游客 6.01 亿人次，实现旅游收入 3119.00 亿元，分别占当年全国同类指标的 20.32%和 13.74%；其中“十一”黄金周全国旅游接待约 3.62 亿人次，收入约 1800 亿元。最大日容量 6 万人的北京故宫，2012 年 10 月 2 日进入游客 18.2 万人，“十一”期间共接待游客 80.4 万人①；

素有“海上花园”、“钢琴之岛”、“音乐之乡”、“万国建筑博览”等美誉的鼓浪屿，小岛面积仅仅 1.87km^2，居住 2 万多人。2012 年 10 月 2 日，鼓浪屿上岛游客突破 12 万人次，创历史新高。看着眼前黑压压的人群，不少游客惊呼：“鼓浪屿要被踩沉了！”。不要说游客寸步难行，就连救护车也只能 5m 一停地等待两旁摊贩和行人的腾让②。人们心目中追寻的那个艺术美和生活美结合的优美小岛，在现实的拥挤中变得支离破碎。

类似的情形很多。2012 年 10 月 1 日和 2 日，庐山来山车辆分别为 3200 辆和 4760 辆，均为上年同期 2 倍左右，为庐山“史上最大自驾游客流”高峰，给庐山南、北入山通道造成巨大压力，有的游客滞留在换乘中心至登山路上，山南 20 多千米的盘山公路成了停车场。而 3 日，庐山风景区南山山顶至昌九高速通远出口的盘山公路上再现 20 多千米汽车长龙。位于河南登封的嵩山少林景区 3 日则车流客流大爆发，景区外一度排起近 10km 的长龙③。2012 年 10 月 2 日 14:00 至 10 月 3 日 14:00，泰山风景区进山游客达到 92 388 人，其中 10 月 3 日上午 9:30，泰山进山游客人数就达到 65 000 人，天外村环山公路两侧的停车长度已达 5km，游客需等待 30 分钟才能买到票，中天门坐车下山得排队两个小时。为此，景区采取了限流措施：从当天 11:30 开始到 13:00，暂停出售进山票，停止游客进山。10 月 3 日，杭州西湖风景区客流量达到 86.98 万，涌金桥上游客摩肩接踵(图 3-6)，到处见人不

---

① http://epaper.jinghua.cn/html/2012-10/08/content_1546281.htm.京华网：1312 万人次逛京城，故宫最热.

② http://mn.sina.com.cn/news/finance/feature/2013-03-29/15491242.html.新浪网：市民担忧鼓浪屿会被踩沉 票价成关注点.

③ http://news.hexun.com/2012-10-08/146511492.html. 和讯网：鼓浪屿要被踩沉了.

见景，个人留影基本成了"集体照"[①]。

图 3-6 杭州西湖涌金桥游客摩肩接踵(2010-10-01)[②]

当然，如何有效改变黄金周带来的遗产地超载化利用是一个十分复杂的系统工程，涉及中国休假制度、遗产地容量控制等一系列具体措施的完善。但是，作为遗产地管理部门，首先应该端正自身对遗产资源利用的观念，科学评估景区环境容量，切实制订高峰应对方案，比如通过各种信息化手段提早预报各景点游客量，对游客进行有效限量和分流，控制团队人数、旅游预约、错峰游览、浮动门票价格等市场策略也都可以尝试。但是，有些景区基于高峰游客量计算、配置宾馆饭店、停车场等服务设施规模，不仅造成经济上的巨大损失，也使本已十分紧张的遗产区建设用地更加紧张，导致遗产地的商业化、城镇化加剧，这是十分错误的。

我们必须看到的是，中国遗产地的超载利用绝对不仅仅体现在"黄金周"。对比中美风景区的发展情况(表 3-1)可以看出，美国国家公园 1995 年每公顷承受游客只有 8 人；而中国国家风景名胜区该指标 1998 年为 27 人，2009 年则达到 56 人，是美国国家公园的 7 倍，八达岭等更高出几百倍。而我们平均每公顷的职工人数更是美国的 40 倍。

---

① http://district.ce.cn/newarea/roll/201210/03/t20121003_23728642.shtml. 中国经济网：全国各地多景区被挤爆 游客称鼓浪屿"被踩沉".

② http://news.hexun.com/2012-10-08/146511492.html. 和讯网：鼓浪屿要被踩沉了.

表 3-1 中美风景区基本情况比较

风景区	面积 /ha	年游客数量 /万人次	每公顷游客/人	职工数/人	每公顷职工/人
中国总计[1]	5 141 900	13 925	27	82 622	0.016
庐山	28 200	60	21	6376	0.226
黄山	15 400	98	64	3306	0.215
武陵源	39 600	110	28	4000	0.101
八达岭	400	504	12600	1181	2.953
中国总计[2]	8 078 900	45 552	56	82 622	0.016
庐山	33 000	270	82		
黄山	16 100	236	147		
武陵源	39 700	1100	277		
八达岭	5500	689	1253		
美国总计[3]	32 500 024	26 194.7	8	14 307[4]	0.0004
大峡谷	492 583.84	453	9	294	0.0006
黄石	898 349.42	293.4	3	469	0.0005
约塞米蒂	308 072.21	380.9	12	489	0.0016

资料来源：除 2009 年数据外，其余来自张晓. 中国自然文化遗产资源管理. 北京：社会科学文献出版社，2001：234.

注：1. 1998 年数据，来源：建设部综合财务司.
2. 2009 年数据，来源：中国城市建设统计年鉴.
3. 1995 年数据，来源：Rettie，1995，附录 6-1，第 255—263 页.
4. 包括长期和短期全职和兼职雇员人数，下同.

3.1.3 低下的效益

中国遗产地在超载利用的同时，整体收益却是低下的。主要表现在：

1. *在追求目标上*

过分追求经济利益而忽视社会和生态效益；追求景区内的直接收益尤其是旅游收入，而忽视区域的整体效益；追求局部利益、眼前利益而牺牲国家利益和长远利益。

2. *在价值取向上*

热衷于追求遗产直接应用价值，尤其是其中的旅游价值，而忽视对本底价值的保护利用以及间接衍生价值的大力发展。打着所谓"以经济建设为中心"的旗号，盲目崇拜市场作用，一方面将自然文化遗产市场化，另一方面却没有对其重要的科学研究、科普价值、生态价值等进行展示、宣传和利用。

3. *在发展模式上*

强调追求游客数量的外延发展模式，忽视提高人均消费和旅游质量的内涵道路。以世界遗产黄山为例。2001 年“十一”“黄金周”期间，黄山客源火爆，共接待游客 20.95 万人次，其中“一日游”就占了 72.5%。整个黄山市共接待 43.87 万人次，其中“一日游”游客 30.51 万人次，占 70%，但其旅游消费仅为 7921.92 万元，人均消费不足 260 元；而过夜游客只有 13.36 万人次，旅游消费却达到 15 620 万元，人均消费达到 625 元。到了 2011 年，黄山市旅游总人数达到 3337.38 万人，总收入达 307.96 亿元，其中“一日游”人数达 832.7 万人，旅游收入达 42.44 亿元；“过夜游”人数达 2504.68 万人，旅游收入达 265.53 亿元。但对比“一日游”和“过夜游”人均消费发现，“一日游”人均消费为 509.67 元，“过夜游”人均消费为 1060.14 元。[①]因此，如果不增加风景区外服务基地的购、娱等服务内容留住游客，提高人均消费水平，即使再多的游客接待量，也难以带来太多的经济效益，相反，其带来的超负荷利用和生态环境的副作用却是巨大的。[②]

4. *在产品开发上*

以停留时间短、人均消费少、重游率小的低效益观光游览为主，缺乏参与性强、停留时间长、人均消费多、重游率大的休闲娱乐等利用方式，旅游发展初级阶段特征明显。著名的云南石林一直是以昆明为中心的一日游，游客最多在石林安排午餐而极少在石林住宿。游客抽样调查表明，2000 年，游客在石林的平均游览时间仅为 138 分钟，亦即刚刚 2 小时左右，而在石林的总共逗留时间平均为 4 小时，平均花费为 120 元。其中门票 50 元，占 42%；餐饮 20 元，占 16%；购物 20 元，占 16%；导游 15 元，占 13%；其他 15 元，占 13%。这是一种极其失衡的、低级阶段的旅游消费结构，与整个石林进入成熟期也是一个强烈反差。[③]游客抽样调查显示，2014 年游客在武汉旅游平均停留时间为 3.2 天，但在武汉东湖风景区的平均停留时间仅为 4.2 小时，个人平均花费仅为 107.38 元，其中门票餐饮为 36.67 元，购物为 19.28 元，休闲娱乐为 38.29 元。

5. *在旅游消费上*

由于旅游供给所限，导致消费结构失衡，食宿交通等刚性比例过大而附加值高、效益高的购、娱等弹性消费比例小；国际上一般旅游弹性消费超过总消费的 50%，而中国却一般不到一半。以旅游业发展较好的普陀山为例，根据 2001 年 5 月 1 日至 14 日所作的游客抽样调查，浙江、上海、福建等本地和相邻省市是普陀山的三大主要市场，其客源占总普陀山总游客数的 2/3 以上。游客的人均停留时间

---

① 安徽统计年鉴，2011.

② 北京大学城市规划设计中心. 安徽省旅游总体规划. 北京：中国旅游出版社，2004：51—52.

③ 陈耀华. 石林游览规划. 北京大学与云南省省校合作项目“云南石林申报世界遗产研究”，2000.

为 1.5 天，人均消费 1055 元。其中景区外的长途交通接近总消费的 50%；景区内消费 554 元（略高于普陀山管理局统计口径中的 420 元），约占1/2。景区内消费中，依次为餐饮、住宿、游览门票、购物、景区内交通和娱乐（表3-2），其中购物和娱乐两项不到 9%。总的来看，国内游客的长途交通、住宿、餐饮等刚性费用超过 3/4，而弹性消费不到 1/4。这些都是旅游消费总体水平上不去的重要原因，也正是未来作为普陀山风景区休闲旅游基地的朱家尖发展潜力之所在。[①]

这些年，随着中国旅游发展阶段的变化和各景区的重视，购物消费等比重在游客消费中比例逐步增加。国家旅游局统计的城镇居民散客出游人均花费构成中，分城市间交通费、住宿费、餐饮费、市内交通费、邮电通信费、景点游览费、购物费、文娱费、其他费用。据基本旅游消费和非基本旅游消费的定义，城市间交通费、住宿费、餐饮费、市内交通费、景点游览费为基本旅游消费；购物费、文娱费、邮电通信费、其他消费为非基本旅游消费。作为中国的旅游大省，浙江省 2010 年国内旅游收入中，基本旅游消费收入占总收入的 2/3，非基本旅游消费收入仅为 1/3，但其中购物消费的比例已提升到 23%（表 3-3）。[②]

表 3-2　2001 年普陀山国内游客的消费构成

项　目	长途交通	住宿	餐饮	购物	游览	娱乐	景区内交通	合计
消费/元	501	150	150	70	120	24	40	1055
比重/(%)	47.5	14.2	14.2	6.6	11.4	2.3	3.8	100.0

表 3-3　浙江省 2010 年国内旅游收入构成比例

项目	长途交通费	住宿	餐饮	景区游览	娱乐	购物	邮电通信	市内交通	居民服务	文化艺术	其他	总计
比重/(%)	14.9	18.8	19.4	8.2	4.1	23.0	0.9	1.7	2.1	1.8	5.1	100

6. 有限的旅游收入与大量的整治费用

二者相较，得不偿失，在环境效益遭到巨大损害的同时还造成经济上的巨大浪费。承德避暑山庄及周围寺庙在申报世界遗产的过程中，拆除不协调建筑两万余

① 北京大学世界遗产研究中心. 普陀山国家风景名胜区总体规划，2002.

② 浙江旅游年鉴，2011.

平方米,特别是拆迁了山庄内在“文化大革命”中迁入的大量非文物单位。武当山拆除了刚刚落成的于山峰之上、严重损坏植被与景观、耗资500余万的不合理建筑。重庆大足石刻在申报过程中,政府安排经费1200万元,拆迁机关和企事业单位18处、居民121户,总拆迁面积达3.4ha,恢复绿化面积10ha。河南龙门石窟由于申报世界文化遗产,洛阳市政府投入1亿多元,拆除了南门外的中华龙宫、环幕影城、部队营房及各种不协调建筑;四川都江堰为整治环境,拆掉了价值大约2.2亿元的建筑;武夷山在申报遗产中花费超出1亿元;安徽黟县西递和宏村两个小村落,也投入了600多万元用于整治环境。[①] 这些年大量遗产地为了申报世界遗产而用于环境整治的费用动辄高达数亿元,媒体舆论多有报道。尽管其中某些资金并不单纯为了申报世界遗产,但这些数字背后暴露的因破坏性建设而造成的巨大浪费也是一目了然的。[②]

3.1.4 多头的管理

中国在加入世界遗产公约以前,对风景区、名胜古迹、森林公园以及文物等的管理一直实行分部门的管理体制,政出多门的问题一直存在。现在遗产地范围内,更有遗产与风景名胜区、文物保护单位、森林公园、自然保护区等重叠而造成权属不清的问题。缺乏统一的管理机构,更没有中央政府的直接控制,风景、旅游、森林、土地、文物、宗教等分别属于不同部门管理,因此经常出现政策冲突、互相扯皮、经费紧张、有利大家争、无利没人管的情况。例如武陵源,既是世界遗产,还是联合国教科文组织的世界地质公园、国务院颁布的国家级风景名胜区、国家林业局的国家森林公园、国土资源部的国家地质公园、国家旅游局的5A级景点。诸多头衔在彰显其价值突出性的同时,也给管理带来很大的不便。

3.1.5 多样的破坏

以上诸多问题,加上自然灾害等原因,对遗产资源造成的破坏是多样的,体现在不同破坏空间的多种的破坏类型。

在破坏空间上,既包括遗产本体,也涉及遗产环境,两者导致遗产整体空间的破坏。事实上,遗产环境的保护与本体保护同等重要,世界遗产明确将环境真实性列为遗产真实性的重要内容。中国文化遗产监测预警工作,也明确将遗产环境的

---

① 经济参考报.“申遗”热背后的经济动机,2004.

② 郭旃.中国世界遗产工作评论,《中国自然文化遗产资源管理》.北京:社会科学文献出版社,2001:93.

自然、经济、社会发展等因素列入监测指标体系。

在破坏类型上，主要有资源本身的破坏、景观风貌的破坏、功能感觉的破坏和生态环境的破坏，这些破坏相互关联，导致遗产整体价值的破坏。整体价值和整体空间的复合破坏导致遗产的整体破坏（图 3-7）。

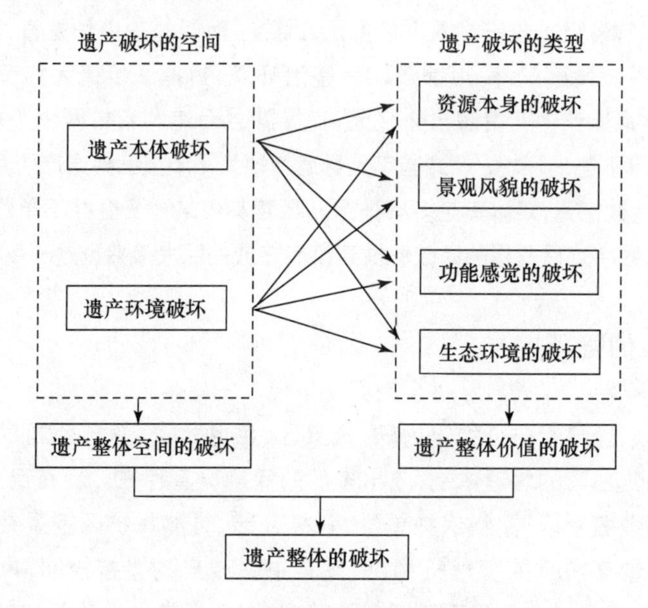

图 3-7　遗产破坏的空间与类型

1. *资源本身的破坏*

对遗产资源本身的破坏，既有“天灾”，也有“人祸”。

“天灾”是由于地质、气候、病虫害等自然原因，如地震、滑坡、干旱、洪涝、冰冻、暴雨、雷电、虫害等，对遗产造成的破坏。大理国家风景区内始建于南诏时期的著名崇圣寺三塔坐落在地震频繁地区，地震对塔的危害严重。主塔千寻塔现存高度 69.13m，底宽 9.9m，为方形密檐式空心砖塔，一共 16 级，是中国现存座塔最高者之一，千寻塔与西安大小雁塔同是唐代的典型建筑，造型上也与西安小雁塔相似，为唐代典型塔式。据不完全统计，三塔建成之后，有感地震达 30 次以上。尤其是明正德九年（公元 1514 年）五月六日地震，大理古城房屋绝大部分倒塌，千寻塔震裂如破竹，旬日后复合如故，塔刹震歪，倒向东南。① 1925 年大地震，城乡民房倒塌达 99%，千寻塔塔顶震落，塔身劈裂，铜涵内文物散落于地，被驻军和当地群众哄

① （明）刘征文撰，古继永校点《滇志》. 昆明：云南人民出版社，1991.

抢殆尽[①]。对于没有石基础而直接修建的三塔来说，历经这么多次地震而屹立不倒，进一步显示了其突出的历史文化价值和科学价值。

2008年汶川大地震使灾区满目疮痍。世界文化遗产青城山-都江堰受损严重，二王庙古建筑群中秦堰楼下沉，戏楼、厢房、52级梯步、照壁、三官殿、观澜殿、疏江亭、前山门等建筑垮塌；伏龙观古建筑群主体建筑屋面损坏，木结构断裂，全成为危房。青城山数座道观出现垮塌，大多道观建筑出现墙体裂缝等受损迹象，对青城山的人文景观资源形成较大破坏。[②] 什邡市省级文物保护单位龙居寺的照壁、屏墙、石柱、后墙、屋脊、中堆、房瓦、屋基、顶棚、窗格、木刻、石刻等均有较大程度破坏，后山园林的4座凉亭全部损毁，围墙及建筑墙体垮塌总长达200m。大量历史文化街区倒塌，如绵竹民主巷历史风貌区建于清末民初，集中了近50处川西民居宅院，震后街区几乎成为废墟。[③] 而在面积532 km^2 的龙门山国家级风景名胜区(龙门山国家地质公园)，大量崩塌滑坡填没峡谷，堰塞河流，阻断交通，很多美丽的景点从此不再。其中著名的银厂沟景区，因明朝崇祯皇帝时礼部尚书刘宇亮在此开银矿而得名，相传是三千多年前蜀族先民由黄河流域的高原向南迁徙，进入四川盆地的必经之地。景区海拔高度在2000m左右，气温比成都低4℃左右，夏季最高气温不超过24℃，是距成都最近而海拔相对最高的避暑休闲、清心养身的天然胜地。沟内奇峰叠峙，四季景异，磅礴的飞瀑龙潭，苍翠的山间植被，清澈的山涧流水，形成了大龙潭、小龙谭、苍峡阁、满天星、幻影瀑布、百丈瀑布等独具特色的自然景点以及古代戍边将士修建的银苍峡古栈道，是巴蜀山水的经典代表。地震后，景区内的道路、桥梁等基础设施完全损坏，古栈道坍塌，盖坪周围的居民聚居点被夷为平地，深邃的小龙潭被垮塌的巨石掩埋，潭前几百棵古树被巨石拦腰砸断。银厂沟接引寺的建筑除塔以外全部垮塌，大龙潭两边的山体都出现滑坡现象，导致整个大龙潭被掩埋不复存在。大龙潭到苍峡阁300多米深的山谷因为连续的塌方和泥石流而被填成了高山，整个景区面目全非[④]。

武当山榔梅祠位于乌鸦岭通往金顶的路上，明永乐十年敕建，是当年全山十六座祠庙中最大的一处，与真武大帝修炼的传说有着密切的联系。2003年8月21日凌晨6点30分，榔梅祠景区后山发生山体滑坡，滑坡体长约100m、宽约10余

---

① 姜怀英，邱宣充.大理三塔史话.昆明：云南人民出版社，1992.

② 刘彬等.汶川地震对青城前山风景区的影响及其灾后重建对策[J].四川林业科技，2010(5)：101—107.

③ 余慧.汶川地震灾区历史文化名城灾后价值分析与保护研究，西南交通大学博士论文，2012：102—103.

④ http://cd.qq.com/a/20080604/000260_9.htm.腾讯大成网：山无棱 天地合：银厂沟地震前后对比.

米，山上还有2000多立方米的岩石在缓慢下移，另有两块约2000余吨的巨石出现松动，直接威胁到山下的榔梅祠古建筑和过往游客的安全。榔梅祠是武当山世界文化遗产的一部分，占地900m²，祠内现有文物307件，其中国家一级文物16件。险情发生后，武当山特区迅速组织人员赶到现场组织抢险。滑坡体下19家商铺的经营人员和榔梅祠工作人员80余名全部安全撤离。同时，对榔梅祠景点予以关闭，封闭乌鸦岭至金顶旅游道路，6户64名居民和大量文物被迫转移。[①]

白蚁对许多木构建筑带来巨大威胁。安徽西递、宏村两村中主要为明清时期砖木结构的古民居建筑群，当地潮湿的气候以及白蚁对古民居造成了威胁。据当地政府提供的一份东南大学建筑系2000年9月的专项调查报告，西递村有90%以上、宏村有80%以上的古建筑受到了白蚁的侵蚀，加上山区气候潮湿，许多建筑面临倒塌的危险。而苏州古典园林也遭到白蚁的严重侵蚀。冷香阁作为"吴中第一名胜"，是虎丘的主景点之一，是春天踏青赏梅观景、平时雅聚品茗休闲的好去处，2009年6月发现蚁害时，蚁害情况已经相当严重，二楼东面的楼板下有3根搁栅都已被蛀食，其中一根3米多长的搁栅已有70%被蛀空；另有一根5米多长的底层大梁，建筑西北侧的一根步柱也都发现了白蚁蛀食现象，致使楼板存在严重的坍塌危险，不得不更换柱梁，全面检修[②]。2009年8月，拙政园绿漪亭、留园的一处走廊柱子也发现了白蚁出没的迹象。现在，白蚁防治已经纳入苏州市世界遗产古典园林监管中心古典园林监测预警的日常工作，并要求各个园林及时发现、及时消杀，以消除隐患，确保古建筑的安全。

在常见的、直观的地质、气候灾害以外，生物侵害也是众多遗产尤其是文化遗产遭受破坏的重要原因，这种破坏是慢性的，不容易引起注意的，因而具有较大的隐蔽性。新华社成都8月15日电，四川乐山大佛1200来年饱受风吹、酸雨、水渍的危害，风化日趋严重。岩石风化一向是威胁乐山大佛等石质文物的最主要因素之一，它包括物理风化、化学风化和生物风化3种基本类型。因此有关石质文物的物理和化学风化过程、影响因素以及监测手段等已受到文物保护工作者的广泛重视并采取了大量措施。但，"生物侵害"也是乐山大佛伤痕累累的主要原因之一，却鲜为人知。生物风化对乐山大佛的分割多种多样。例如细菌、真菌和地衣等微生物，通常以群落等形式覆盖在佛体岩石的表面，由于它们能分泌使岩石风化的腐蚀剂，所以加速了大佛的风化，对岩石的风化作用有明显影响；草类、攀援性植物等高等植物的根系穿透能力

---

① http://news.sina.com.cn/c/2003-08-23/0745619807s.shtml.新浪网：武当山景区发生山体滑坡.

② http://www.subaonet.com/html/24h_news/2009622/096222039469562441 79.html.苏州新闻网：虎丘冷香阁遭白蚁入侵.

很强，它们的种子发芽、幼苗定居和生物过程对岩石的破坏作用也很强，而且对佛体的光照条件、透气、透水性能都产生了影响。由于乐山大佛处于中亚热带湿润季风气候区，又雕刻在容易风化的红砂岩上，极易受到各种生物的侵害和破坏，并且其侵害已相当严重。但由于缺乏对于乐山大佛岩石生物风化的系统科学研究，目前还很难提出一套现成的适合于佛体保护的生物防治技术措施。[①]

与“天灾”相比，对遗产破坏更普遍的还是“人祸”。因为错位开发和超载利用对遗产本身的破坏前文已述，如泰山本身所建的一条中天门索道就破坏了月冠峰1.9ha的地形，裸露的白色山体使巍峨壮观的南天门变得满目疮痍。而另一些垦荒烧山、祭祀、儿童玩火、电路老化、工程施工等原因引起的人为火灾以及采石、开矿等引发的人为灾害对遗产本身以及环境的破坏也屡禁不止。

2003年1月19日晚，有着600多年历史的世界文化遗产武当山古建筑群重要组成部分之一的遇真宫主殿突发大火，最有价值的三间主殿共236m^{2}不到3小时全部化为灰烬。火灾原因是管理部门违规将遇真宫出租给某文化武术影视学校，而学校的工作人员用电不当，导致电灯烤燃它物而引发了火灾，现场又没有消防专用水源，消防车只能到远处汲水，增加了灭火难度。该事故被列为“2003年国内十大火灾”，多名责任人因此受到党纪国法处分。[②]

位于长城东段的八达岭长城，是目前保存最完好的明长城，在国内外都享有盛誉，然而，就是这样一段出名的长城，保护工作也存在着一定的隐患。八达岭的北门锁钥——居雍关，是历史上举足轻重的咽喉要塞，早些年无数超载运煤的大车从这个狭小的门洞穿过。站在门洞的旁边，可以明显地感觉到汽车经过带来的震动。保护城墙的铁管，已经撞得不成样子了，长城时刻面临被局部撞塌的可能，这种情况直到京藏高速改线修建后才有所好转。而八达岭向西200km的河北省万全县，有一段石块砌成的明长城，这段长城一度遭到触目惊心的人为破坏。2000年前后，挖城卖石成风，一拖拉机城砖售价15元，1000多米的长城就这样被毁于一旦。陕西省定边县靖王高速公路连接线工程因为修路把长城挖出三个豁口，被毁的长城就有100多米，而类似事件在陕西发生过多次。据不完全统计，陕西境内的长城，因修路被挖开的豁口至少有三四十处。明长城在陕西境内有850km，由于近年来的人为破坏，其中近三分之一的长城在这片土地上消失了。长城的出名，是因为它的长，而保护的困难，同样也是因为它的长。长城经过的农村，多是中国的贫穷

① http://119.china.com.cn/hzxx/txt/2007-08/13/content_1721219.htm. 中国消防在线：2003年国内十大火灾.

② 苑坚，刘谨. 中国科学家全力破解乐山大佛受“生物侵害”之谜. 北京青年报，2003-08-16.

地区，当地百姓保护意识相对较低，给保护工作带来很大难度。基本建设破坏，取材性破坏，周围群众为方便生产生活的破坏，长城因各种形式的破坏而变得分崩离析、时断时连。世界古遗迹基金会已经把中国长城增列为全世界 100 个最濒危遗址之一。[①] 2006 年底，中国出台《长城保护条例》，同年启动为期 10 年的长城保护工程，这也是中国第一次以国家行为在全国范围内对历代长城实施全面、系统、科学的保护工程。但是由于跨多个行政区、多种地形等复杂因素，局部的破坏情形仍有发生。

众所周知的苍山大理石，由于其品质优良、色彩绚丽、花纹图案丰富、意境高远而著称。1996 年，苍山三阳峰、雪人峰、应乐峰、小岑峰等采场采点达到百余个。而且由于开采方式原始，80%的石料都成为碎石废掉，严重破坏了山体和植被，且难以恢复。当年采矿破坏森林植被达 100 多万立方米，修筑矿山公路破坏植被 36 万立方米，废弃尾矿 900 多万立方米，植被破坏引发的泥石流覆盖的植被面积达 200 多万平方米，导致矿区海拔 3000m 以下的苍山松、多种杜鹃林受到严重威胁，严重影响了作为南诏国发源地和中国西部亚热带常绿阔叶林区域生物多样性的典型代表的苍山洱海风景区的综合品质。后来大理州、市两级政府下大力气集中整治，才关闭了苍山风景区内的所有的大理石矿。2002 年 8 月 14 日，建设部下发了《关于立即制止在风景名胜区开山采石加强风景名胜区保护的通知》。

矿产开发与自然文化遗产资源保护的矛盾是全球普遍性的问题，关键在于政府的态度和做法。美国黄石公园为了抗议从 1990 年就开始酝酿的距离公园东北边界外 4km 处的金、银、铜矿开采计划以及违规引入非本地物种——湖生红点鲑鱼，加之道路建设与不断增长的游人压力，1995 年 12 月主动要求列入了《世界遗产濒危名单》，此举引起美国政府高度重视。1996 年 9 月，美国总统公开宣布，经过努力而达成关于采矿问题的满意结论——付出 6500 万美元的土地价值而停止采矿计划，从而完全消除了它们对于黄石的潜在危害。[②]

2. 景观风貌的破坏

景观风貌的破坏包括历史文化街区的现代建筑对古街历史风貌和意境的破坏、田园风光的消失等，这些都对遗产地风貌产生不利影响。如安徽西递宏村，从其开始申报世界遗产以来，共发现私拆乱建问题 73 处。在西递村查处的 37 处违章建筑中，以营业为目的的有 17 处；在宏村查处的 36 处违章建筑中，以营业为目的的有 16 处。另一方面，由于人口增长，居民实际的住房需求与古村落保护发生矛盾，为解决基本居住问题，出现了在原本规整的院落中加盖、分割传统民居以及使用大量

① 国家文物局网站. 为完工程将长城挖开高速公路断了长城的“身”，http://www.sach.gov.cn/.
② 同上.

新构件的现象;此外,随着生活水平的提高,居住在古民居中的居民迫切希望改善居住环境,因此对古屋进行改建,甚至拆除另建新房。上述两种情况在众多的文化遗产地大量存在,很大程度上已经损害了遗产的真实完整性。

1995年,浙江温岭方山省级风景名胜区南嵩岩景区入口的水坦村均为一层(少量二层)的石板和砖砌民居,与周围山体、农田组成了优美的山水田园风光,而十年以后,由于村镇建设缺乏规划调控,家家盖起高层楼,户户贴上白瓷砖。尽管方山已经和长屿硐天一起列为国家级风景名胜区,但景区内的田园风光却已经难觅踪影(图3-7,3-8)。农村居民点的建设管理,正在成为中国遗产地保护利用中的难点和重点。

图3-8 方山省级风景名胜区南嵩岩景区入口的水坦村(1995)

图3-9 方山-长屿硐天国家级风景名胜区南嵩岩景区入口的水坦村(2005)

3. 功能感觉的破坏

中国很多历史文化名城名镇，或者直接被改造为商业街，或者由原住民租给外来人口经商，结果家家开店、户户经商、灯笼漫天、酒吧遍地，浓郁的商业气氛使古城镇徒剩一具空壳，遗产的真实性受到极大破坏。这种功能上的商业化更隐形，也更值得引起重视。

1997年后，随着旅游业的快速发展，丽江古城的局部地段开始出现了不正常的迁离，尤以新义街积善巷、新华街双石巷等较为严重，居民们由于利益驱动，把住房改为店铺，或自己经营、或出租，然后迁到新城居住。这使原本集居住、商贸、游览于一体的历史街区，慢慢演变为商贸旅游区，人们不再感觉到它是一个纳西文化的圣地，遗产历史文化功能更多地蜕变为商业功能。

2004年，云南省文化厅等10多家部门出台《关于加强丽江古城世界文化遗产保护管理工作的意见》。《意见》指出，尽管多年来丽江古城的保护卓有成效，原有风貌得以保存和恢复，周边环境得到改善，但目前丽江古城也面临一些新的问题：一是丽江古城世界文化遗产保护规划的修编和审批工作滞后，跟不上古城建设和整治的步伐，使一些建设项目缺乏规划依据；二是在丽江古城周边的一些恢复项目和旅游设施建设项目存在商业化、人工化倾向，束河古镇保护范围内的一些民居修建缺乏历史依据，影响了世界文化遗产的真实性和完整性；三是法制不健全，监督机制不完善，影响了保护和管理的有效性。

为加强丽江古城的保护和管理，云南设立省级文物局管理委员会，负责审核世界文化遗产的保护规划，协调解决保护管理工作中的重大问题。与此同时，云南省要求丽江市制订和完善保护丽江古城的地方性法规和规章，尽快完成相关修编工作，明确古城保护范围。在建设控制地带内进行建设工程，其体量、高度、结构和色彩等应与世界文化遗产丽江古城相协调，不得破坏历史风貌和周边环境。项目建设方案及可行性报告必须报云南省文物局管理委员会审核同意，未经批准严禁动工。[①] 2013年11月23日，国家文物局2013年重点工作专项督查组在对相关重点工作进行督查后，希望丽江继续加强建筑修缮监管，并树立正确的保护与发展理念，正确处理保护与发展的关系。[②]

近些年来，有些遗产地内将一些重要自然景点周围、重要古迹改建成高档餐厅、会所等少数人专用场所，剥夺了普通民众的使用权，改变了遗产公益性、教育性的本质功能，必须予以纠正。

---

① 云南出台“严规”维护丽江古城真实性完整性.新华网，2004-07-26.

② 国家文物局2013年重点工作专项督查组视察丽江古城保护管理工作，丽江古城，2013-11-29.

4. 生态环境的破坏

遗产地生态环境的破坏主要体现在遗产地水、气、声环境污染加剧,破坏性开发,重大建设项目损坏遗产地生态,外来物种威胁本地生态系统,等等。

超载的开发度,已成为中国众多遗产地的通病,不仅游客的游览质量和原住民的生活质量受到严重影响,景区的生态环境也遭遇严重威胁,"黄金周"被戏称为"黄金粥",危害严重,教训深刻。2001 年之前,武夷山被列为世界自然与文化遗产给旅游业每年带来了 30%的高速递增,2001 年接待游客跃升到 250 万人次,旅游收入突破 10 亿元。假日旅游黄金周期间的登山游难、坐竹排难、吃住难,来的游客多了,车辆也多了,景区内垃圾、废气、噪音污染等更是相应增多。随后,武夷山已经采取多种措施全面实施封闭管理,以永葆武夷山的自然山水和文化①。在西湖,大量机动车排放的尾气对遗产区的空气质量造成了严重影响。根据杭州市环境监测站的数据,遗产区范围内的卧龙桥二氧化硫、二氧化氮和可吸入颗粒物的浓度仅符合《国家环境空气质量标准》(GB3095-1996)的二级标准(良)②。黄山光明顶东海门附近的高山草甸,海拔 1860m,是目前黄山高海拔地带面积最广、密度最大、纯度最高、观赏性最佳的高山草甸植被群落,属景区珍稀植物群落景观。前些年由于游客猛增,加上部分基础设施如道路、观景台等跟不上形势需要,致使游道两旁及景点周围的植被和草甸受到严重践踏破坏,造成草甸退化、地表裸露,引起水土流失和景观严重退化。为有效保护这一珍稀景观资源,充分展示景区生物多样性,景区园林管理部门加大草甸养护力度,对草甸内游客踩踏裸露地进行补植绿化恢复,整治水土流失,适度清理草甸内的杂灌木,避免草甸群落退化。通过实施综合整治,有效维护了该片珍稀植物群落的完整性和纯真性,其景观视觉效果才得到明显提升③。

40 多年前,有着数百年历史的峨眉山金顶四周的原始冷杉十分茂密,树干直径大多在 50cm 左右。但是,自 1970 年在海拔 3000 多米的金顶建了 78m 高的电视发射塔以后,受其强烈的电磁波辐射加上酸雨酸雾的影响,从 20 世纪 80 年代开始,这里的冷杉开始发生变化,先是树尖掉叶干枯,接着是整个树干如同得了癌症

---

① 罗钦文. 从武夷山看中国世界遗产保护:全面封闭管理. 中国新闻社,200-06-25.

② http://bbs.hangzhou.com.cn/thread-9670183-1-1.html. 杭州网:西湖该不该继续免费 西湖景区管委会:继续免费 考虑分流.

③ http://www.anhuinews.com/zhuyeguanli/system/2010/06/18/003143010.shtml. 安徽信息咨询汇总:黄山景区加强高山草甸景观养护,维护生物多样性.

般慢慢地枯萎死去，后来不得不将电视塔拆除。[①]

与以往在遗产地大建楼堂馆所或者出卖经营权不同，这些年有两种理由更加冠冕堂皇（发展地方经济）、但对遗产破坏也更大的建设行为必须引起足够的警惕：休闲娱乐业中的高尔夫球场的滥建与水利电力业中的水库建设，人们形象地称其为“绿色鸦片”和“跑马圈水”。

高尔夫球场投资昂贵。一般来说一个球场需要购买 1200 亩土地，加上球场建设费、会馆建设费的投资至少在几亿元人民币，而场地每年的维护费大约在 3000 万左右。如此昂贵的建造费用，有些地方政府不顾自身情况，却把景区内营建高尔夫球场的建设当做营造投资环境的招牌，滥用土地，毁坏粮田，甚至严重破坏遗产资源。尤其是对遗产环境真实性的影响，外来草种引入对遗产地原生生态的影响以及大量除杂草剂、杀虫剂、营养剂对河湖水体和地下水的影响难以估量。

问题的严重性还远不止高尔夫球场本身。在国外，高尔夫球只是一种体育休闲项目，而中国一些地方却把建高尔夫球场与建别墅捆绑在一起。开发商的主要精力不是放在高尔夫球场上，而是在优惠的高尔夫球场上建别墅卖钱，因此，建球场是“假”，兴建宾馆饭店高级别墅是“真”，这也正是大量地方政府和开发商的真实用心。可以算一笔账：一般一个 3000 亩的高尔夫项目，至少可以拿出 1000 亩来建别墅，按 0.3 的容积率计算，可以建 $20\times10^4 m^2$ 的别墅，以 1 万元 $/m^2$ 计算，这样开发商在别墅项目上的收入就有 20 亿元。

为什么高尔夫球场如此“受人青睐”？主要原因是在于，一些领导在卖地求政绩，将高尔夫球场当成“吸引外资的窗口”。有了卖地的收入，就有了随意的支配权，一些挖空心思的“政绩工程”就会冒出来。当大大小小“开发区”开而不发，沦落为荒草地时，又有数不清的“高尔夫球场”因为决策失误半途而废，变成了劳民伤财的“高而费球场”。地方政府官员不知是否明白，没有良好的投资环境，仅凭一个偌大的高尔夫球场，就能够吸引外商来投资吗？而对遗产本身和遗产环境的破坏更是不能用金钱衡量的！

反思我们不正常的高尔夫球场热中所隐藏的后患，正如北京一高尔夫球俱乐部的一位人士说：高尔夫球已成为中国的“绿色鸦片”。[②]

针对高尔夫球场建设热愈演愈烈的趋势，国土资源部 2003 年发出了《关于进一步采取措施落实严格保护耕地制度的通知》。《通知》强调，切实加强耕地保

---

① 冯昌勇. 为给世界遗产峨眉山让路 四川最高电视塔将拆迁，中国新闻网，2003-02-12. http://news.china.com/zh_cn/domestic/945/20030212/11411283.html .

② 何方. 中国需要多少个高尔夫球场. 深圳商报，2003-12-19.

护，坚决守在基本农田这条红线，做到“五不准”，即不准除法律规定的国家重点建设项目之外的非农建设占用基本农田；不准以退耕还林为名，将平原（平坝）地区耕地条件良好的基本农田纳入退耕范围，以及违反土地利用总体规划随意减少基本农田面积；不准占用基本农田进行植树造林、发展林果业；不准以农业结构调整为名，在基本农田内挖塘养鱼和进行畜禽养殖以及其他严重破坏耕作层的生产经营活动；不准占用基本农田进行绿色通道和绿化隔离带建设。今后，凡没有征求被征地农民集体组织和农户意见的征地方案，国土资源部门将不予审核报批。对不符合国家产业政策的项目、不切实际的“形象工程”、“政绩工程”项目、别墅项目、高尔夫球场项目，一律不得报批用地。该规定对有效遏制高尔夫球场的违规建设起到了一定作用。

2004年，国务院发布《国务院办公厅关于暂停新建高尔夫球场的通知》，指出改革开放以来，中国高尔夫球场发展迅速，对完善体育设施，开展高尔夫球运动发挥了积极作用。但近年来也出现了一些突出问题，一些地方高尔夫球场建设过多过滥，占用大量土地；有的违反规定非法征占农民集体土地，擅自占用耕地，严重损害了国家和农民利益；有的借建高尔夫球场名义，变相搞房地产开发。为合理利用和保护土地资源，遏制高尔夫球场的盲目建设，对高尔夫球场有关问题做出如下通知：暂停新的高尔夫球场建设；清理已建、在建的高尔夫球场项目；规范已建高尔夫球场的运营；加强督促检查和指导工作。

然而，正当国家有关部门对高尔夫球场“跑马圈地”问题逐步引起重视的时候，另一个借国家防洪防灾需要和电力严重短缺之机，而在遗产地内重要河流建设梯级水电站的“跑马圈水”运动却在国家有关部门、地方政府的支持下愈演愈烈。以水著称的浙江楠溪江国家风景区要在作为风景区“生命线”的楠溪江上游修建水库；已经成为世界遗产的黄山在具有重要第四纪冰川遗址价值的桃花溪上游山谷五里桥修建两座水库，造成桃花溪基本干涸；其他遗产地、各级风景区拦水筑坝修水库的情况也普遍存在。其中一部分是为了饮用或灌溉，一部分为了所谓的打造水体景观，而更多的、大规模的却是为了水力发电获利。最为典型的是2003年7月被列入世界自然遗产名录的云南“三江并流”中的怒江梯级开发。

2003年，华电集团与云南省政府签署了《关于促进云南电力发展的合作意向书》，7月，云南华电怒江六库电站正式挂牌成立；8月，由云南省怒江州完成的《怒江中下游流域水电规划报告》通过国家发展与改革委员会主持评审。该报告规划以松塔和马吉为龙头水库，丙中洛、鹿马登、福贡、碧江、亚碧罗、泸水、六库、石头寨、赛格、岩桑树和光坡等梯级组成的两库十三级开发方案，全梯级总装机容量可

达 2132×10^4kW,年发电量 1029.6×10^8kW·h,整个工程总投资近1000亿元。

但是2003年9月,由国家环境保护总局在北京主持召开"怒江流域水电开发活动生态环境保护问题专家座谈会",来自生态、风景、农林、地质等领域的30余位与会专家一致对这条处于世界遗产地内的特殊河流的水电开发持反对意见。而国家发展改革委员会、水利电力系统和云南省地方政府的代表则认为"怒江建坝是有效扶贫",围绕究竟是"给子孙留一条原生态河流",还是"给怒江人民一条出路"这个焦点问题,一场关于怒江开发的争论把当今自然文化遗产保护与利用的矛盾显露无遗。

(1) 竭力主张怒江开发的理由

第一,从严格意义上说,怒江已不是一条保持着自然流态的河流。因为在怒江上游(西藏那曲地区)早已建有一小型水电站,且怒江河谷地带已被人类所开发利用;另外,萨尔温江(怒江流出中国国境后称此名)如果被所在地国家开发,怒江保持一条原生生态江的目的也不可能实现。

第二,具有巨大的经济社会效益。2003年10月,受云南方面委托,勘测设计单位提交了一份名为《怒江中下游流域水电开发与环境保护情况简介》的报告,其中在"怒江开发的评价"项下算了一笔账:"怒江全部梯级开发后每年可创造产值340多亿元,直接财政贡献可以达到80亿元,其中地税年收入可以增加27亿元。再者,给当地带来大量的就业机会。据推算,怒江中下游水电站将可带来44万个长期就业机会。

第三,怒江开发是怒江州人民脱贫致富的重要途径。怒江州是全国唯一的傈僳族自治州,98%以上的土地为高山峡谷;少数民族比重达92.2%,有傈僳族、怒族、独龙族、普米族四个特有民族,至今还保留着刀耕火种、人背马驮等原始生产方式和纹面部落等原始社会痕迹;可供开发利用的自然资源本来已经十分有限,加上怒江58.3%的区域面积被纳入自然保护范围,丰富的木材资源和矿产资源不能开发,至今还没有建立起支撑地方经济增长的支柱产业。因此,2002年怒江全州地方财政收入仅为1.05亿元,财政自给率仅为14.7%;全州农民人均纯收入仅为935元,50%的农民群众没有解决温饱。而怒江建州50周年来,国家对它的投资也就区区9.3亿元。因此,怒江地区生存条件的恶劣超出一般人想象,至今还是云南乃至全国最贫困的民族自治州。然而怒江全部梯级电站一旦建成后,仅怒江州每年地方财政就将增加10亿元。保护动物、植物,不能把人撇开不管,讲'兽道'也要讲'人道',应该体会到怒江人民的切肤之痛。

第四,有利于森林资源的保护。开发后,实现以电代柴,怒江每年可节约50×

$10^4 m^3$ 现在被当做燃料的木材。

(2) 反对怒江开发的理由

第一，包括怒江在内的"三江并流"是在久远的地球演化过程中形成的独特的自然资源，并已于 2003 年被联合国列入世界自然遗产名录。对遗产的保护必须放在十分重要的位置，我们应该信守对世界遗产的承诺。

第二，怒江天然大峡谷具有多重不可替代的重大价值，也是中国与东南亚淡水鱼类区系最为重要的组成部分，作为目前中国仅存的两条原始生态江河之一，应从国家生态安全长期目标出发，将其作为一条生态江予以保留，不予开发。当地的脱贫致富，应寻找其他路径，如借鉴丽江的生态旅游。

第三，怒江州的贫困，是多种原因造成的，不可能依靠修建大型水电站脱贫。相反，怒江大峡谷干流电站将产生的大量生态移民有可能加剧这种贫困。按照开发方案，整个怒江中下游水电开发要淹没大约 6 万亩耕地，其中怒江州境内占 4 万亩。怒江州水库移民涉及安置人口近 5 万人。而移民安置一般是企业出补偿，政府负责移民实施。怒江正在争取国家按照三峡移民的标准来进行补偿，即人均补偿 5～7 万元。但是电站修完以后怎么办？库区移民怎么办？事实上，当地许多原居民对未来颇为担心："即使一亩地赔 2 万元，钱花完了也是一无所有。"据云南大学亚洲国际河流中心主任、著名河流专家何大明教授对已建的澜沧江漫湾电站进行的研究表明，该电站库区淹没前，漫湾移民人均纯收入曾高出全省坝区平均值 11.2%，人均产量高于坝区平均值 63.5%。但 1997 年库区淹没后，据移民生产生活普查统计，库区人均纯收入水平仅为全省水平的 46.7%，后靠移民与就地安置移民比建水库之前人均生产粮食减少 400～500kg，收入大幅下降，有的农民甚至靠拾水电站的垃圾为生。

第四，对电站经济效益过于乐观。因为怒江中下游所处的横断山区，怒江等大河沿断层发育，新构造运动活跃。在其高山峡谷区修建干流大型电站，必须关注水土流失、滑坡、泥石流和可能的地震灾害的危害，工程的经济寿命可能远较预期设计的小。

第五，地方政府对收入期望过高。建水电站最大受益者将是电力公司。根据澜沧江漫湾电站的先例，自漫湾电站建成投入运行后，每年漫湾电厂和省电力公司可获利 1.2 亿多元，国家财政获利 1 亿多元，省财政获利 5000 多万元，云县、景东、南涧、凤庆 4 县平均每县获利则仅有 1000 余万元。再者，地方政府也许能够脱贫，但这些钱最后能否用到老百姓身上就不得而知。

第六，对生态环境造成严重破坏。尤其如果移民安置处理不当，将使农民丧失地力较好的原有耕地资源,移民就地后移后靠开发新的用地,造成大规模新的水土流失和生态破坏,也将进一步加剧当地的贫困化,漫湾电站就是很好的教训。

事实上,怒江能不能建电站应该不是需要争论的问题,那就是:既然它已经是世界自然遗产,但我们就需要本着对全人类负责的精神,本着国际事务中的诚信原则,严格履行遗产所在国家的保护责任。否则,我们只能怀疑自己申报遗产的真实意图!世界闻名的美国大峡谷也曾要建过电站,但是都在国会和民众的反对下得以保持自然面貌。100 多年来,怒江河谷始终是世界各国科学家最为关注的生态热点地区之一,一旦对这个尚有很多未解之谜的世界瑰宝动“手术”——拦起 13 道大坝,我们的损失将是毁灭性的!

因此,在这么多遗产地纷纷借电力短缺之机大兴电站的时候,专家的讨论、反对已经不再重要,重要的是国家的态度、国家的行动![1]

与醒目的建设性破坏相比,因为外来物种入侵而对遗产地生态环境带来的破坏却不易引起公众的注意。我们关注到了楼堂馆所、人山人海,但却看不到那些密林中、水面下悄然发生的变化。

中国新闻网 2013 年 12 月 18 日报道了云南三大湖泊型国家级风景区所在的滇池、洱海和抚仙湖严重生态问题。据西南林业大学和云南省林业科学院专家长期研究,从 20 世纪 50 年代到本世纪初的 60 年间,由于城镇化和经济发展带来的污染加剧以及外来物种的进入,三大湖泊本地物种(高等植物和鱼类)大部分已经灭绝,而入侵的外来物种则越来越多,生物多样性正在减少。以高等植物为例,三大湖泊中,滇池流域本地高等植物灭绝速度最快,20 世纪 50 年代的滇池还有 41 种,但现在仅剩 22 种,46.3%的本地高等植物已经灭绝。外来入侵的高等植物则由 1 种增加到了 4 种,分别为粉绿狐尾藻、喜旱莲子草、水葫芦、大薸;洱海的高等植物从 42 种减少到了 33 种,灭绝了 21.4%,外来高等植物则由 0 种变为 2 种;抚仙湖本土高等植物从 17 种减少到了 15 种,灭绝比例为 11.8%,外来高等植物从 0 种增加到了 2 种。鱼类方面,属于滇池流域独有的本地鱼类也由 20 世纪 50 年代的 10 种变为现在只剩下 1 种,这意味着 9 种仅滇池特有的鱼类在这个世界上已经灭绝。而外来鱼类却从 2 种陡增到 28 种,外来鱼类占滇池鱼类数量的 87.5%,滇池流域 84%的本地鱼类已经灭绝,洱海、抚仙湖以 58.8%、41.7%的灭绝比例紧随其后。污染越来越严重,使得本地很多鱼类不能适应水体,另外,外来鱼类入侵挤压本地鱼类的生存空间,甚至以本地鱼卵为食,也使得本地鱼大量减少。严重的

① 中国世界遗产网:怒江 13 级水坝开发成定局,两派专家激烈交锋.

是，本地物种灭绝后，原有的生态系统被破坏，很难再发挥保护环境的作用与功能。[①]

鉴于全球遗产地存在的生态环境问题，2003 年 9 月在南非召开的世界自然保护联盟(IUCN)第五届世界公园大会形成的《德班倡议》指出，全球共有各类保护区 10 万个，但是保护区之外的野生和自然地区在过去的 20 年里减少了一半，生物多样性面临着大量消失的威胁。

由于森林资源稀少和野外动植物栖息地的破坏，中国很多珍稀动植物都处于濒危状态。据光明日报报道，初步统计显示，2003 年中国处于濒危状态的动植物物种为总数的 15%～20%。中国国家林业局有关负责人介绍，目前中国已有近 200 个特有物种消失，有些已经濒临灭绝。如稀有植物望天树、龙脑香等濒于灭绝；海南黑冠长臂猿和海南黑熊、大象、孔雀雉等野生动物等大为减少，麋鹿、野马、新疆虎等 20 余种珍稀动物已经或基本灭绝。初步统计还显示，中国有 300 多种陆栖脊椎动物、约 410 种和 13 类的野生植物处于濒危状态。在《濒危野生动植物物种国际贸易公约》列出的 640 个世界性濒危物种中，中国占了 156 种，约占到其总数的 24%。[②]

自然文化遗产是一个国家主要的生态环境保护载体，遗产地生态环境的破坏，实际上是对一个国家生态环境的整体危害。

3.2 深层因缘

3.2.1 异化的思潮——哲学的解释

哲学是时代的精神，思潮则是时代哲学的映射。正如中国古代“天人合一”、“返璞归真”的朴素自然哲学观造就了几千年人与自然的和谐相处，并造就了一大批反映这种和谐精神的自然和文化遗产。而在 20 世纪 60 年代末兴起的萨特“存在主义哲学”，也曾在欧美深得人心。它提出：现代科技高度发达，人们日益受到

① http://www.chinanews.com/sh/2013/12-18/5632324.shtml. 中国新闻网：60 年间滇池换“主人”，外来鱼超过本土鱼类 7 倍.

② http://news.sina.com.cn/o/2003-10-28/08291005415s.shtml. 新浪网：约 15% 中国动植物处于濒危状态.

了自己所创造的巨大物质财富的奴役，人的自然本性被“异化”，人们要挣脱“异化”，寻找“自我”，就应该回归大自然，重返人类曾依狩猎为生的“故土”。于是，成千上万的游人怀着探查史前人类生活的兴趣，一次又一次地来到科罗拉多纳的梅萨·沃德国家公园，只因为那里的巨大崖壁下，两千年前曾生活着一个部落，茫茫沙漠、莽莽森林，都成为人们尤其新一代年轻人崇拜的场所。

确实，随着时代的发展，人类的破坏性在某些方面、某些阶段却表现得越来越强，认为自己就是宇宙的主宰，力量就是正义，权力就是权利。于是对自然界疯狂掠夺，对外部环境毁灭性改造，在欲望永无休止的驱使下，人类变得越来越贪婪，越来越丧失理智。当人对善良与理智不再表示尊重，对自然的掠夺和破坏不再感到内疚，对自己的无知与盲动不再感到羞愧时，人类的破坏性与社会文明将成正比，而不是反比。要改变人类的破坏性，必须创造出适合人类健康成长的社会环境，使人们不再做物质文明的奴隶。

我们经历过太多的苦难而变得贫穷，或许，正是害怕贫穷，我们才过于轻信那激动人心的宏伟设想；正是因为轻信，我们又萌生了对于资本、经济与权力的盲目崇拜。而正是这种崇拜，我们又陷入“与天斗其乐无穷，与地斗其乐无穷”的斗争哲学。在“市场经济”大潮中涌现出的对自然资源疯狂索取的过度物质化的不良现象，则使我们经受了一次商品与资本异化的洗礼。

市场经济并非只给我们带来财富与鲜花，同时，也伴随着血泪与荆棘；对大自然的索取与掠夺，并非只有回馈与胜利，同样也存在着惩罚与报复。当我们沉湎于经济高速增长的时候，当我们陶醉于旅游收入翻番的时候，我们是否意识到了德国海德堡大学哲学博士、世界著名的心理分析学家和社会哲学家弗洛姆的提醒：我们正在跟自己的生命敌对。当我们缺乏思辨而盲从时，无论在经济还是文化领域，无论是群体还是个人，无论打着什么样的口号，以多么高尚的名义，承诺多么伟大的目标，到头来都是以对生命和资源的浪费而告终。

现代社会已经运转到“随心所欲”的时代：在技术上没有解决不了的问题，没有实现不了的追求。但是这也是人类最危险的时代。当技术代替人的很多行为时，我们的生活方式在退化，我们的环境在恶化。[①]

3.2.2　认识的偏差——社会学的解释

本节从认识的偏差方面兼谈遗产价值保护与利用中的十个重要理念。

---

① 赵刚．人类的破坏性到底有多大．中国旅游报，2003-03-31．

1. 公益事业？企业产业？——关于遗产事业性质

1994年《中国风景名胜区形势与展望》绿皮书指出：风景名胜事业本质上是一项资源保护型的社会公益事业，主要为满足人们不断提高的物质和文化生活需求，而不是一类经济产业，不以追求和获取最大经济效益（利益）为目的。2012年中国风景名胜区制度实行30周年之际，《中国风景名胜区事业发展公报》再次强调：风景名胜资源属国家公共资源，风景名胜区事业是国家公益事业。它包括三层含义：

首先，风景名胜和遗产资源是国土资源总构成中一类具有特殊意义和价值的不可再生的珍贵资源，它归于全人类所有。国家建立风景名胜区和世界遗产，其根本目的就是运用法定的有效管理体制来对这一资源实施科学保护和永续利用；

其次，作为社会公益事业，它是向全社会提供特定范围的高品质共享性物质和精神的公益服务；

再者，它既是社会公益事业，就不能构成经济产业，不能以追求和牟取最大经济效益（利益）为目的；而只能是以整体提升社会和每个公民的思想境界、道德水准、文化素养、生活品质、环境品质等为目标，不断促进社会文明的发展。

旅游业则不同，它是国家改革开放以来逐步形成、发展起来的一类新兴经济产业——被广泛称为“朝阳产业”、“时代产业”，它的最终目的是追求和获取其最大的经济效益（利益）。改革开放以来，中国旅游业取得迅猛的发展，它作为第三产业，同时又作为产业链极长的产业，拉动和促进了其他相关产业（行业）的发展。在一些旅游地区和地方，旅游业在国民经济中所占比重日渐加大，一跃成为地方经济的支柱产业或主导产业，在地方经济发展中有着举足轻重的地位。

因此，风景名胜区和旅游区有着经济学涵义上截然不同领域范畴的本质区别，绝对不可等同。旅游业作为经济产业，它的发展必然遵循其经济发展规律；而风景名胜区作为特种资源保护型社会公益事业，其开发、利用主要遵循并制约于其自然法则和社会文明要求，尤其在风景区开发达到相当量度后，这一特征（特性）反映就尤显重要和突出。国家对风景名胜区制定的基本方针从以往的“严格保护，统一管理，合理开发，永续利用”到现在的“科学规划，统一管理，严格保护，永续利用”，都强调了以保护为核心的基本观念和科学原则。

2. 特种资源？一般资源？——关于遗产资源性质

世界遗产的定义决定了它的三个特性，即世界性、多样性和独特性：“世界性”强调遗产的世界性突出价值、世界性所有和世界性保护；“多样性”体现在其包容类型几乎涵盖地球上所有自然创造的以及人类创造的精华；“独特性”具体表现在其在世界或国家和地区范围内独一无二的、无可替代的、不可逆的特性，即使现代科技高度发达，也无法提高它的质量或成为其替代品，因此一旦破坏，其原有景观永难恢复。另外，遗产同时也具有符号和象征的作用，是一种历史的积淀。因此，自然文化遗产是一种资源，但是它们是具有公共物品性质的特殊资源。与一般资源相比，其价值不一定要通过商品交换的量的比例即交换价值表现出来，而是其存在本身就是一种价值，一种对人类了解过去、研究现在和预示未来具有重要意义的记录和启示价值。

3. *有偿资源？免费资源？——关于遗产成本*

自然文化遗产具有巨大的价值。根据经济学成本-效益理论，遗产资源被使用时一定是具有成本的。然而，传统价值观念下形成的“资源无价”理论，使开发自然文化遗产资源成为一种无成本或者是低成本的经济行为。这种开发模式必然导致经济效益最大化的趋势，必然导致珍贵的自然文化遗产资源遭到毁灭性的破坏。

问题的根源在于何为“经济效益”？这里有一个重要的观念必须认识。人们通常以利润作为一个主要指标去衡量经济效益，利润则是产品的价值与成本价值之差，问题就出在对“成本”的理解往往是一种“狭义成本”。英国舒马赫在《小的是美好的》一书中将其释为“排除了所谓‘免费物质’，也就是排除了上帝赋予的整个环境——私人占有的部分除外。这意味着，一切活动尽管加害环境，却可能是经济的；而一种竞争活动如果付出一些代价去保护和保存环境，就是不经济的。”也就是说，当代世界经济发展所获得的效益中很大一部分是以污染环境为代价的。要避免这一点，就必须将环境看成有价值的资源，将环境的消耗计入成本的价值。这是一种全新的经济观念，它融合了经济、生态、环境等多学科的成果。例如波兰对树木的价值估算是以其五十年内提供的氧气总量这个长远观点出发的；日本对森林的评价则是从涵养水源、防水土流失、净化大气、保护鸟类、游憩、保障农业等多方面宏观考虑，并有价值估算统计。

问题的难点在于遗产资源成本的隐蔽性和难以估算性，尤其是对于自然生态成本的计算。近年来，国内外许多专家对这种生态系统的服务价值进行了大量量化计算的探索。

20 世纪 80 年代，美国对大峡谷等国家公园进行了“唯一性自然资源”的非使用性价值评估。结果表明，80 年代初期，科罗拉多大峡谷的保护价值（直接使用价值＋存在价值）约合人民币 45～62 亿元/年；[①]而 80 年代中期，其非使用价值（不计

---

① W. D. Schulze, and others. Economic Benefits Preserving Visibility in the National Parklands of the Southwest. Natural Resources Journal, 1983, 23: 149—173.

使用价值)就合人民币 97 亿元左右[1]。而国内薛达元先生在《生物多样性经济价值评估——长白山自然保护区案例研究》(中国环境科学出版社,1997)一书中指出,在长白山 1965km^2 研究范围内,核算 1996 年总经济价值为 73 亿元。其中直接实物产出占 1.15%,直接服务价值占 6.54%,可测算的生态、遗传价值占 24.21%,存在等非使用价值占 68.1%。[2]

另一个很具说服力的评估生态系统服务价值的实验是耗资 2 亿美元的美国"生物圈 II 号"试验。1991 年,8 名科学家进入位于亚利桑那州奥拉库附近的一个用玻璃封闭的、面积为 3.15 英亩(合 1.28ha,19.1 亩)的圆顶结构里,并在那里生活了两年。圆顶屋里面有着各种生态系统,每个系统都是从头开始建造的,包括一个沙漠、一个热带雨林、一个热带平原,一片湿地、一片农场和一个有珊瑚礁的海洋。这些"生态宇航员"与被选来维持生态系统功能的昆虫、授粉生物、鱼、爬行动物和哺乳动物栖居在一起。他们在这个完全同陆地隔离的圆顶屋里生活,所有的空气、水和营养循环都在这个结构里发生。这是迄今为止对一个封闭系统内的生命进行研究的最具雄心的项目。在此之前,从没有这么多活生生的生命被安排在一个完全封闭的结构中。在这个圆顶结构内部,空气质量持续下降。尽管预料二氧化碳含量会有上升,但科学家们却对氧气含量下降感到惊奇。在生态系统维持着生命,并且在某些情况下使其繁衍的同时,也发生了许多奇特的生态现象。蟑螂大量增加,但所幸的是当许多其他的昆虫死亡时,它们却扮演了授粉者的角色。在生物圈 II 号最初居民里的 25 种小型脊椎动物中,有 19 种最终灭绝。到第 17 个月月底,由于氧气含量降低,其中的人类所呼吸的空气其组分相当于 17 500 英尺(5334m,1ft = 0.3048m)高度的空气。这个实验的意义,对不是科学家的人们来说,就是建造这样一个支持 8 个人生存 24 个月都显得困难的功能性的生态系统,需要投入 2 亿美元的资金和世界上最聪明的一些科学头脑。而我们却在每 3 秒钟给这个星球增添 8 个人。另外,它还明白地告知世人:有些资源是不可能用钱买得到的。如果有什么人造的替代品真正可以供给本由自然提供的多样化的益处,那也是极少的。我们无法制造分水岭、基因库、表土、湿地、河流系统或对流层,更不用说创造一个完整的生态系统。自然界非线性系统平衡中十分微小的变化就能够引起关键性的改变,从而把系统导向不均衡和急速扰动,可能再也不能恢复到它的初始状态。经验告诉我们,生态系统正是由类似的触发装置所联系着的。我们

---

① C. W. Clark. Mathematical Bioeconomics, 2 ded. New York: Wiley, 1990.

② 王秉洛. 国家自然文化遗产及其所处环境的分类价值. 中国自然文化遗产资源管理. 社会科学文献出版社, 2001: 27.

必须好好留心关于我们的行为可能造成的后果的科学忠告。人类破坏环境，特别是破坏土壤和森林覆盖，已有相当长的历史。整个地中海地区呈现了因沉积、过度放牧、砍伐森林、灌溉引起的侵蚀或盐碱化等产生的不良后果。在罗马时代，人们能够在树荫之下步行横穿北非沿海海岸，如今那里已是灼热的沙漠。今天人类活动正在引起所有生存系统的全球性恶化。全世界 750t/s 的表土流失和每小时 5000 英亩(2023ha)的森林消失日趋严重。每天 4 万英亩(1.62×10^4ha)的土地荒芜以及目前沙漠化的速度也是不能承受得住的。[①]

因此，正是遗产资源具有可度量的和不可度量的多种价值，对其使用才是有成本的和必须对成本付出回报的。正如当年马来西亚总理穆罕默德·马哈蒂尔博士在槟城热带臭氧和大气变化会议上指出："我们过去一直被衡量经济发展水平的计算方法错误引导，消耗自然资源对于我们来说，这就是资本折旧。当我们进口机器设备和技术的时候，我们必须计算它们的折旧，这种折旧对一个国家来说就是成本，但人们从来没有计算环境资本的折旧。"[②]中国自然文化遗产地出现的违规出售土地、拍卖经营权、股票上市等，正是忽略了或降低了遗产成本所致。

4. 国家财产？地方财产？——关于遗产属性

遗产的普世性价值决定了自然文化遗产是一种国际公共财产资源，或者是国家公共财产资源，而不是一般的遗产所在地的地方财产。

在全球尺度上，生态系统本身及所有包含在其中的生态的、能量的各生物-地球化学的循环都表现为最明显的国际公共财产资源。当利用维持在系统的自然吸收或调整能力以内时，无控制的自由进入不一定构成问题。但一旦超出这个限度，继续利用就将使每个人遭受损害代价，无论任何个人对这些代价的贡献如何。个人利用决策将继续忽视有关的社会代价，而且将产生退化问题。另一种更为不同形式的国际公共财产资源是只在一、两个国家发现，并被国际保护团体赋予很高价值的特殊物种或栖息地、地球演化证据、自然奇观等。中国的大熊猫、塔斯马尼亚西南独一无二的荒野区域及东非猎兽物种都属于这种类型。

国家公共财产资源是指国家遗产为全体国民提供精神文化享受的特殊性质。它们不是哪个地方政府集体所有的，更不是哪个开发公司私有的，它们是国家的，全民的。即使在私有土地占据绝大多数的国外国家公园，一个特定的土地拥有者可能有绝对的财产权，但他不能是唯一的因其土地经营方式而获益的人。一片森

---

① Paul Hawken，Amory Lovins 等著．自然资本论．王乃粒等译．上海科学普及出版社，2000：173．

② 雷明．可持续发展下绿色核算．北京：地质出版社，1999．

林下的土地不仅为其主人提供潜在的木材产品，而且对其他人也很有价值，可作为一种视觉审美、一种娱乐资源、一块野生生物的栖息地、一种土地侵蚀障碍或水流调节器等。在美国，公共土地的准入一直取决于政府的批准，而且通常限制特定的使用者类别。例如，在国家公园里，只允许被动的娱乐形式而一般禁止其他的使用形式。另一方面，大多数国内公共财产资源的准入不是（将来也不会是）对所有人都自由的，而是通过习惯法、公共法令或立法限制在特殊的使用者阶层。比如，自然遗产的核心区就不是每位游客都可以随意进入的，只有少数科研工作者经过批准才能涉足。这也是从另一个侧面更好地保证遗产资源永久完整地世代相传。

但是，我们很多遗产地的地方政府常常把遗产资源视为己有的地方财产而随意出售、出租遗产地的土地、经营权等，土地出租已经成为部分地方政府财政收入的重要来源。而变相的权钱交易、低价转让在严重破坏遗产资源的同时，也使国家和群众遭受巨大经济损失并引发一系列社会问题。

自 1994 年分税制改革后，土地出让金收入基本划归地方政府，实践过程中逐渐演变成地方的第二财政。土地收入在地方政府本级财政收入中占了较大比例，一些城市甚至会超过 50%。2011 年全国土地出让收入曾达到 3.15 万亿元的历史高峰。统计显示，2004—2012 年的 9 年间，土地出让收入占地方财政收入（本级）的比例多数在四成到七成之间，最低的是 2008 的 36.21%，最高的是 2010 年的 71.68%，其余有三年比例超过了 50%，另外四年比例低于 50%。[①] 不少地方政府为获取土地收益，热衷于“低进高出”，追求“以地生财”。用土地牟取暴利，已经成为一些单位和个人“寻租”的手段。而土地市场开发与管理的不规范，导致国家与农民两头受损。与一些地方政府获得高额土地出让金形成鲜明对比，同期的征地补偿费却极少，一些地方截留、挪用征地补偿费现象严重，农民的损失得不到合理补偿，从而引发强烈的农村社会矛盾。[②]

5. *溢出成本与溢出收益——关于遗产的外在性*

溢出成本与溢出收益是经济学上关于资源再分配的两个重要概念。当任何资源被赋以经济用途时，我们说竞争性市场能够自动对资源进行有效配置，但假设前提是每一产品的所有收益和成本都在市场供求曲线中得到以反映。但在现实高层中，并不完全是这样，当某些物品和劳务的生产量“不恰当”或者没能生产某些有经济收益的物品和劳务时，就会出现市场失灵的现象，一些收益和成本不被供求双方享有或承担。

---

① 刘展超，柳九邦. 今年全国土地出让收入有望再超 3 万亿. 第一财经日报，2013-12-30.

② 陈芳. 全国土地收益每年流失百亿. 北京青年报，2003-06-26.

当产品的某些成本或收益不被直接购买或者厂商承担或享有，而是传递或"溢出"给其他方时，溢出效应产生。溢出效应又被称做外在性，因为它是由市场交易外的第三方享有的收益或承担的成本。

其中溢出成本是指由第三者承担而未补偿的生产或消费成本，比如环境污染。当化工厂或屠宰场将其废物排入河流，游泳的人、打鱼的人和划船的人——也许还有饮用水供应商——都要承担溢出成本。当炼油厂排出浓烟污染空气或造纸厂产生令人厌恶的臭气时，社会就要承担没有得到任何补偿的溢出成本。同样，当遗产资源被游客等消费者或者开发商等经营者使用时，遗产的生态、科学等价值的成本因为难以量化计算并没有得到应有的体现（被无偿或低价使用），当旅游服务设施或经营公司在遗产经营时，其经营成本从来不会考虑对遗产资源的损耗。而这些对资源，尤其是生态环境的耗损甚至破坏，则转化为整个社会损失了。

那么溢出成本的后果是什么呢？从经济学上看，成本决定企业供给曲线的位置。当企业通过溢出其承担生产的全部成本相比时，其供给曲线会向右移动，造成产量比社会所要求的高，市场失灵使资源过多地配置到这些产品的生产上。从遗产地看，则因为忽略了遗产环境成本致使经营成本降低，而促使大量宾馆、饭店、索道等商业服务设施以及游客超负荷地拥入遗产地内部。这是造成遗产地商业化、城市化和超载开发的重要原因。

政府可以通过如下两种做法纠正溢出成本导致资源的过度配置和开发。这两种做法都是要使外在性成本内部化，即让生产商承担这些成本，而不是将其转嫁给他人和社会。

第一是立法。在空气和水污染的例子中，最直接的方法是立法禁止或限制污染。这类法规强制潜在污染者为工业污染物的排放支付费用，其基本理念是以法律行动相威胁，迫使污染者承担与生产有关的所有成本。中国风景名胜区管理条例、文物法等也有类似规定。

第二是特种税。这一不太直接做法的基础是：税收也是一种成本，因此也是企业供给曲线的决定因子。正如征收环保费一样，征收遗产资源使用税势在必行。

另一方面，溢出也有可能是收益。在生产或消费某些特定产品或服务时，有可能对社会产生无需支付费用的溢出或外在收益。疫苗使接种者直接受益，同时还会对整个社会产生广泛的溢出收益：疾病减少、医疗费用降低以及整个人民健康素质和生活水平提高，而且发现艾滋病疫苗的社会收益远超过接种者的受益。教育是溢出收益的另一个例子。教育对消费者的收益是“高学历”的人往往比“低学历”的人能获得更高的收入，但教育也给社会带来了收益。一方面，作为一个整体，经济受益于多才多艺、更有生产率的劳动大军；另一方面，防止犯罪、执法和社会福利的支出也会因此减少。溢出收益意味着市场需求曲线只反映了个体收益，低估了总体收益。产品的需求曲线会比所有的收益都被市场考虑在内时更靠左，说明产品的生产数量偏少。换句话说，分配到该产品上的资源不足，这是市场失灵的另一个例子。

而具体对于遗产来说，这种溢出收益反映在遗产不仅具有为游客、科学家、艺术家等服务的直接应用价值，还有为全社会服务的本底价值和为本地区服务的间接衍生价值，而且后两者的收益要比直接价值大得多。从这方面讲，这也是中国国家和各级地方政府对遗产资源保护投入少而开发投入多的重要原因。

怎样对溢出收益产生的资源不足进行纠正？答案是要么补贴消费者（增加需求），要么补贴生产者（增加供给），或者在极端情况下，由政府负责该产品的供给。

第一，补贴消费者。比如为了纠正对高等教育资源配置不足的问题，政府向学生提供低息贷款，以便使他们能接受更多的教育，这些贷款增加了对高等教育的需求。我们可以通过严格规范旅游行业管理（比如控制乱收费），遗产地提供更好更全面的服务，比如非常重要的就是全面展示遗产的科学、美学和历史文化价值而不仅仅是美学价值，从而让游客能更多更好地了解遗产的价值，并有效地促进遗产地知名度的提高和区域经济社会的发展。

第二，补贴生产者。在某些情况下，政府会觉得对特定生产者的资源配置不足给予纠正更为方便，管理起来也更容易。在高等教育上就是这么做的，政府为公立学院和大学提供了很多资金，这些补贴降低了提供高等教育的成本，增加了供给。公共补贴的疫苗接种项目、医院和医疗研究也是这方面的例子。而对于遗产地来说，政府给予更多的研究经费和保护经费也将十分有助于资源的保护利用。

第三，由政府直接负责产品的供给。当溢出收益非常大时，可以采取第三种政策，即政府可以提供资金，或在极端情况下直接拥有和运作所涉及的行业。国外的国家公园由政府统一管理、统筹经营即是很好的例子。因为他们充分认识到了遗产对于全人类过去、现在和将来的巨大溢出效益。[①]

---

① [美]坎贝尔·麦克康奈尔，斯坦利·布鲁伊著．经济学——原理、问题和政策（第14版）．陈晓等译．北京大学出版社，2002：105—108．

6. 资源的所有权？经营权？——关于遗产权属

1996—1997 年，与泰山、黄山、峨眉山、八达岭有关的四家公司上市，掀开了中国自然文化遗产地被迫“捆绑上市”的浪潮。大量地方政府将其所在地由它参与管理的国家自然文化遗产的经营权，通过出租、出让、上市、机构划拨等方式交给旅游开发企业。收购景区经营权的大军中不仅有国有企业的资本、民营企业的身影，甚至出现了外资收购的情况，如：德国阿贝尔勒公司通过持有四川宜宾卡斯特旅游开发公司 49%的股权，间接取得了兴文石海景区 50 年的经营权。[①] 类似的例子非常之多，一股“贩卖山水”的热潮曾经在全国蔓延。这股“贩卖”热潮具有以下特点：

第一是整体性。企业索要的不只是景区内个别的项目，而是一揽子承包整个遗产地或是其核心区的经营。

第二是垄断性。几乎在遗产地内的主要收费如吃、住、索道都要由一家企业专营。

第三是长期性。经营权转让年限多为 50 年以上。

第四是破坏性。几乎所有被出售的遗产资源都遭受了不同程度、不同形式的破坏。

出现这种问题，其根源在于诸多遗产地政府和管理部门的两个基本立论：

第一，既然所有权和经营权可以分离，在国家所有的情况下，我们只不过出让了经营权，以提高经济效益。

第二，所有权和经营权分离可以让公司更好地经营遗产地，从而提供更多的保护资金，促进遗产保护，做到开发和保护“双赢”。

然而，仔细分析，事实却并非如此。

(1) “经营权”的内涵外置和概念模糊

虽然遗产资源的本底价值是旅游经济收入的来源，但是几乎唯一能得到经济回报的途径是“经营”。但在“经营”被简单等同于“收费”时，“经营权”的概念就被扩大成整个资源的“收益权”，而且本该属于遗产资源所有者(全体公民)和另一个利益相关群体(当地居民)的经济收益权利被少数开发商占有，这显然是不合理的。另外，在国家公园发展了上百年的发达国家，得到经营权的旅游开发公司是在严肃的法律和景区规划之下特许经营的，但是中国的自然文化遗产资源管理缺乏细则，不少地方规划可以被政府官员或社会有钱有势的企业集团任意践踏。在这样的前提下，“经营权”又意味着对资源的相当程度的处置权。不难想象，如果将资源处置

① 柴海燕. 旅游风景名胜区城市化的经济学分析. 桂林旅游专科学校学报，2003，14(2).

权搭在"经营权"上转让给一个急于将私人投资的赢利回收的开发商,他们会做怎样的文章? 在一些地方,为什么令人痛心、给国人丢脸的景区"人工化"、"都市化"的开发活动有增无减? 就是因为那些名义上只拿到"经营权"的企业控制了相当一部分资源的处置权! 因此,没有约束的"经营权"实际包括了资源的"收益权"与"处置权",而当收益、处置等权力长期转移到企业手中,国家所有权实际也就被架空了。

(2) 管理机制更加混乱

遗产地原本就存在众多政府职能部门的多头管理,开发公司等经营企业介入后更加剧了这种管理的错综复杂和混乱。1999 年以前,华山的经营权和行政管理权都归华阴市政府下属的华山管理局掌握。当年华山"分家"后,经营权交给了华山旅游公司,而行政管理权依旧归华山管理局。华山旅游公司拥有了经营权后,除收取门票外,还在山上修建了许多宾馆,污染问题由此而来。尽管对华山环保负有责任的华阴市环保局、华山管理局和华山旅游公司,都在积极制定应对污染的措施。然而,就华山从根本上杜绝污染,彼此却显得缺乏信心,似乎都有一本难念的经。其无奈的落脚点都归到手中权限受到的掣肘,即经营权与管理权的分离,让下级的管理部门督促上级的经营单位祛除开发中出现的环保问题,其结果,用一位当地官员的话来解释,这样的监督能有权威性吗? 而更大的一个问题是,被分离经营权的华山管理局事实上退出了对华山具有实际意义的管理。没有了经营权,局里只能采取宏观管理,从真正意义上说,华山的一草一木都不再是管理局的,管理局没有向山上派驻一个人,怎么能管理? 而因为多头管理,华阴市环保局每次上山检查环保都得先到华山管理局开介绍信,然后再到旅游公司换成上山的门票,找这个部门又找那个部门,环保工作十分困难,对遗产的监管作用又怎能实施呢。

(3) 保护管理资金得不到有效的保障

通过经营权的转让,开发公司和地方从自然文化遗产上可能获益不浅,武陵源天子山一条索道的收入相当于一个区全年的财政收入。然而,遗产地的保护管理资金却往往得不到有效的保障。一些地方仅仅想把自然文化遗产当做标签,以做别的文章,没有更多地意识到保护遗产的义务。

(4) 对遗产地公益性质的漠视

企业经营还直接导致了对遗产地公益性质的漠视。一个典型的例子是秦兵马俑博物馆。2000 年 1 月,由于为学生办免费参观专场而遭到了旅游股份公司的指控,这直接损害了遗产教育启智的价值。① 另外,企业进入往往伴随着门票价格提

---

① http://www.people.com.cn/GB/huanbao/57/20020906/816932.html. 人民网:南方周末:世界遗产的疑惑.

高。中国绝大多数遗产地这些年的门票都在大幅度上升。在旅游公司和地方政府为其旅游收入连年高速增长欢欣鼓舞的同时,遗产作为满足全体国民精神文化需求的作用却被极大削弱了。

现在,经过多方调研和呼吁,上市热潮暂停了。建设部也已经明确发文:禁止将风景名胜区转让或者变相转让。但是这也无法阻止各地暗流涌动。因此,遗产地的"社会公益事业"性质应作为一切管理制度的出发点,将遗产地纳入开发公司名下,不是改革,而是与国际遗产事业发展背道而驰的历史倒退。

(5) 资源破坏加剧

当所有权与使用者分离时,根据遗产资源的公共物品性质和经济学上的溢出成本理论,随时会出现更进一步的外部性问题。如果租赁安排仅给了一个有限时期的使用权,那么使用者很可能努力使目前的产出达到最大,而忽视土壤或森林的长期生产力和生态结构的稳定性。换句话说,租用者在其使用权期间只会关心他们自己的个别成本和收益,而忽视其行为的长期社会代价。这样经营的利润是基于巨大的溢出成本,即牺牲社会成本为代价的。另外,自然文化遗产保护利用的科技含量很高,一个根本不懂遗产保护科技的公司往往对遗产带来严重破坏。陕西某旅游公司接管秦始皇陵后,将秦陵封土(俗称坟头)改造为观景台,削顶铺石,切成平台,封土周围改造成洋园林,严重破坏了具有两千多年历史的秦始皇陵的真实性和完整性。

《国务院办公厅关于加强风景名胜区保护管理工作的通知》(国办发(1995)23号)已经明确指出:"风景资源属国家所有,必须依法加以保护。各地区、各部门不得以任何名义和方式出让或变相出让风景名胜资源及其景区土地……不准在风景区内设立各类开发区、度假区等。"因此,出卖所谓经营权甚至变相出卖管理权的做法应该坚决制止。2005 年 9 月 22 日,全国风景名胜区综合整治暨纪检监察工作会议在黄山召开,住房和城乡建设部明确指出了四条不能突破的底线,即:政府的行政管理职能不能有任何削弱,更不能做任何的转移,风景名胜区不能交给企业管理;绝不能在核心景区推行任何实质性的经营权转让;对已经开发、成熟的景点以及其他重要的景点,不允许转让其经营权;风景名胜区的大门票不能让公司垄断,或者捆绑上市。

但是,近些年来,违规出让风景名胜区管理权、使用权、经营权、收益权的现象并未得到根治。在 2012 年住房和城乡建设部开展的国家级风景名胜区保护管理执法检查中,5 个不达标的风景名胜区中有 4 个主要是因为违规将经营权、管理权和门票收取权整体转让给企业行使。而 2013 年的类似检查中,再次发现

1个风景名胜区因为将部分管理职能交由企业行使、门票收入由企业支配而检查不达标。

7. 金山银山？青山绿水？——关于遗产远近利益

遗产的价值是综合的。如果仅仅局限于直接经济价值的攫取，那么追求“金山银山”、“有水快流”的思想必然导致加速开发与获利。这类短期行为者不仅不承认遗产非经济的本底价值，而且也不考虑遗产的长远经济价值。有趣的是，这个看似最缺乏道德基础的行为也披上堂而皇之的伦理：“老百姓都没饭吃了，还要什么保护?”这就是在大部分经济行为中起支配作用的“短路原理”，即在种种可以致富的路径中人们总是倾向于选择那些最直接、最有保障、最快、最便捷的路径，即选择“短”路。但是殊不知，没有良好的自然环境和特色的地方文化，旅游发展何以持续！真实而完整的遗产资源，是遗产地一切发展的基础。我们需要“金山银山”，但首先要有“绿水青山”。

8. 管家？业主？——关于遗产地政府的角色

无论国家推行何种遗产管理机制，作为遗产所在地的政府对遗产保护利用都具有举足轻重的作用。那么，遗产地政府在遗产管理中究竟扮演什么样的“角色”？这是直接关系到各地对遗产保护与利用态度问题的大事。很多破坏行为的发生，与地方政府在遗产管理职能上的错误定位密切相关。借鉴国外的成功经验，美国的国家公园体系包括自然、历史、休闲三大块，共379个单位。美国国家公园的管理者将自己定位于管家或者服务员的角色，而不是业主的角色。他们认为，国家遗产的继承人是当代和子孙后代的全体国民，管理者对遗产只有照看和维护的义务，而没有随意支配和开发的权利。[①] 这种定位有效地减少了以经济利益为中心的错位开发和超载开发。相反，中国许多遗产地政府不是当好保护资源的管家和提供全面展示遗产高品位价值的服务员，而把自己当成了遗产资源的业主甚至是主人，大肆从中渔利，甚至不惜破坏资源。我们遗产事业需要的是管家，而不是业主。

9. 富官，富商，还是富民？——关于遗产受益主体

遗产价值体系的“主体差异性”特点决定了遗产利用和受益主体主要包括了四部分，即国家、地方政府、当地居民和少量开发者。而“利用公平性”特点又决定了其中任何一个利益群体都不应剥夺其他群体合法的经济和非经济权益。但是，中国诸多遗产地的实践却并非如此。突出表现在遗产开发牺牲了国家资源，占用了广大农民土地，最终却主要富了少数开发商以及与之有种种关联的政府管理人员。

① 杨锐.国家公园与国家公园体系：美国经验教训的借鉴：中国自然文化遗产资源管理.北京：社会科学文献出版社，2001：373.

具体体现在：

(1) 经营收入“投资商赚大头，政府和本地人赚零头”

以当初的武陵源区为例，其2001年的全区财政收入比1998年仅增长3800万元，红火的旅游业并没有给张家界政府的财政带来质的飞跃。而运营于1998年的天子山索道，平均日乘坐量约有3000人次，日营业收入达20多万元，于是外地投资方竟用了不到三年便赚回了8000万元成本。电梯修建之后并未给当地带来多大好处，因为投资方把赚来的钱都拿走，不会用在当地的发展建设上，当地大部分农民并没有从电梯的开发中受益，当地人说：“外地客赚大头，本地人赚零头。”①

(2) 经营效益上“富了一家，穷了大家”

景区内有些项目的开发不但破坏景观、污染环境，而且导致旅游总体经济效益的外流和下降，比如很多景区，快速的索道交通使传统的“两日游”(或多日游)缩减为“一日游”，大量游客不必在本地住宿而赶到其他集散地过夜。于是，索道公司赚了钱了，而每位游客少住宿一晚，景区所在服务基地或城市的宾馆、饭店、商场等服务行业收入却极大减少。

(3) 土地开发上“低进高出，农民遭殃”

特别表现在某些旅游服务设施的或水电等开发项目征地等方面，违规、强行、低价征收农民土地的情况屡有发生。在实际工作中，有的地方政府官员却只顾“卖地”，只顾“政绩”，而不顾国家政策和法律，不顾群众的利益，以牺牲土地和农民利益来谋求当地经济发展。

不依法补偿。一些地方政府为应付用地审批，采取弄虚作假的方式，以调低土地年产值来保证补偿倍数合法，以此大幅度降低征地补偿标准。

截留、挪用或长期拖欠征地补偿费。一是征地补偿费在用地单位全额拨付的情况下被地方政府挪为他用；二是地方政府作为补偿主体或部分主体(配套)，在项目急需“上马”又因财政困难拿不出钱补偿的情况下，只有为农民开空头支票、打白条。

低廉的补偿，农民当然不愿意。景区征地补偿成为一个突出问题，多年来因征地引发的矛盾，多与补偿安置有关，由此造成农民与地方政府或建设单位的冲突，甚至导致矛盾激化，影响社会稳定的情况时有发生，也对居民保护遗产资源的自觉性和社会对遗产事业的支持度产生消极的影响。

有的地方政府还以地生财。他们以较低廉的价格从农民手中征得土地后，再以高价卖给开发商建高尔夫球场和高档别墅。

---

① 王骥飞. 张家界天梯停运事件：世界第一梯悬望安全关. 新闻晨报，2002-10-21.

(4) 环境整治上"空了财政，亏了百姓"

一系列的破坏之后的整治是必要的。但是，这种"先破坏，后治理"的模式使得国家、地方财政遭受巨大损失，而这种损失归根结底是广大纳税人的损失，遗产所在地的整体经济和居民生活水平都将受到影响。

10. 政绩工程？泽被世人？——关于遗产利用目的

无论是世界遗产，还是国家遗产，其申报过程都是复杂而困难的。然而其保护之路却更为艰难。决定一处自然文化遗产保存状况的，主要是当地的行政官员。现行对地方官员"政绩"的考核办法，重经济，轻文化，造成他们急功近利，目光短浅。一些地方官员为了取得"政绩"，在申报遗产时表现出极大的热情；一旦获准，或为追求短期经济效益，或为建立"政绩"工程，或为中饱私囊，或为个人的"前程"和狭隘的地方利益，又过分地把目光盯在当地的遗产上，不惜杀鸡取卵，过度开发，有的画蛇添足大搞"修缮"，有的大建人造景观，有的兴建娱乐场所，把好端端的遗产地弄得不伦不类，不仅使其失去价值，面临被列入《濒危名录》甚至被除名的噩运，也给地方造成巨大损失，还严重损害了国家的形象。因此，地方政府的急功近利，追求所谓形象工程、政绩工程和招商引资的政绩等也是遗产破坏的重要因素。

因此，遗产的申报和保护、建设不是哪届或哪位领导的"政绩工程"、"贴金工程"，而是实实在在地把最好的资源交给全人类永久使用的泽被世人和后人的"社会公益工程"、"文明建设工程"。

3.2.3 公地悲剧——经济学的解释

"公地悲剧"理论是1968年由生物学家加雷特·哈丁提出的。哈丁认为许多人共同使用某种稀缺资源的，资源的严重配置不当或滥用就会出现。曼昆在其《经济学原理》中认为"公地"是指公有资源，或者叫"公共品"，是无排他性而有竞争性的物品，也就是这一资源大家都可以使用，人人都可以从中获益，但一个人的使用会减少其他人的使用。另外还不能由市场机制提供，具有不可分性，他们必须以大单位生产，因而通常不能销售给个人。所以这种服务虽然有很大的社会效益，但市场不会将资源用在其上。如果社会需要这些产品，必须由公共部门来提供，用税收的强制手段为其融资。[1] 自然文化遗产作为一种社会共有的自然和文化遗产，具有

① 曼昆. 经济学原理. 生活·读书·新知三联书店、北京大学出版社，1999：230.

某种“公地”的性质，其使用者由三部分人构成：一类是以科学工作者为主的非游客；一类是游客；还有就是投资经营者。

对于以科学工作者为主的非游客而言，由于数量少而且持有为社会服务的公益目的，他们对遗产资源的使用是应当的，无破坏的。

对于游客而言，每一个人都可以不加限制地(或付出较低费用)自由出入、观光游览，都可以享受风景名胜带来的诸般好处，排他性很低。但自然文化遗产地是竞争性物品，其承载力和容入量是有限的，一旦游客过多，就会破坏景区的生态环境和整体的景观美。也就是说，超过一定限度时一个人使用会减少其他人的使用，因此具有竞争性。

对于投资者(包括当地政府、居民、旅游业经营、政府实权部门)而言，他们有些只支付少量的土地有偿使用费，有些完全凭借政府单位自身的权力和国有资源管理者的身份，都可以随意搭建旅游设施，甚至是在核心景区兴建宾馆、酒店、停车场等。虽然旅游设施的乱建，使景区显得混乱不堪，景区的生态环境遭到一定的破坏，吸引力也开始有所下降。但对每一个投资者来说，他从旅游设施的经营中获得了很丰厚的收益，而景区环境破坏带来的延滞成本却是大家平摊。且各个投资经营者之间还存在一种类似于著名的“囚徒困境”的博弈关系，每一方都认为，如果自己没有使用或建设，总会有其他的人捷足先登，既然总会有人来做，为什么我不能先下手为强呢。[①] 这样一来，自然文化遗产必然招致灭顶之灾，“公地的自由毁掉了一切”。

湖北省通山县九宫山国家风景名胜区，山势挺拔、峻秀，尤其可贵的是山顶之上天然形成了一座高山平湖——云中湖。早些年，湖北省有关单位及居民相继在云中湖畔修建疗养院或休养所、宾馆、家庭旅馆，盛夏时节，还有许多游客观光避暑，致使山上水源吃紧，云中湖水位直线下降，加上大量生活污水排入云中湖，使这一高山平湖变成死水一潭。即使如此，仍有不少疗养院或休养所在破土动工，山上小镇已成夜夜欢歌的闹市。[②] 这就是风景名胜区“公地”性质而酿成的“公地悲剧”，类似的例子还有很多。因此，风景名胜区因其“公地”性质而带来的多种破坏现象已是中国风景名胜区在开发和建设过程中普遍存在的现象，严重影响了景区的价值和可持续发展，必须采取有力的措施加以解决。

---

① V·奥斯特罗姆，D·菲尼，H·皮希特编.制度分析与发展的反思——问题与抉择.北京：商务印书馆，1996：85.

② 李利明.双赢，还是同归于尽？经济观察报，2002-04-29.

3.2.4 权力失衡——行政管理学的解释

一旦某些政府职能部门或者驻区单位将自己定位成遗产的业主而不是“管家”或“服务员”，而且游离于舆论、民众和制度等有效监督之外时候，他们手中的权力就会演变成优先开发遗产资源的“敲门砖”，保护自身集团小利益的“护身符”，甚至是破坏资源的“始作俑者”。这种权力失衡的现象在中国遗产地普遍存在而且危害极大。

1. 职能部门带头建

有些专家曾一针见血指出，“造成自然遗产景区破坏的，第一是部门割据，第二是地方割据。我们管理部门自身的破坏，是最根本的破坏。”据了解，很多旅游设施，如宾馆饭店，都是属于这个部、那个厅或是某个局的，都往往属于“政府行为”，是“官方”造就了风景地的破坏。2001 年，普陀山当时全山 45 家宾馆饭店，有 38 家分属财政、公路、粮食、电影、供销、自来水、银行等政府管理部门，床位 4108 张，分别占全山总旅馆数的 84%，占床位总数的 75%。其中政府直属各类局机关的高中档宾馆就有 27 家，占到了宾馆酒店总数的 61%。他们不仅利用部门权力，占据核心区，而且不计收益，主要为部门内部接待专用。这使得这些宾馆会在很大程度上依靠上属部门，无视市场经济规律，即使亏损也长期存在，不仅极大干扰了市场对现有设施、服务的自发调节状况，也严重剥夺了公众的进入和游览权。[①]

由此可见，职权的滥用和利益的贪婪，不仅给自身带来极大破坏，更严重的是“占山为王，画地为牢”的做法极大破坏了市场经济本身规律，使得整个服务行业失去调控。因此，政府职能部门带头乱建、带头经商的行为，是诸多自然文化遗产地城市化、商业化的源头之一，也是遗产地建设管理、整治改造中的老大难之一。

“衡山苍苍入紫冥，下看南极老人星。回飙吹散五峰雪，往往飞花落洞庭。”南岳衡山是中国第一批国家重点风景名胜区，主峰祝融峰海拔 1300.2m。亚热带季风湿润气候，热量充足，光照充裕，无霜期长；雨量充沛，水热基本同季，雨旱季较明显；四季分明，季风明显。年平均气温 17.5℃，平均降水量为 1400mm。其森林植被是目前中国孤山丘陵地貌区保存比较完好的少数地区之一，植被覆盖率在 90% 以上，植物种类丰富，已记录高等植物 249 科、869 属、1843 种(含种下等级)。因其较高的海拔、“秀冠五岳”的优良生态环境以及上应北斗玉衡、下有养生仙境而被誉为“中华寿岳”，历史上一直是江南著名的佛教、道教、儒教名山以及避暑胜地，建

---

① 北京大学世界遗产研究中心.普陀山国家风景名胜区总体规划，2002.

国后在山上主要登山道沿线兴建了不少部门的招待所、宾馆等住宿设施，对衡山景观生态造成严重影响。2008年，衡山启动世界遗产申报研究工作，为了更好地整治风景区环境，在湖南省委省政府以及衡阳市、南岳区等各级政府大力支持下，拆除属于林业、公安、旅游等多个部门的宾馆及办公场所28处(图3-10)，建筑面积5.59ha，衡山面貌焕然一新。

图3-10　衡山古松招待所被拆除前后的环境对比

图文资料提供：南岳衡山管理局

（古松招待所坐落在祝融峰景区，建于1995年，拆除前拥有78个床位，建筑面积936m²）

2. 招商引资失原则

将民间资本或社会闲散资本引入风景名胜区的特许经营运作，对解决风景名胜区建设与保护过程中资金不足的问题确有好处。但是，一些把遗产视为“摇钱树”而急于开发但又自身财力有限的地方政府，在怀揣巨资的开发商面前抛弃了规划，失去了原则，打着“彻底解放思想，加大改革力度”的旗帜，喊着“提供一切优惠条件，全力招商引资”的口号，老板要什么给什么，要哪儿给哪儿，还以种种手段强行要求遗产管理部门和相关的土地、工商、税务等部门“一路绿灯”，违章放行，加快办理各项手续，想方设法使违法的开发合理化、合法化。结果呢？抛开其中种种权力腐败不说，一旦经营性企业通过合法的方式获得了景区长达几十年的经营权，甚至自主开发新景区的权力，后果将不堪设想。因为它们介入景区开发是为了牟利，并不是单纯出于风景名胜区和遗产长远发展的善意。这种侧重商业运作的开发，难免会出现短期行为，如超景区承载能力的大量纳客，为满足游客的市场需求在景区内随意兴建现代宾馆、酒店、索道、电梯等现代建筑，必将造成“景区城市化”现象的进一步蔓延与扩散，景区形象和整体景观受到影响，加速景区生命周期的衰退，有违遗产资源可持续发展的宗旨，也使旅游业的长远发展受到影响。而一旦有类似的情况发生，地方政府往往会选择与资本站在同一条战线，因为地方政府考虑的是迫切希望将旅游作为支柱产业做大、做活、做强，是地方经济的发展，是就业人口的多少，至于景区是否城市化，是否超负荷运行，也只能睁一只眼，闭一只眼。他们将景区全部价值以及经济赢利潜力预支给开发商，作为换取资金的捷径。

3. *宗教用地问题多*

俗话说"自古名山僧占多"。目前，在世界遗产地和各级风景名胜区中，确有不少历史上的宗教活动地，宗教文化也成为了遗产地人文景观的重要构成内容。中国著名的历史宗教地突出的双重性特征是：既为宗教圣地，又必是秀山胜水之佳境，方能构成寺庙建筑、宗教文化与自然山川、生态环境的完美结合。对于这些历史地位影响较大且至今仍存在的著名宗教文化、宗教建筑，作为一类历史人文景观，理当加以保留和利用。然而近年来一些风景名胜区和遗产地却出现了许多与遗产保护甚至宗教本身并不协调的问题：

第一，违背历史，破坏环境，随意建设。原本在历史上并无大的寺庙或者曾经为著名宗教地，却也东施效颦般大动土木，建寺立庙，随心所欲地在游览区内乱塑露天佛像或凿岩成佛。有些当地农民集资兴建的寺观在风格、色调、体量等方面与历史和环境更是格格不入，并到处设坛置案，投币入瓮，诓骗钱财，占卜、算命者也大肆乘势而入，大搞愚昧迷信活动，弄得风景内和遗产地内乌烟瘴气。还有个别导游和讲解人员，故意蛊惑误导，不去介绍该地宗教文化的渊源、寺庙的历史地位和建筑艺术价值，却通篇宣扬神化和迷信的意识，把风景宗教圣地变成了愚化宣传泛滥之所。上述现象，不仅严重损害了遗产地整体形象，破坏了遗产环境及自然景观面貌，也是对纯正宗教文化的玷污，对国家宗教政策的曲解。

图 3-11 破坏环境的寺庙附属设施（作者摄于 2002-11）

图 3-11 示出未履行报批手续改扩建的某风景名胜区寺庙旁又新建了大面积的寺庙接待服务等辅助用房，使得原本就用地狭小的山顶显得更为拥挤，同时也严重阻碍了俯视山下美景的视线和山顶游线的组织。

第二，新建扩建宗教建筑缺乏规划审批和监督。未经景区主管部门批准，私自改建扩建，或者超越规划允许条件肆意扩大建筑面积和体量。或者新修建筑在与环境的融合方面没有继承历史建筑因地制宜、巧妙安排的特点。原地恢复的寺庙建筑在用地范围、体量等方面普遍突破原有规模，造成景观的破坏。

以上问题的形成，与宗教部门脱离于自然文化遗产管理权限以外密切相关。与此类似的还有遗产地内的军事用地和军事单位，其存在对遗产的统一管理来说也可能造成影响较大的老大难问题。

3.2.5　监管失效——法律上的解释

1. 体制不顺

正如前文所说，多头的管理是遗产保护监管失效的重要原因。没有一个国家有着中国这么多的遗产管理机构，尤其当一处遗产地拥有很多头衔的时候，谁该对遗产负责？

一些以前没什么“婆家”的新遗产地，则是直接由当地政府管理。国家遗产名义上属于国家所有，但是各级政府都可以参与遗产的管理，这是中国遗产管理混乱的一个重要原因。哪一级政府能代表国家管理遗产？这是又一个模糊问题。更不用说有些遗产地“几乎是乡镇管理水平”。

2. 法规滞后

从国外代表性国家涉及国家公园的法律法规来看，国家公园的立法形成了体系：横向和纵向两个方面。

横向立法是指国家层面上涉及国家公园内相关的自然环境与历史文化其他立法。从世界保护地体系发展来看，各国对于自然环境和历史文化的保护意识都上升到了国家层面，设立了很多相关的法律法规(表 3-4)。

表 3-4 与国家公园相关的横向立法

国　　家	涉及国家公园的立法
美国	《国家环境政策法》、《美国印第安人洞穴资源保护法》、《土地与水资源保护法》、《露天采矿与恢复法》、《联邦水资源控制法》、《濒危物种法》、《美国综合环境反应、赔偿与责任法》、《野生动物保护法》、《考古资源法》、《考古及历史法》、《水资源污染控制法》、《海岸地区管理法》、《国家历史法》、《矿产租赁法》等
加拿大	《历史运河保护法》(1985)、《历史铁路站保护法》(1985)、《历史遗迹和古迹法》(1985)、《物种保护法》(2003)等
日本	《自然保全法》、《濒危野生动植物物种保存法》、《规范遗传基因重组方面的生物多样性保护法》、《文化财产保护法》等
英国	《野生动物和乡村法》(1981)、《国家公园苏格兰法令》(2000)、《乡村权利法案》(2000)等
希腊	《森林发则》(1929)、《狩猎法》(1939)、《考古法》(1950)等
澳大利亚	《风景区保护法令》(1915) 、《野生动植物法令》(1957) 、《环境保护法案》(1974)等

国家公园的纵向立法是专门针对国家公园所立的法律法规，分为三个层次：国家层面的核心立法、公园层面的管理法和专业性法规。从美国和加拿大立法发展历史来看，伴随着单一国家公园的建立，设立了公园层面的法律法规，然后随着公园体系的形成，立法向国家层面发展，设立了国家公园的核心法律，使得国家公园具有了国家性的地位，定义了国家公园概念、明确国家公园建立的目的和国家公园确立程序以及国家公园管理的各项事宜等内容。随着国家公园的资源保护和利用趋于专门化，专业性详细法规应运而生，对国家公园的保护和管理提出了非常明确的规定。因此，国家公园三个层次的立法体系的建立和完善是一个国家国家公园立法发展程度体现的标准。从代表性各国来看(表 3-5)，美国和加拿大形成了三个层次的立法体系 ，尤以加拿大立法体系最为完善。

表3-5 针对国家公园的立法

国 家	国家层面核心法律法规	公园层面法律法规	专业性法律法规
加拿大	《加拿大国家公园法》(Canada National Parks Act,1930)	《落基山公园法案》(1887)等"一园一法"	《国家公园飞行器准入规定》(National Parks Aircraft Access Regulations,1997)、《国家公园建筑规定》(National Parks Building Regulations,1980)、《国家公园业务规定》(National Parks Building Regulations,2000)、《国家公园内露营规定》(National Parks Camping Regulations,1980)、《国家公园内家畜规定》(National Parks Domestic Animals Regulations,1998)、《国家公园防火规定》(National Parks Fire Protection Regulations,2003)、《国家公园内捕鱼规定》(National Parks Fishing Regulations,2003)、《国家公园内垃圾规定》(National Parks Garbage Regulations,2001)、《国家公园公路交通规定》(National Parks Highway Traffic Regulations,1996)
美国	《组织法》(The Organic Act,1916)、《国家公园系统管理法》(National Park Omnibus Management Act,1998)	《黄石国家公园法》(1872)等"一园一法"	《公园志愿者法》(Volunteers in the Park Act,1969) 《国家公园及娱乐法》(National Park and Recreation Act,1978) 《一般授权法》(General Authorities Act,1970) 《改善国家公园管理局特许经营管理法(1998)》等
英国	《国家公园和乡村法案》(the National Parks and Access to the Countryside Act,1949)、《环境法》(Environment Act,1957)		
日本	《自然公园法》(Natural Parks Law,1957)		
	1957		
希腊	《国家公园法》(1937)		
澳大利亚	《国家公园与野生动植物法令》(1967)		
南非	《国家公园法》(1962)		

涉及中国风景名胜区管理的横向法规很多,如《中华人民共和国宪法》、《中华人民共和国城乡规划法》、《中华人民共和国环境保护法》、《中华人民共和国野生动物保护法》、《中华人民共和国森林法》、《中华人民共和国土地法》、《中华人民共和国海洋环境保护法》等,其中有很多规定都涉及风景名胜区及景区内的各种资源。例如《中华人民共和国城乡规划法》第三十二条规定:"城乡建设和发展,应当依法保护和合理利用风景名胜资源,统筹安排风景名胜区及周边乡、镇、村庄的建设。风景名胜区的规划、建设和管理,应当遵守有关法律、行政法规和国务院的规定。"《中华人民共和国文物局保护法 》第二章第十七条规定:"文物局保护单位的保护范围内不得进行其他建设工程或者爆破、钻探、挖掘等作业。但是,因特殊情况需要在文物局保护单位的保护范围内进行其他建设工程或者爆破、钻探、挖掘等作业的,必须保证文物局保护单位的安全,并经核定公布该文物局保护单位的人民政府批准,在批准前应当征得上一级人民政府文物局行政部门同意。"《中华人民共和国环境保护法》第二条把风景名胜区与大气、水、海洋、土地、矿藏、森林、草原、野生动物、自然古迹、人文遗迹、自然保护区、城市和乡村等一起列为保护对象;第三章第二十三条规定:"城乡建设应当结合当地自然环境的特点,保护植被、水域和自然景观,加强城市园林、绿地和风景名胜区的建设。"

而针对风景名胜区的纵向立法则分为三个层次:中央立法、部门立法和地方立法。

中国风景名胜区的核心法规是《风景名胜区条例》。1985 年,为了加强和规范风景名胜区工作,国务院颁布了《风景名胜区管理暂行条例》,设立了风景名胜区保护和管理制度。随着中国改革的深化和社会主义市场经济的发展,2006 年 9 月,国务院颁布了《风景名胜区条例》,对风景名胜区的设立、规划、保护、利用和管理做出了全面规定。

除了《风景名胜区条例》以外,建设部还颁布了《风景名胜区环境卫生管理标准》(1992)、《风景名胜区建设管理规定》(1994)、《风景名胜区安全管理标准》(1995)、《国家重点风景名胜区规划编制审批管理办法》(2001)、《国家重点风景名胜区总体规划编制报批管理规定》(2003)、《建设部关于做好国家重点风景名胜区核心景区划定与保护工作的通知》(2003)、《建设部办公厅关于开展国家重点风景名胜区综合整治工作的通知》(2003)、《国家重点风景名胜区审查办法》(2004)、《国家重点风景名胜区审查评分标准》(2004)、《国家级风景名胜区综合整治验收考核标准》(2007)等专项规定。

中国诸多省、市人民政府和遗产地也制定了许多地方性法规或规章,如《云南省风景名胜区管理条例》、《山东省风景名胜区管理条例》、《大连市风景名胜区管理条例》、《杭州西湖风景名胜区管理条例》、《南京市中山陵园风景区管理办法》等。

但是，中国目前还没有专门针对遗产的统一立法，讨论许久的《自然遗产法》也在一片争议声中暂时搁浅。

3. 规划迁就

风景名胜区、遗产规划由编制、审批到逐步实施的过程，就是在坚持严格保护的前提下，对资源加以系统整合、科学组织和更好地实现合理有序开发，确保永续利用的最有效的科技控制手段。实践证明，科学编制并认真执行实施了规划，既有效地保护了风景资源，避免了不适当的和破坏性的开发，又促进了风景名胜区的合理开发建设，有力地推进了风景名胜区事业和地方社会经济的发展。但是，有些规划在编制过程中，过分迁就地方短期利益甚至少数开发商利益，过分迁就现状，过分偏重开发偏重项目，对应该坚决保护的资源和地带没有提出明确控制要求，违反自然生态规律和历史文化环境而一味缩小核心景区或核心区范围，整个规划分析不透，原则不实，态度不明，目标不清，措施不力，因而对遗产资源的整体保护和长远发展带来错误导向，留下长久隐患。

4. 执法不严

实际执法工作中，从国家主管部门到地方管理部门，对现行法律法规还存在执行不力的情况。比如面对“贩卖山水”的热潮，建设部于 2001 年 3 月底在《关于对四川省风景名胜区出让、转让经营权问题的复函》中说，任何地区、部门都没有将风景名胜区的经营权向社会公开整体或部分出让、转让给企业管理的权力。但此后，“贩卖山水”之风并未戛然而止，反而越烧越旺。

2010 年 11 月 26 日晚，央视新闻频道《东方时空》曝光南京中山陵私建别墅群，记者在采访时遭到武力威胁，要求删除拍摄画面，称“别墅群是军事管理区，拍摄可能泄露国家机密”。报道后，南京市政府高度重视，房产、规划等多部门介入调查，最后确认该地已不是军事管理区，项目属于地方企业行为。2010 年 12 月 31 日，南京市政府发出通告，对有关媒体所报道的中山陵内山庄涉嫌违规翻建做出初步处理意见：经调查该别墅确属违规翻建，现已全面停工，接受调查处理，并将按照规定接受处罚。事件从媒体曝光到政府处理应该说进展迅速，但值得回味的是，南京中山陵风景区从 2004 年开始就明确禁止商业开发，但该山庄地处中山陵核心景区，大兴土木、扩建别墅群的时间持续了一年多，为何直到媒体公布于众后才得以及时制止？也许我们从有关管理部门在此过程的表态可以看出一丝端倪。开发公司表示，16 栋别墅均为私人产业，手续合法，两证齐全。因历史原因，砖混和砖木结构并存,外楼梯和内楼梯共处,平屋面与坡屋顶风格各异,与中山陵景观和大环境极不相称。同时,由于中山陵地区白蚁蛀蚀严重,部分房屋已成为危旧房,因此,别墅业主决定自行出资进行翻新,委托公司统一设计为二层半的民国建筑风格小楼,统一施工,配合中山陵的环境整治、景观改造。此次翻新基本遵循原地、原址、原面积的原则,各家自行按实结算委托代建费用。有关军区房地产管理局表示,所涉及的16栋别墅用地,1993年经总部批准,与地方房地产公司合作建房,目前已不是军事管理区,这家公司开发项目是地方的企业行为。市规划部门表示,截至目前,我们没有受理过任何有关紫金山庄扩建的相关文件,已经可以确定,这是违建。市房产管理表示,如果没有通过规划审批,私自扩建的房屋,绝不可能在房产局备案进行公开销售,这样的房屋是不能进行交易的,房主也不可能拿到两证。而作为中山陵风景名胜区直接管理部门的中山陵园管理局则很无奈,表示这个项目并没有根据相关管理条例向该局申报,他们先后下过4次违建《停工通知书》,要求其停工,但对方一直称是军事基地,不予配合①。政府相关管理部门在事后都很快地表态,说明这是一起严重违规行为,态度很鲜明,但是,社会关心的不是事后表态,而是这么长的过程中对这种明显的违规行为又采取了什么有效的措施!

这几年,随着国家对生态文明建设的重视,主管部门加强了对遗产地的执法检查以及监测预警,并将检查结果通过舆论媒体公布于众,对中国遗产保护起到了积极作用。

---

① http://www.house365.com/d0t1l2p3/1000000/2010/12/28/182224/.365地产家居网:隐蔽扩建违建1年 中山陵景区的"神秘楼盘".

第四章　中国自然文化遗产保护利用的原则

1987 年联合国世界环境与发展委员会提交联合国的《我们共同的未来》报告和 1992 年巴西的世界环境发展会议通过的《21 世纪议程》提出可持续发展的思想时，得到了全世界各国政府和人民的普遍赞同。由此，可持续发展也成为区域发展的主题和基本原则；实现人口、资源、环境、经济发展(PRED)相协调是区域发展的主要目的。人类不能仅仅为了生产和发展，而且要看到未来的生存；不仅为了这一代人的生存发展，而且还要为下一代人留有生存和发展的可能；不能因为发展而破坏生存空间，而是要优化生存空间，使人类社会得到更好的发展。自然文化遗产作为人类优美自然生境和悠久历史文明的杰出代表，其本底价值必须得到真实完整的保护，直接应用价值的利用必须是综合的、适度的，而间接衍生价值却是可以大力开发利用的。

4.1　严格保护本底价值——真实性和完整性原则

4.1.1　真实性和完整性的内涵

真实性和完整性(authenticity and integrity)是世界遗产的衡量标准和严格要求，在《实施世界遗产公约的操作指南》有明确规定。它也是各类遗产保护的关键和核心。

1. 真实性

“真实性”要求遗产，尤其是文化类遗产在外形与设计、材料与质地、用途与功能、传统技术和管理体系、环境和位置、语言和其他形式的非物质遗产、精神与感情以及其他内在和外在因素是真实的。比如历史名城，应加强对其建筑重要性的认识，城市的历史、空间布局、结构、材质、形式和建筑群的功能应该能反映出文明和文明的延续。真实性的内涵十分广泛，从具体材料到整体外形，具体位置到精神感觉，内在功能到外在环境，物质遗产到非物质遗存，都提出了很高要求。另外，必须具备足够的立法和(或)传统的保护及管理机制，保证被提名的文化遗产有足够的物质保护，且根据要求，保证它的存在、修复和强化。

2. **完整性**

完整性用来衡量遗产，尤其是自然遗产及其特征的整体性和无缺憾性。因而，遗产完整性需要满足以下特征：包含表现遗产突出普遍价值所需的所有要素；有足够大的规模范围以确保完全传递遗产重要性的所有特征和过程；遗产开发或废弃带来的负面影响能得到控制。

此外，依据标准(i)至(vi)申报的世界遗产，其物理构造和(或)重要特征都必须保存完好，且侵蚀退化得到控制(将完整性条件应用于依据标准(i)和(vi)的申报的遗产之例正在开发)；所有依据标准(vii)至(x)申报的遗产，其生物物理过程和地貌特征应该相对完整，包括依据标准(vii)申报的遗产应具备突出的普遍价值，且包括保持遗产美景所必需的关键地区；依据标准(viii)申报的遗产必须包括其自然关系中所有或大部分重要的相互联系、相互依存的因素；依据标准(ix)申报的遗产必须具有足够的规模，且包含能够展示长期保护其内部生态系统和生物多样性的重要过程的必要因素；依据标准(x)申报的遗产必须是对生物多样性保护至关重要的遗产。①

对于完整性，结合相应十条自然遗产标准的示例，《实施世界遗产公约的操作指南》中作了详细的解释，比如：符合地学价值标准的一个"冰期"地区，应包括雪线以上部分、冰川以及切割形态、沉积物和外来物(例如冰槽、冰碛、先锋植物等)；一个火山地区，应包括完整的岩浆系列、全部或大多数种类的火山岩和喷发物；具有生态环境价值的一个热带雨林地区应包括一定的海拔层次、一定数量的海平面以上的植被、地形和土壤类型的变化、斑块系统和自然再生的斑块；同样，一个珊瑚礁应包括诸如海草、红树或其他调节珊瑚礁养分和沉积物输入的临近的生态系统。风景价值在于瀑布的自然遗产地，应包括相邻集水区和下游地区，它们是保持景点美学质量的不可分割的部分。对于保护生物物种的自然遗产而言，一个保护大范围植物种类的遗产地应该足够大，能够包容最关键的、足以保护各种稀有资源的栖

① 实施《世界遗产公约》操作指南，2012.

息地；对于那些包括各种迁居性物种、季节性繁殖和筑巢的物种的地区以及迁徙路线，不论它们位于何处，都应该给予足够的保护。

由此可以看出，遗产的完整性至少包括了三个方面，即要素的完整性、空间的完整性和管理的完整性。对于文化遗产，建筑、城镇、工程或者考古遗址等应当尽可能保持自身组分和结构的完整，与其所在环境也是完整一体的。可以看出，完整性的原则保证了遗产的价值，同时也为遗产保护划定了原则的范围，有助于确定遗产地管理的目标。

真实性原则同样也应该适用于自然遗产。比如保存自然生态原生环境的真实性，禁止外来植物、生物物种的引入等等。在遗产地引入非地带性植物绿化或改变林相、引进外来草种铺设草坪绿地、引入外来鱼种水产养殖等都是有违遗产真实性原则的。

4.1.2 真实性和完整性的关系

真实性与完整性密切联系。其中真实性是核心，是精髓；完整性是真实性的必要保障。真实性与完整性的结合，意味着不仅要部分真实，同时要全部真实；不仅总体要真实，同时细节要真实；不仅遗产本身要真实，而且遗产的环境及氛围要真实。因此，对真实性与完整性的理解与处理是整个遗产保护管理的关键。

自然文化遗产，是大自然馈赠给人类的不可再生的珍贵礼物，是属于整个地球及人类的共同财富，不可以随意“开发”、“建设”，更不能随意“打造”。进入遗产名录，就意味着必须接受相关的国际公约准则和国家法规的约束，既有权享受由此所带来的各种权益，又必须承担起相应的保护责任。当保护遗产和经济收益发生矛盾时，需以保护为前提。遗产的本底价值作为一种永久保存的存在性价值，不应该受到丝毫损害。因此，无论世界遗产还是国家遗产，都必须遵循真实完整的原则予以严格保护。只有这样，其直接应用价值和间接衍生价值才能被永续利用。

洛阳龙门石窟周围的环境曾经多年是人人头疼的老大难问题。过境的公路、嘈杂鼎沸的来往车辆、拥挤的违章建筑和脏乱的市场环境把石窟的景观破坏得杂乱无章，石窟的完整性和真实性也受到极大威胁，虽屡经专家呼吁、各级业务主管部门干预，甚至全国人大考察团检查督促，但都不能彻底扭转局面。在申报世界遗产过程中，政府下大决心投入经费上亿元一举拆除了南门外的中华龙宫、环幕影城、部队营房，北门外的违章厕所、商业用房等大型不协调物和许多其他杂乱建筑，搬迁了景区入口处的农村住户，恢复了绿地，美化了环境，使龙门石窟的环境景观与真实性和完整性实现了高度的和谐统一。

图 4-1 整治后的龙门石窟景区入口

（原先这里是拥挤的商铺、凌乱的村宅、庸俗的娱乐设施、鼎沸的过境交通，申报世界遗产整治后面貌发生了巨大变化）

4.2 适度利用直接应用价值——综合效益原则

正如前文所述，基于科学、美学、历史文化等本底价值基础上的自然文化遗产的直接应用价值包括了科学研究、教育启智、山水审美、旅游休闲、实物产出等 5 大类 9 个小类。这些价值是对遗产资源的直接使用，因此必须充分考虑资源的保护要求，因此其利用必须是适度的，不能超载开发。而这些价值又是直接经济效益最为显著的部分，因此其利用又必须是综合的。具体包括功能综合利用、产品综合开发和产业综合发展三个主要方面。

4.2.1 功能综合利用

直接应用价值的多样性决定了遗产地功能的多样性。但是我们现在很多遗产地仅仅利用了资源的山水审美功能中的最低层次的悦形功能，而对科学研究和文化展示、体验等功能综合利用或挖掘不够。

武夷山风景名胜区是首批国家重点风景名胜区，面积 79km^2，属典型的丹霞地貌，发育典型的丹霞单面山、块状山、柱状山临水而立，千姿百态。"三三秀水清如玉，六六奇峰翠插天"，构成了奇幻百出的武夷山水之胜。中国古代的李商隐、范仲淹、朱熹、陆游、辛弃疾、徐霞客等名家都在武夷山留下各自的墨宝。武夷山也是首批国家级自然保护区，分布着世界同纬度带现存最完整、最典型、面积最大的中亚热带原生性森林生态系统，是中国小区域单位面积野生动植物种类数量最为丰富的地区之一，也是全球生物多样性保护的关键地区。山与水完美结合，人文与自然有机相融，秀水、奇峰、幽谷、险壑等诸多美景，悠久的历史文化和众多的文物古迹使武夷山蜚声中外。1999 年，武夷山成为世界文化和自然双遗产。

突出的价值促进了武夷山旅游业的发展。2006 年游客 223 万人次，门票收入 6736 万元；2011 年，游客达到 366.7 万人次，门票收入 7916 万元。

除了旅游外，武夷山还充分发挥了文化展示的功能，兴建了市博物馆等大量文化设施，不仅进行文物发掘、整理、研究、保护，而且成为了武夷山市的一个对外宣传窗口和爱国主义教育基地，在弘扬武夷山历史文化和激发人们爱我中华的热忱上，发挥了积极的作用。参观博物馆的中外游客接踵而至，一些党和国家领导人也前来参观。

作为"福建省青少年科技教育基地"、"福建省科普教育基地"、"全国青少年科技教育基地"、"全国科普教育基地"，武夷山还充分发挥了自身科学研究和科普教育的功能。1999 年，经国家林业局、国家发展计划委员会、国家科委确定，在黄溪洲建立了中国当时唯一一个中亚热带常绿阔叶林定位研究站，开展了森林生态系统功能、森林水文、森林土壤、植物群落监测和气象等方面的研究，相继出版了《武夷山研究 · 自然资源卷》、《武夷山研究 · 森林生态系统 I》、《武夷山保护区叶甲科昆虫志》等学术文集，并在多种刊物上发表了一大批学术论文。此后一直与高等院校和科研机构合作，开展资源保护、研究和监测工作，并通过夏令营等活动开展青少年科普教育。

另外，为了更好地保护遗产地资源，从 2009 年 6 月 1 日起，武夷山国家级自然保护区停止开展大众旅游活动，不再销售旅游门票，进入保护区进行科学考察也被要求提前办理审批手续。

4.2.2 产品综合开发

产品包括开展旅游景区和旅游项目两方面。体现遗产地直接应用价值的产品不能仅限于传统景区、传统的观光游览，更需要开发新景区，并依托遗产地，在周边因地制宜地开拓消费弹性系数高、效益好、又不以损害环境为代价的休闲度假、科普修学、文化体验、生态健身、商务旅游等多种具有地方特色的旅游产品。

云南石林风景名胜区是首批国家重点风景名胜区，由大小石林、乃古石林、芝云洞、月湖、奇风洞、长湖、大叠水等7个景区组成，保护区面积350km²，它以奇异独特的岩溶地貌自然景观及丰富多彩的民族风情而蜚声海内外，不仅具有突出的美学价值，还有重要的科学价值和历史文化价值，是云南旅游的龙头之一。但在2007年列入世界遗产名录以前，景区开发不均衡和整个风景区功能单一一直困扰着石林的发展：

(1) 传统景区老化，周边景区利用不够。石林多年来一直以其精华和主体——大小石林景区一枝独秀，仅仅4.1km²的游览面积集中了整个风景区98%的游客。而游览面积3.14km²、以灰黑石峰群体造型为主的乃古石林景区，以青山翠林、湖光山色见长、水面0.4km²的长湖景区以及瀑布落差高达87m的大叠水景区等一直未得到很好的利用。因此，多年游客人数基本维持在150万左右，其中海外游客也在10万人次左右徘徊。

(2) 景区功能单一。云南石林是世界上一种很特殊的喀斯特地貌。与世界其他石林相比，具有发育面积广、演化历史长而复杂、景观奇特和文化丰富四大特点，有突出的地质科学价值。但这些科学价值、科普功能和民族风情体验远未得到利用。游客抽样调查表明，95%的游客旅游动机为“观光”，而景区提供的也多是“象形式”、“故事型”、“走马观花”式的展示介绍。

(3) 民族文化发掘薄弱。石林地区保存了大量的古人类化石和石器。有6000年以前彝族的摩崖象形文化。优美独特的自然环境造就了彝族人民豪爽奔放、热情好客的性格，也造就了以大三弦、阿细跳月为代表的中国独特的彝族撒尼文化。它渗透融合在当地人民生活的方方面面，如民居、习俗、服饰、艺术，等等。而仅靠每年一次的“火把节”很难体现这些丰富的文化。

可见，长期以来“一日游”提供的只是简单的观光游览，其科研科普、文化体验、休闲度假的产品基本空白，应尽快通过科学和文化内涵的发掘，在传统的象形美学欣赏基础上，全方位展示石林的高品位综合价值。我们在石林申报世界遗产的前期研究中提出了以下对策：

1. 开发新的旅游景区，扩大旅游信息容量

在完善大小石林传统景区的基础上，本着保护基础上慎重开发的原则积极建设新景区。其中近期重点完善大小石林，开发乃古石林景区。中期重点建设长湖和芝云洞景区。远期将再重点建设大叠水、清水塘和月湖景区。各景区特色各异，主题明确，交通方便，联系密切，从而使石林风景区真正成为一个由七个特色景区构成的有机整体。

2. 突出科学价值，倡导科考旅游

(1) 建设石林喀斯特科技馆，采用动画模拟、展示展览等方式集中演示石林独特的地质地貌的成因和历史以及世界上其他国家和地区石林的介绍和对比。

(2) 建立景区科学讲解系统。在景区内重要景点或典型地质、地貌点设置科学讲解牌示，导游应该向游人解释石林的科学成因。

(3) 开发科学考察、科普教育专项旅游线。比如大小石林和李子菁石林的洼地石林考察线、乃古石林洼地石林、地层、地下水系考察线等。

3. 发掘民族文化，增加文化内涵

石林地区具有浓郁的民族风情和源远流长的民族文化。彝族占石林少数民族人口的98%。其内部又包括撒尼、黑彝、白彝、彝亲、阿细、阿彝子等支系。因而，悠久的历史、众多的支系，使得石林成为以彝族为主体的民族文化和民族风情大观园。石林民族文化开发的指导思想应该是：以独特的"阿诗玛文化"为主题，发挥石林"歌舞之乡"、"摔跤之乡"、"农民绘画之乡"的优势，充分展示彝族撒尼人的历史悠久、独立的文字系统，独树一帜的服饰、婚姻、文学、文体节目以及耕种、饮食、居住、丧葬、信仰、摔跤、斗牛、节日等方面的民族文化。同时，按地方性、民族性、系列性、可携带性的原则开发具有石林特色和民族文化特色的旅游商品如少数民族刺绣、服饰、绿色产品、土特产品等。

4. 完善服务体系，丰富旅游功能

依托石林镇和县城形成石林旅游服务的两个一级中心，利用石林火车站的便利条件，在石林镇一带按规划统一建设高品位的石林游客服务中心。大小石林内的接待设施逐步迁出。改善县城环境风貌，完善旅游接待设施。建设清水塘、长湖两个二级服务中心，配备适量的休闲度假设施。建设乃古、月湖、大叠水、蓑衣山(老寨)四个三级服务中心，安排适量餐饮设施和休闲装备、医疗站点，不安排住宿设施。在石林游客服务中心建设石林少数民族博物馆和民族歌舞表演中心。清水塘建设少数民族文化村。

随着石林游客服务中心、清水塘民族度假村、长湖休闲基地的建设，在现状观光旅游的基础上大力发展科考、度假等多种旅游，从而通过游览内容的增加、游览路线的改变，积极争取游客在石林停留一晚。这样，在不增加景区环境压力的前提下，石林的旅游收入将会得到较大提高。

2004 年 2 月 13 日，联合国教科文组织批准石林成为首批世界地质公园。2007 年 6 月 27 日，依据世界遗产标准(vii)、(viii)，由云南石林、贵州荔波、重庆武隆组成的“中国南方喀斯特”在第 31 届世界遗产大会上被列入世界遗产名录，石林发展迎来了更好的契机。2009 年，游客达到 286 万人次(境外游客 14 万人次)，门票收入超过 3.4 亿元。为了更好地促进石林自然、科学、文化“三位一体”，2011 年，当地政府提出了以下发展规划①：

与昆明市建设中国面向西南开放的区域性国际城市相同步，利用 20 年左右的时间，分三个阶段，加快景区建设、旅游产品开发和配套服务设施建设，强化营销和管理，推进旅游转型升级，实现旅游从观光型向复合型、从景区型向全域型转变。第一阶段夯实基础 (2011—2015 年)，目标是建成云南领先的休闲度假旅游胜地；第二阶段基本达标 (2016—2020 年)，目标是建成全国闻名的休闲度假旅游目的地；第三阶段为全面实现期 (2021—2030 年)，建成旅游产品国际化、旅游设施国际化、旅游服务国际化、旅游客源国际化的国际旅游胜地。

严格按照世界遗产保护的要求，全面拆除大小石林景区有碍遗产真实性的建筑物并进行生态恢复，完成大小石林景区改造提升工程。编制完成乃古石林、长湖、大叠水景区的控制性详细规划，完善相关配套设施，保护性开发长湖、大叠水景区，努力建设新景区。积极开发新能源科普示范、康体运动，月湖、圭山、长湖、大叠水片区乡村旅游等新景点，形成以大小石林景区为龙头，多景点联动的全域风景资源网络和旅游网络。

在保护资源、遵循遗产地保护管理规划的前提下，以市场为导向，以品牌为带动，以重大项目为支撑，促进文化产业做大规模，增强实力。实施文化产业倍增战略，大力发展文化旅游、民族工艺、歌舞演艺、娱乐休闲、节庆会展、影视动漫、康体健身等文化产业。实现火把节、斗牛等活动常态化，推进节庆娱乐商业化运作、产业化发展。借助万城阿诗玛旅游小镇、彝族第一村、石林旅游文化区等平台，培育一批骨干文化企业，推出一批文化精品，打造一批具有核心竞争力的文化品牌。到 2015 年，形成 3 个年销售收入过亿元的骨干文化企业。

---

① 罗朝峰. 坚持科学发展 推进富民强县 为建设国际旅游胜地和滇中经济区的东南新城而努力奋斗. 石林年鉴，2011.

做大做强旅游业。创新营销方式,构建国际国内市场营销体系,积极扩大国内市场,全力开拓国际市场。全面推进景区标准化建设,争创全国旅游标准化示范单位。以项目为依托,加速旅游产业提升。围绕旅游"吃、住、行、游、购、娱"六要素,精心筛选、策划、建设旅游服务项目,重点引进游客参与型项目,力促旅游从单一观光型向复合型转变。力争到2015年,石林景区接待游客达到400万人次,旅游直接收入6.2亿元;全县接待游客突破646万人次,旅游综合收入42亿元。

4.2.3　产业综合发展

功能的多样性为产业多样性奠定了资源基础,除了传统的旅游和服务业外,还应该有科研、教育、展览等大量文化产业。中国的现实国情决定了合理地发展旅游等产业对于遗产地的保护有积极的促进作用。但是,我们绝不能仅限于旅游业,更不能局限于旅游业中的观光游览业,而应该从"大旅游、大产业"的视角出发,注意到旅游业与诸多行业及部门关系密切的特点,加强旅游内部六要素的组合以及旅游业与其他产业的协调共进。

在行业上,积极发展第一产业的旅游农业、林业、畜牧业和渔业,第二产业的服装制造、食品和饮料加工制造、工艺美术品制造、土木工程建筑、交通运输设备制造等行业以及第三产业中的运输、邮电通信、娱乐、销售、保险、信息服务等,这些行业和部门共同支撑旅游业行、游、住、食、购、娱等旅游产品的六要素。而在产业上,则应逐渐形成以出行系统(旅游交通、旅行社)、接待系统(旅游餐饮、旅游商贸)、服务系统(旅游通信和信息业)、辅助系统(旅游农业、旅游工业、旅游文化娱乐)复合而成的旅游产业链群。

4.3　大力开发间接衍生价值——催化效应原则

4.3.1　间接衍生价值作用的特点

遗产作为一个整体,对所在地的经济、社会发展具有积极的作用。这种间接衍生价值主要是通过遗产的催化效应实现。这种作用具有三个突出特点:

一是影响面广，涉及社会经济的方方面面。

二是作用力强，对遗产地社会经济的整体推动作用显著。

三是破坏性小，直接应用价值是对遗产地内遗产资源的直接利用，因此利用不当往往造成对遗产资源的破坏。而间接衍生价值是以遗产的知名度等无形资产以及旅游等关联效应促进区域经济社会共同发展，其主要作用场在遗产地范围以外，因此对遗产资源的直接影响和破坏最小。

鉴于上述遗产间接衍生价值的特性，在保护遗产本底价值基础上大力开发遗产的间接衍生价值，是正确处理遗产保护与利用关系的关键所在。一些遗产地对遗产的破坏性使用，都是把眼光过分“盯”在遗产地以内，而忽视了遗产地作为整体对整个地区的外部促进作用。

大力开发遗产间接衍生价值，主要包括空间结构关联效应和产业的乘数效应。

4.3.2 空间结构关联效应

空间结构关联效应(effect of spatial structural interrelation)是指空间结构诸要素在经济运行中所构成的一系列组织关系、相互作用和空间联系等对经济增长、城镇发展的影响。从理论上讲，空间结构问题的研究大多数集中在空间经济的“密度”和“关联”方面。空间结构关联反映了空间结构的本质属性，这是因为一定地域范围的空间结构实际上就是通过诸要素流所构成的有机空间联系经济系统与外部环境发生的相互作用关系。空间结构关联是质与量的统一，它既是诸要素在空间经济过程中所处的不同发展阶段的集合，同时又是诸要素在空间经济过程中的对应关系和相关关系。①

空间经济活动中诸要素的关联内容主要反映在两个方面：一是功能上的联系，它们之间在功能上具有互补、协调、配合的关系；二是空间上的位置关系，它们在空间上的相互作用、相互制约确定了他们的空间组织和关联形式。

空间关联效应有多种形式。与遗产间接衍生价值作用机制较为密切的是聚散效应和相邻效应。

(1) 聚散效应(agglomerative and diffusive effect)。在空间结构诸要素的相互关联中，存在对经济增长有影响且对立统一的聚集与扩散两种效应。聚集效应是由于规模经济、优势互补、集聚创新等机制，各项空间经济活动或空间结构要

① 曾菊新. 空间经济：系统与结构. 武汉：武汉出版社，1996：203.

素由于密度合理，聚而不乱，形成了高效有序的社会经济网络系统，于是产生了单项活动或单个要素无法获得的空间结构效应。而空间扩散是空间结构关联作用中与聚集存在着对立统一关系的两大趋势之一。从空间层面上看，在微观上产业经济活动向具有区位优势的地区与经济中心的空间聚集，而宏观上的产业经济活动则在相当广的地域范围不断扩张和增殖，从而表现出扩散趋势。

（2）相邻效应（neighbor effect）。相邻效应是指在一定地域范围、空间结构的物质实体要素由于近邻关系和相互作用对经济增长、区域发展产生的影响效果。比如一家商店、一座公园都会给相邻地区产生积极影响。自然环境与人工环境之间、生物与非生物环境之间都存在这种相邻效应。比如，在两个或多个不同生物地理群落交界处群落结构往往比较复杂，不同生境的种类共生，某些物种特别活跃，生产力也较高。遗产地与其周边区域作为两种不同性质的界面，这种相邻效应同样存在。当然，其中既有相邻正效应，如遗产地对区域知名度提高、吸引外来投资和信息等方面，外围城镇为遗产地提供服务、基础设施、人才、资金等；也有相邻负效应，如遗产地保护对外围某些产业部门的限制，外围城镇和经济的发展挤占遗产地用地、破坏遗产地外围环境以及造成遗产地外围"孤岛化"等等。

聚散效应和相邻效应很好地解释了遗产地与外围区域共生共荣的关系，尤其是遗产地与作为其服务基地的外围地区城镇、经济发展的互动机理。对于遗产地来说，由于其内部具有严格的保护要求而不能布置大规模服务设施，更不能形成集聚规模。于是遗产地大量的人员流动和信息、资金流动促使能够提供这种服务的各种设施在外围合适地点开始集聚，形成规模，各类层次的旅游镇和旅游城市因此得以产生和发展，基础设施得以完善，区域各种相关服务行业、工农业也得到发展机遇。外围城市、经济的发展不仅为风景区提供更好的服务，也使得遗产地依托城市为中心向周边地区的扩散、辐射作用加强，从而更好地带动了整个区域的发展。而为了更好地发挥相邻正效应，减少相邻负效应，遗产地外围经济的空间布局就显得尤为重要。我们常说的"景区内游，景区外住"，"景区内保护，景区外发展"正是"空间关联效应"理论的最好应用。

4.3.3　产业发展乘数效应

从区域经济的理论看，某区域一旦有了推动型的产业，那么它就可以增加生产的总产出，这是推动型产业对经济体系总产出的直接贡献。同时，推动型产业可以启动其他产业的发展，这是推动型产业对经济体系总产出的间接贡献。这种贡献主要是推动型产业关联，包括前向联系、后向联系、旁侧联系产生扩散效益，带动其他相关产业的发展。由于扩散效益，推动型产业增加单位投入，必然产生若干倍的经济增长，这就是乘数效应。扩散效应和乘数效应就是增长极的作用机制。美国经济学家赫希曼(A. Hirschman)称这种效应为连锁作用。

遗产地间接衍生价值对区域的产业乘数效应主要通过旅游业的带动实现。旅游业包含行、游、住、食、购、娱六大要素，旅游消费不仅与交通、住宿、餐饮、商业、景区景点等行业直接相关，还与工业、农业、制造业以及通信、金融、保险、医疗、安全、环保等产业关联，其直接间接影响的细分行业多达 100 余个，因此其拉动经济的作用十分明显。相对于住房、汽车等消费水平，旅游消费涵盖的价格区间从几元钱的旅游纪念品至上万元乃至数万元的旅游线路，产品的可生产性极强，产品的可消费性也极强。世界旅游组织报告指出，旅游直接就业与带动间接就业的比例为 1 : 5，而旅游业整体上是一个劳动密集型行业，创造就业岗位的潜力很大。

在 2002 年 10 月份召开的“发展旅游促进就业工作座谈会”上，国家旅游局和国家计委共同提出了《关于发展旅游扩大就业的若干意见》，提出了今后 10 年通过大力发展旅游业，年均新增 70 万个直接就业岗位和 350 万个间接就业岗位的目标。另外，国家按标准验收和推出的全国工业旅游示范点和农业旅游示范点，不仅有丰富的旅游产品种类，而且具有重要的社会效益。已经接待游客的这类旅游点，都不同程度地获得了超越于旅游之外的更多收益。①

2008 年 8 月，国家发展和改革委员会、国家旅游局等六部门联合发布了《关于大力发展旅游促进就业的指导意见》，提出了旅游业是国民经济的重要产业，是扩大就业的重要渠道，到 2015 年，形成就业与产业协调发展的机制，旅游就业规模增加到 1 亿人左右。特别是，随着乡村旅游休闲的拓展，旅游业在促进农村就业方面也起着重要的作用。

此外，2011 年国家旅游局下发《关于进一步加快发展旅游业，促进社会主义文化大发展大繁荣的指导意见》，强调了旅游与文化的密切关系，突出了旅游业在促进社会主义文化大发展大繁荣中的重要作用。在国家“十二五”旅游发展规划中，提出要深度开发文化资源，依托中国丰富多彩的文化资源，加强旅游与文化产业的融合。因此，要深度挖掘中国自然文化遗产中的文化优势，将其转变为各地旅游业发展中的特色品牌，以此作为传承文化与发扬文化的有力途径。

---

① 张栋. 2003 年中国旅游十大看点一学习十届全国人大《政府工作报告》有感. 中国旅游报，2003-03-24.

2013 年 2 月，国务院办公厅发布《国民休闲旅游纲要(2013—2020)》(简称《纲要》)，2013 年 4 月通过了《中华人民共和国旅游法》(简称《旅游法》)，对中国旅游和休闲发展意义重大。《纲要》说明了新休闲旅游时代的到来，而《旅游法》进一步确保了旅游者及经营者的权益。政策的支持与良好的旅游大环境有利于进一步发挥旅游业拉动内需、促进就业的功能，加快推动国民经济结构调整。

第五章　中国自然文化遗产保护与利用的对策

5.1　一个主线——科学的区域发展观

区域是一个空间概念，是地球表面上占有一定空间的、以不同的物质客体为对象的地域结构形式。遗产地是一种以不可再生的自然和文化景观为资源，具有本底、直接利用和间接衍生多种价值和社会、经济多种效益的特殊区域。而由于区域具有一定的体系结构形式、分级性、层次性和开放性，使其具有上下左右之间的关系(纵向的、横向的)，每个区域都是一个更高层次区域的组成部分。因此我们在讨论遗产地这个特定的区域时必须从更高层次的遗产所在地域出发，把遗产地作为一个整体的"点"放到更大的区域去统筹考虑，而绝不能"就遗产论遗产"或者说"就遗产地论遗产地"。离开区域谈"遗产"，一是可能忽视遗产与区域的关系而将遗产视为脱离区域而存在的"空中楼阁"，注重区内保护而忽视区域发展，这种脱离"区域发展"基础的"区内保护"在现阶段的实际工作中很难操作；二是忽视区内保护而只重开发的"实用发展主义"。过分强调遗产的直接应用价值而破坏遗产本底价值，忽视遗产间接衍生价值，过分强调区内、区外的开发而忽视遗产资源本身及其区域环境，结果造成错位、超载开发而对遗产造成不可挽回的破坏。

因此，用"区域"的理念，从区域的角度出发，妥善处理遗产地与所在区域的关系，合理布局，互惠互利，是正确处理遗产保护与发展关系的关键之一。具体主要包括三方面：

1. 区域共同保护

对于遗产资源的保护，仅限于遗产地范围内是远远不够的，那不仅会破坏遗产整体环境的完整性和真实性，而且极易造成遗产地的“孤岛化”。因此，遗产地所在区域（特别是遗产地外围保护地带）的环境保护、城镇规模、产业结构、空间布局等必须有利于遗产的整体保护。

恒山位于华北陆块北部，东西绵延五百里，锦绣一百零八峰，呈北东走向，气势雄伟，它是大同盆地与忻州盆地的天然界山，也是桑干河与滹沱河的天然分水岭。北岳恒山风景区也是中国第一批国家重点风景名胜区，主峰天峰岭海拔 2017m，山势叠嶂拔峙、气势雄伟，号称“人天北柱”、“绝塞名山”，悬空寺、恒宗殿等历史遗迹蜚声中外。但是，区域环境对风景区也存在较大影响：

(1) 浑源县城生产生活对恒山大气环境造成的影响。浑源煤炭资源丰富，县城紧邻恒山主景区北麓，前些年厂矿企业以及周边乡村大量以煤为主要燃料，取暖季节城区多为分散式燃煤小锅炉，加上县城盆地地形所产生的逆温层效应，导致生产生活产生的大量 SO_2、CO_2、粉尘不能及时扩散，造成县城严重空气污染，严重影响恒山主景区的环境质量和游客的观赏感受。

(2) 县城城市建设与景区在用地、景观上的矛盾。城市南部与恒山北麓的风景区用地空间界线不明，相互影响较大。变电站及高压走廊紧邻神溪湿地建设，对景观视线影响较大；恒山路以西，迎宾路以北的开发建设没有考虑古城与神溪两个景区之间的衔接等，对山水资源和空间景观造成了一定的破坏。城市建设扰乱了恒山、城区以及神溪湿地三者之间的景观联系。

(3) 受地形条件限制，浑源境内最主要的南北向交通干道——大同至灵丘 203 省道穿越风景区核心地带金龙峡谷，车辆（多数为大型运煤车）排放的烟气及噪音对景区，特别是峡谷中的悬空寺造成严重影响。

(4) 风景区周边的企业，如果子园煤矿、神溪水泥厂等，对景区大气、水质等也有不同程度的破坏。

要改变以上问题，必须从区域整体统筹考虑山城关系、区域交通、区域产业等。

① 界定城市与风景区用地空间。城市建设用地南界不宜超越恒山-悬空寺片区外围保护地带北界，即“和之门”出口道路及恒荫东街以北。恒山北侧山前区域保留田园风光，不得作为城市建设用地、工矿用地及墓葬用地。

② 保留景观视廊，协调山城风貌。永安寺、圆觉寺所在的浑源古城范围内，新建建筑体量不宜过大，高度控制在三层左右，以突出圆觉寺塔的视觉制高点地位。城市新空间的拓展则要与风景区和山水环境构建更协调的空间关系，新建与改建建筑要控制好建筑高度和色彩，与古城风貌相协调，鼓励使用地方建筑形式，严格控制高层建筑。对于城市建成区周边的田园、村庄区域，应保持优美的田园风光，整体保护“山、水、田、城”相互交融的历史景观格局，并重点控制恒山天峰岭-永安

寺、圆觉寺片区-神溪山、恒山天峰岭-栗毓美墓、恒山天峰岭-神溪湿地三条景观视廊。

③ 使用清洁能源,调整燃料结构,采用集中供暖。

④ 整治全县污染企业,对恒山风景区周边影响环境的煤矿、企业等坚决关停并转。

⑤ 穿越金龙峡核心景区段的203省道改线绕行。

2. 区域共同建设

除了遗产地内部各种问题需要互相协调外,遗产地的许多建设也需要从区域整体统筹解决,尤其是服务设施、基础设施和居民点体系。比如建设遗产地外围城镇作为遗产地游客集散中心和服务中心,发展民航、铁路、公路等区域对外综合交通体系为遗产地创造优良的可达性。遗产地内严格控制居民发展,部分对重要景点影响大的居民点还要搬迁,仅靠遗产地内部是很难解决的,必须在外围选择可以接受遗产地内外迁人口的城镇集聚地。

3. 区域共同受益

区域共同保护、建设的结果是区域共同受益。比如产业布局上,必须在保护遗产资源的前提下充分利用它扩大地区知名度,逐步减轻遗产地经济活动的比重,为遗产地服务的大量设施和产业则放在"门外",加大门外经济的发展,以遗产"品牌效应"和旅游业的乘数效应促进整个区域经济和社会的全面提高,做到保护、发展两不误。大量商业服务业也应该充分依托遗产地外围的城镇设施。遗产地内的粮食种植业、薪炭林业、水产养殖业等也应该更多地依靠遗产地所在区域。旅游业也是如此,必须加强和周边区域的联合与协作。另外,我们对遗产价值效益的衡量,也不能仅仅限于遗产地内的直接应用价值,还更应该看到区域范围内的遗产间接衍生价值。

5.2 两个核心——遗产地经济的空间布局与产业发展

5.2.1 遗产地经济的概念

遗产地经济是由一系列与遗产有关的经济活动引起的,因此,遗产地经济是指与遗产有内在联系而不损害遗产的特有经济系统。其性质包括以下几方面:

1. 与遗产有内在联系

主要指经济活动直接或间接体现遗产价值体系中的多种价值。“服务”则指“积极地体现”而非“消极地影响”。以农业为例，它是遗产地山水田园风光的直接组成部分，另外也为旅游业提供大量的农副产品，是旅游功能的间接体现者，因此它属于遗产地经济的范畴。相反，不能正确体现遗产地功能的任何经济活动，即使在遗产地界限以内也非遗产地经济，而只是一般社会经济，如诸多污染环境的工业企业。这种“一般经济”与遗产地经济如果存在矛盾，长远考虑必须迁出。

2. 不损害遗产

遗产地的经济效益不是唯一的，必须建立在与环境效益和社会效益兼顾的基础上。因此，即使体现遗产地价值的经济活动，只要损害遗产(包括生态环境)，也不能列入遗产地经济范围，如第三产业中为旅游业服务的但破坏景观的旅馆、饭店、交通系统等基础服务设施。

3. 特殊性

遗产地是一种特殊环境，它从人类赖以谋取物质生产或生活资料的自然环境中分离出来，成为主要满足自然保护需要以及人们精神文化需求的胜地。这种特性决定了遗产地经济的特殊性，也决定了它与一般区域经济的差别。从经济学角度看，凡是区域内的一切经济活动及其引起的现象均属区域经济；但在遗产地则不然，尤其是一般区域经济的主体——第二产业在遗产地域受到较为严格的限制，这种“特有”的经济系统，是由经济学与遗产特性共同作用形成的。

4. 经济系统

任何经济都是一种复杂的系统。对于遗产地这个特有系统，它既包括旅游经济，也包括当地居民的某些生产生活经济，涉及的行业众多，主要包括旅游业、商业以及餐饮服务业、交通、建筑、农业等部门。

5.2.2　遗产地经济的空间布局划分

遗产地经济的空间布局，主要指遗产地(域)产业发展的空间位置选择。它是遗产地能否在保护的前提下开发利用的重要保障。尽管中国遗产地类型多样，情况各异，但产业的空间布局仍有一定的共同规律，违背了这些规律，不但会造成对景观和生态的严重破坏，而且将妨碍遗产地经济的持续发展。部分地区认为遗产地对经济限制过死，工业项目不能上、宾馆索道不让修，因而对遗产的保护建设持消极态度，这也是没有能合理安排遗产地经济的空间布局造成的。为此，如果把遗产地“界线”形象地比喻为“保卫”或进出遗产地的“大门”的话，我们可以将遗产地地区经济划分为“门内经济”、“门外经济”以及“域外经济”以更好地探讨遗产地经济发展与地区经济发展的关系。

1. 门内经济

门内经济指遗产地界线范围以内的经济，主要有旅游活动直接引起的旅游经济，少量为旅游业间接服务的农业生产、农副产品经济以及开展科研科普、山水创作等活动带来的服务经济，它与“门外经济”有较清楚的地域界线，狭义的遗产地经济即指门内经济。这里是遗产地的“资源保护基地”及“游览审美基地”，是遗产地教育科研、山水审美等主要功能的集中展示处，因而具有十分严格的保护要求，门票收入(包括景区门票、科技馆、博物馆、展览馆等门票)、适度的农林产品收入、加工业收入和少量必需的餐饮服务是门内经济的主要收入来源。

2. 门外经济

门外经济指遗产地界线外缘的城镇(或个别范围极大的村野型遗产地界域以内的部分旅游城镇)作为遗产地高级别服务中心或基地而提供的以第三产业为主的部门经济，它们均与旅游业相关，如商业、娱乐、餐饮、旅馆、交通等服务行业，另外也有少量第一产业、第二产业的存在。因此，它主要是遗产地的“服务基地”，旅游服务业收入、城镇经济应该是门外经济的主要组成部分。

门外经济没有明确的外围界线，它可能本身就是遗产地的外围保护范围，也可能在保护范围之外。门外经济与门内经济共同构成遗产地域经济，即广义的遗产地经济。

3. 域外经济

域外经济指遗产地影响范围内(以行政地域范围为主)除去遗产区域外的经济部分，它与“门外经济”并无明确的地域界线，但一定在遗产地外围保护带以外。其功能主要是为整个地区国民经济服务，因而是多种产业部门尤其是一、二产业发展的主要场所，也是积极利用旅游业带动国民经济相关产业协调发展、形成旅游产业集群、以遗产地这个“点”带动所在地区整个“面”发展的主要场所。同时它也为遗产地提供部分建设资金、生产生活用品及旅游商品，因而是遗产地的“生产基地”。域外经济与遗产地域经济共同构成遗产地地区经济。

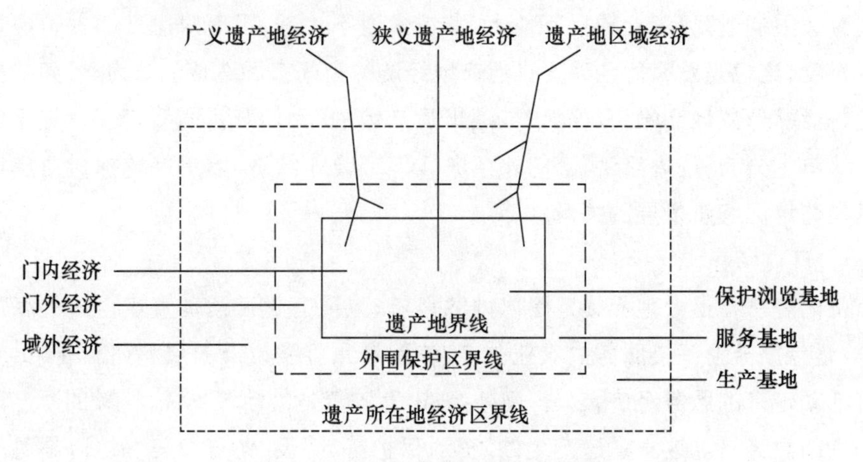

图 5-1　遗产经济空间结构示意图

5.2.3　遗产地经济的空间消长规律

遗产地的建立，是为了更好地保护遗产资源而非单一为了经营。因此，随着生产力水平的提高，国民经济的全面发展和科学文化事业的发展，遗产地的遗产学特点应越向内（核心地段）越强，而经济学属性则反之，应越向外越强，越向内越弱，在空间结构上应逐步依照"门内消、门外长"的变换规律去发展。也就是说，逐步减小门内经济活动的比重，为遗产地服务的大量设施则放在"门外"，以遗产地的"品牌效应"促进整个遗产地所在地区经济和社会的全面提高。明确了"在哪儿发展"，才能清楚"怎么发展"，才能有效处理好保护与发展的矛盾。

1. 这是中国遗产地发展的传统与特色

中国遗产地的发展，历史上就注重保护基础上的利用。以风景名胜区为例，中国风景区的发展历史，可上溯至南朝宋山水诗人谢灵运，他隐居始宁（今浙江上虞）时开拓建设的"经始山川"，可以认为是中国风景名胜区的早期形式。宋时苏东坡在《将之湖州戏赠莘老》中称"余杭自是山水窟，仄闻吴兴更清绝"，"山水窟"也是中国风景名胜区最早的称谓。可见，中国风景区的开拓和建设，一开始便有具备高度文化和山水美学素养的人士参与，充分体现了中国山水美学思想的指导作用。"选自然之神丽，尽高栖之意得"，人们站在山水审美与宗教精神双重需求的高度上去认识自然，认识风景。与之相适应，为审美与宗教服务的大量设施均设置在风景区"门外"，从而形成了以"门外经济"养"门内精神文化活动"的历史传统。这些风景区内除了寺庙外，很少有其他服务设施。而寺庙在负责风景区日常管理的同时，也为游客提供简单的食宿服务，但这种服务是游客自愿付费而非经营性的。

而对风景名胜的保护，自政府到民间，从皇帝、官员到僧众、百姓，更是具有悠久的历史和优良的传统。中华五岳作为中国山水营建的基础代表，能够基本真实、完整地传承至今，其中古人对山水的认识、五岳的国家祭祀地位、众多的管理和保护措施发挥了至关重要的作用。

(1) 道法自然的山水理念

古代的自然山水理念是五岳保护的认识基础。上古之时，先民抵御自然灾害能力较弱，对风雨雷电、山川河流充满原始的敬畏并将之当做自然崇拜的对象，由此在历史发展中逐渐形成了朴素的自然山水观。对自然山水物质内容上，儒家思想以“天地人和”来对待，强调积极入世、人与自然和谐相处。孔子提出“仁者乐山，智者乐水”，将山水人格化；孟子认为对自然资源要取之有时、用之有节“不违农时，谷不胜食也；数罟不入洿池，鱼鳖不可胜食也；斧斤以时入山林，材木不可胜用也”[①]。对自然山水精神审美上，道家思想以“自然无为”为原则，强调人与自然无争的无为超我关系。老子“人法地，地法天，天法道，道法自然”[②]；庄子提出“天地有大美而不言”[③]。从孔子的山水比德比智观到庄子的亲和山水审美观，无不体现了人依赖自然、热爱自然及与自然和谐相处的思想，表现了天、地、人三位一体的本源关系，共同奠定了后世山水开发、山水审美的哲学基础。

随着社会的发展，人们在利用和改造自然的过程中也改善自身，使自身的感觉和思维能力不断提高。形成于东晋的山水诗表现了这种对五岳山水审美的变化。山水诗人谢灵运以他特有的美感去欣赏五岳之美，名篇《泰山吟》云：“岱宗秀维岳，崔崒刺云天。岞崿既崄巇，触石辄芊绵。”南北朝宋徐灵期于衡岳书下名篇《衡山记》云：“云密峰有禹治水碑，皆蝌蚪文字，碑下有石坛，流水萦萦，最为胜绝。”北魏铁脚道人在祝融峰观日出时恰逢云海，遂长舒一气“云海荡吾胸矣”。魏晋南北朝时期，在五岳山水文化上是个划时代的时期，人们由对五岳山水的崇拜、朴素的山水观逐渐演变出以审美态度对待五岳山水，并与之建立起和谐的人文山水关系。

随着封建社会的发展，统一的隋、强盛的唐、成熟的宋，经济繁荣，社会安定，国家统一，文化发达，宗教隆盛，为五岳的山水审美提供了物质基础和文化条件。刘禹锡《寄吕衡州》诗云：“尝闻祝融峰，上有神禹铭。古石琅玕姿，秘文螭虎形。”唐代宰相李泌在南岳隐居期间情怀感发，在福严寺虎跑泉上约百米处的高明台题字

① 《孟子·梁惠王上》. 北京：中华书局，1976.

② 《老子》二十五章. 北京：中华书局，1976.

③ 《庄子·知北游》. 北京：中华书局，1976.

“极高明”。游历嵩山时，李白留下许多诗歌，有关元丹丘的就有十多首。他甚而将嵩山作为家乡看待，在《送杨山人归嵩山》中说：“我有万古宅，嵩阳玉女峰。”从中可看出古人不仅热爱五岳，而且将五岳当家园的深切眷恋情怀。

由此至明清逐渐演变形成了隐逸岩憩、寄情山水的超然物外的文人习俗。“眠云嗽月”、“薜萝深处”、“烟霞仙境”、“菘高玄览”等题留不仅文辞意境儒雅而且笔法尤佳。“极目不知千里远，举头唯见万山低”则是诗人于岳顶抒发的浑厚豪情。“天为罗帐地为毡，明月清松伴我眠”更是南岳高台寺旁诗人印下对山岳的深深喜爱。

道法自然的山水理念对五岳的发展、营建及保护产生了深远影响：“道法自然”、“地法天”的山水哲学促使了封禅祭祀活动的产生(地法天)；对自然的热爱、与自然融合的氛围、和谐的人文山水关系决定了历代对五岳的保护及营建方式(天地人和)。

(2) 国家祭祀的崇高地位

在“地法天”自然山水理念下，五岳作为国家整个疆土的代表、作为帝王亲自选定的四方标志是历朝历代国家祭祀的重要对象。五岳的祭祀历史从公元前 219 年秦始皇泰山封禅至公元 1911 年清末宣统遣使至祭持续了 2230 年。五岳的祭祀作为一个整体上升为国家祭祀制度始于西汉汉宣帝，“诏太常制五岳常祀礼”[①]，“自是五岳、四渎皆有常礼。”[②]五岳的祭祀也从开始便因帝王亲自主持而在形式上具有最高的等级和最高的规格：“天子祭天下名山大川，五岳视三公，四渎视诸侯；”[③]“以血祭祭社稷、五祀、五岳，以貍沈祭山林川泽。”[④]

在五岳众多的祭祀当中，史书明确记载的仅帝王亲自祭祀就达 69 次，其中包括很多著名帝王如秦始皇、汉武帝、唐太宗、武则天等的封禅活动。而作为国家祭祀，五岳的祭祀种类主要包括以下几种：

① 接替帝位、改元。如天保元年(550 年)北齐文宣帝继位遣使祭北岳[⑤]；天宝元年(742 年)正月唐玄宗改年号开元为天宝[⑥]、大历元年(766 年)正月代宗改年号永泰为大历[⑦]均遣使至西岳祭祀。

② 灾异时的祈祷与丰年时的答谢。旱涝、灾异或岁丰，帝王亲至或遣使至祭，

---

① 《清续文献通考》卷一五四《郊社考八》. 杭州：浙江古籍出版社，2000.

② 《汉书·郊祀志下》. 北京：中华书局，1962 年 6 月版.

③ 《礼记注疏》卷 12《王制》. 北京：中华书局，1980(成书距今约 3000 年).

④ 《周礼·大宗伯》. 北京：中华书局，1992.

⑤ (清)桂敬顺撰《恒山志》，乾隆二十八年刻本.《恒山志》待刊. 岳庙祭文碑.

⑥ 韩理洲主编《华山志》. 西安：三秦出版社，2005：256—288.

⑦ 韩理洲主编《华山志》. 西安：三秦出版社，2005：256—300.

从东汉明帝至清朝康熙从未停止。

③ 巡狩与行幸祭祀。如泰常四年(419年),北魏明元帝“幸洛阳”祭中岳[①];和平二年(461年)北魏文成帝“南巡过石门”祭北岳[②];开平四年(910年)八月后梁太祖“车驾西征次于陕”祭西岳[③]。

④ 立春、冬至、例行年祭,自汉宣帝制定“常祀礼”延续了两千余年。

五岳的祭祀种类真实地反映了封建国家“君权神授”思想以及由于受科技水平制约需要“靠天吃饭”的情景,而这些祭祀所对应的事件均是对农耕时代的历代王朝有最重大影响的事件。五岳的国家级祭祀充分表明了五岳民族圣山的地位及封建王朝对它的重视,也由此奠定了五岳高规格保护、高规格管理及高标准建设、高水平修缮的基础。

(3) 圣旨、条例的法令保护

为了使山体、草木得到最佳保护,整个祭祀环境维持最佳状态,历代帝王、地方官员乃至于普通乡民百姓对五岳的保护都非常重视,制定颁布了一系列的圣旨、条例、乡约等多种不同等级的法令条例。

圣旨作为古代帝王的命令是景区保护的最直接、最有力的工具。元封元年(公元前110年)正月,汉武帝祭中岳后曾诏书曰:“禁无伐其草木”[④]。后晋天福二年(937年)八月,晋高祖命祭五岳,令州府官员对岳“量事修崇”,所有近庙山林禁止樵木[⑤]。宋真宗封泰山时“凡两步一人,彩绣相见,树当道者不伐。”[⑥]宋真宗封泰山后诏令:“泰山四面七里之内,不准樵采。”[⑦]

地方法令、乡约作为地方性规范,在各行政辖区或部分特定区域行使约束权。宋光宗绍熙四年(1198年),南宋学者朱熹做潭州刺史时发出一份约束榜文,禁止在南岳山毁林垦荒,申令“除深山人所不及见之处,许令依旧开垦种植外,其山面瞻望所及,即不得似前更形砍伐开垦。”元代至元二十九年(1292年),因山民和香客常在王母池梳洗污染河水,泰安州观禁令“诸人无得于池上下作秽,如违决杖八十”并将禁约刻于王母池东崖。乾隆二年,西岳华山立《私盗岳庙渠水禁约碑》:“查得窦峪口泉流引入岳庙以防火烛之虞,灌树兴作之用。并无民间食用,何有灌田!明

---

① 《清朝文献通考》卷一百《郊社考十》.杭州:浙江古籍出版社,2000.

② (清)桂敬顺撰《恒山志》,乾隆二十八年刻本.《恒山志》待刊.岳庙祭文碑.

③ 韩理洲主编《华山志》.三秦出版社,2005:256—310.

④ 《汉书·武帝纪》.北京:中华书局,1962.

⑤ 韩理洲主编《华山志》.三秦出版社,2005:256—314.

⑥ 《泰山志·封禅篇》.北京:中华书局,1993.

⑦ 《宋史·卷一零二》.北京:中华书局,1977.

碑所载最悉，理合遵守勿替。”

(4) 职责明确的管理体制

为贯彻执行国家对岳山的保护建设思想，保障圣旨、法令得到有效遵守，历朝历代对五岳均设立了严格而又明确的管理体制。

首先是各岳所在地的地方长官对岳山承担管理职责。东岳泰山东汉时设泰山太守，西岳华山设弘农郡太守，中岳嵩山设嵩高县，南岳衡山设衡阳郡，北岳恒山隋唐时设云内县，均分别委任了太守、知县等地方官员负责山岳及山岳所在地的管理。

除此之外，各岳还设置了专门的官员负责山岳的保护和建设。五帝、三代时各设岳牧；周、汉改成虞衡，东汉时泰山曾专设“山虞长”之职掌管泰山山林；晋代对于山岳管理职位称虞部、虞曹；隋以后虞部属中央的工部；明代改成虞衡司，仍属工部；清初沿置未变，衡山在明、清时期还专设县丞一人作为衡山县知县的代表管理南岳，清末始废；而民国时期则曾专设岳山林区管理处，如衡山“南岳小林区”管理岳山林业事务。

(5) 文人贤士的积极参与

除了专职官员，对于五岳的管理还曾有特殊的人才引进及聘任。唐代岱庙置庙令(也称“祠官”)一人，斋郎三十人，祝史三人，共同掌管祀事。宋代则专门聘请一些德高望重的退休官员担任各岳庙令，实质相当于现在的“兼职顾问”，体现朝廷“秩老优贤”的眷礼，宋代理学大师朱熹就曾三次担任南岳祠官。此后，明清直至民国庙令之职逐渐由道士担任。民国时期虽无庙令，但也曾有专门人才加入山岳保护，民国二十六年(1937 年)，湖南省政府主席何健，聘请广州中山大学农学院院长邓植仪，以及农学家侯过、张农等教授到南岳实地考察，制定出保护和开发南岳林业的五年计划。

文人贤士积极参与景区保护建设成为中国风景名胜区发展的优秀传统，绝大多数风景区都留下了这类佳话。著名的如元佑四年(1089 年)苏轼第二次赴杭州任知州之时，针对西湖“湖狭水浅，六井渐坏，若二十年之后尽为葑田，则举城之人复饮咸苦，势必耗散”的严重的沼泽化威胁，制订了详细的疏浚西湖方案，并向朝廷上了《乞开杭州西湖状》的奏章。这次疏浚工程规模空前，他拆毁湖中私围的葑田，全湖进行了挖深，把挖掘出来的大量葑泥在湖中偏西处筑成了一条沟通南北的长堤，后人称为苏公堤。又在全湖最深处即今湖心亭一带建立石塔三座，禁止在此范围内养殖菱藕以防湖底的淤浅，后来演变成“三潭印月”。

(6) 统筹规划的营建方针

在“道法自然”的山水理念下，受儒、道、佛文化融合的影响，尽管五岳不是一次建设完成的，但却按照“天人合一”的理念统筹规划，统一建设。五岳的建设历来讲究尊崇自然，保护山形水势、聚气藏风；而五岳的规划设计整体上强调严密，主次分明，大小有序，布局严谨，单体上注重小中见大、以少胜多、疏密得宜、曲折尽致、诗情画意。

五岳物与神游、思与景偕、天人合一的规划营建思想，突出反映在其景观的轴线关系以及建筑的缜密选址上。五岳景观的突出特点是分段变换，在不破坏山体自然格局基础上强调山上、山下、山中各部分建设有其各自的特点，并与周围环境综合考虑、和谐融合。

五岳山体作为联系人世与天庭的阶梯，在整体的营建方式上具有典型的地府—人世—上天的三段式景观格局。五岳山下建筑最突出的是岳庙，虽处人世，仍与山岳遥相呼应：西岳庙轴线正对华山西峰；嵩山的汉阙、中岳庙及其遥参亭都与主峰相对；南岳庙遥对祝融峰；北岳庙尽管受到山麓用地局促的限制而建于中山地带，但其地府—人世—上天的格局依然存在。登山如登天，山中建筑或以险胜、或以奇绝，选址与营造绝不同于世俗建筑：东岳中天门峻岭阔谷，楼阁簇拥，溪山突兀俏丽，可观日出、望晚霞，无限景致飘渺云中；北岳悬空寺上载危岩，下临深谷，三面凌空，恰如欲乘风而去；西岳群仙观依山借势，巧妙构筑，极为峻险，别有风趣。山顶则是祭祀膜拜的重要场所，祭祀时筑土为台，增加山之高；台上焚烧柴薪，烟气上扬以告上天；顶峰建有天庭建筑并筑以极顶石，塑造福地仙境、天上人间之境。

五岳景观的形成凝聚着漫长的历史与人文因素，是自然景观与人文景观密切结合的综合体。这种在自然中融合人文要素，在营建中考虑环境变化的山岳景观，不仅对于中国众多历史名山，而且对东亚、东南亚的山岳景观都产生了重大影响。

(7) 以城奉山的基地保障

五岳不仅仅以山峰突兀于所在地区，而是祭祀的“山”和山下作为服务基地的“城”形成极为和谐的空间关系、功能关系和景观关系，整体作为一个区域服务于群众。

五岳的服务基地——山下城镇，并不是一开始就存在的，多是在帝王的册封下形成的。汉武帝封禅中岳后下令“以山下户三百为之奉邑，名曰：崇高。独给祠复亡所与。”宋真宗封泰山后诏令：“泰山四面七里之内，不准樵采，给近山二十户，以奉神祠。”[1]除了封户外，帝王还直接派山岳所在地长官“持币、捧物”供给山祠。永平十八年(公元75年)四月，汉明帝命“二千石分祷五岳四渎，郡界有名山大川能兴

① 《宋史·卷一零二》. 中华书局，1977.

云雨者，长吏各洁斋齐祷请，冀蒙嘉澍。”[①]由此可看出“五岳四渎”由所在地郡国长吏奉祀的情景。这种“山城一体”，以城“奉山”、以城“养山”的管理与服务体系，不仅可靠地解决了岳山的供奉来源，更重要的是，城镇作为主要的接待和服务基地有效地减少了山上的服务设施数量，很好地保护了山体的地貌形态和生态环境，成为中国名山山城关系中的重要组成部分。

(8) 多方参与的修缮保护

在拥有良好的规划建设、明确的制度保护和体制管理的同时，历代对于各岳均曾进行了积极的工程维护修复。修建方既有中央王朝，也有地方政府，甚至还有民间集资，建设内容包括建筑修缮、重建、设施修复及环境建设等。

南岳衡山自唐玄宗开元十三年(725)诏建南岳真君祠始至清代结束，南岳庙曾6次毁于香火，1次毁于雷火，1次毁于兵火，而有据可查的重大官方修缮有20次，其中皇帝诏修就多达8次。1804年还有一次大规模民资修缮，主持修建的商贾随后被封为朝廷四品官员。即使在战乱的民国时期，政府也曾4次修葺南岳庙。除了修缮建筑，政府还加强对岳庙环境的综合整治。这种保护和建设也有地方政府和百姓僧道的积极参与。宋代翰林学士宋祁《福严禅院种杉述》，宋太平兴国年间，福严寺主持僧人省贤率寺僧在广种杉树，十年积累共种植10万余树。竣工之后，报请官府要求维护，于是“州将下符，为申厉禁”，这是民间造林，申请官方保护的最早记录。

西岳华山风景区，因崖陡无路，直到魏晋南北朝以后随道教兴盛才逐渐发展起来。至唐代始有人尝试在千尺幢处开凿石窝。直至明清，此段路才得以逐步完善。据《修华山路碑记》，清康熙十年“戊午夏五月二十七日，狂风骤作，暴雨如注，华山诸瀑汇而泛滥，坍没殿舍数百间，路为之塞堵，羽士募化重修。”据《修西岳庙并修山记》载，康熙四十二年“鄂海奉金币”对险路进行过一次大的整修。此后，小的整修又进行了多次，至今老君犁沟仍留有清雍正年铁桩。即使民国战乱年间，杨虎城主政陕西之时依然坚持对华山险路多次修整，并增设铁索多处。

而被联合国教科文组织授予“人与生物圈”生态定位研究站的鼎湖山，生长着2500多种植物，1000多种野生动物，被动植物专家誉为“天然的动植物王国”，也得益于肇庆市历代官府、寺僧、乡民的精心保护。他们不仅重视保护森林资源，而且不停地植树造林。鼎湖山本是天然生态原始丛林，森林资源极为丰富，而鼎湖山佛教圣地的开山祖师智常禅师，仍秉承六祖惠能大师“所到之处必插梅种树”的作风，

---

① 《后汉书·明帝纪》. 中华书局，1965年5月版.

率领弟子在鼎湖山上大规模地植树造林。如今，鼎湖山庆云寺周围古木参天，梅树成群，丹桂飘香。唐朝，肇庆星湖就已被开辟成旅游景区。明朝时，当地地方官还在七星岩的石室岩峰上刻下了一幅巨大的摩崖石刻，上书："泽梁无禁，岩石勿伐。"意思是湖中捕鱼不加禁止，但砍伐树木、破坏岩石，绝不允许。清乾隆八年(1874 年)，鼎湖山白云寺僧众与山主梁氏共同签订《护山碑》，碑曰："为使山清水秀，树木森蔚，僧俗应齐心协力，卫护山场，不得擅伐竹木，禁止在山上做工、采柴，以保护祖宗百年树木。言出必行，断不徇情。"光绪十九年(1893 年)，肇庆官府在鼎湖山竖起《禁伐树碑》，碑文中说："鼎湖山左右树林，既经跌次封禁，周围所植树木均应永远封禁，擅行砍伐，严惩不贷。"正因为严格的保护，才有了今天茂密的森林、宽阔的水面和美丽的湖光山色。21 世纪初，肇庆市又投入 1500 多万元，建设了一条长 7300m 的引污管道，将七星岩景区北岭山一带 60 多个污染源的污水引到了城市污水管道，通过城市污水处理厂处理后再排入西江，从根本上保证了星湖水的纯洁与美丽。肇庆市政府发布了禁止一切机动车驶入鼎湖山风景区的禁令。市区内所有的宾馆、酒家一律禁止使用含磷的洗涤剂，厨房燃油全部改燃气，景区水面的游船一律改成电瓶船。紧接着他们又策划了在七星岩景区种植领事林的活动，美、英、法等 16 个国家的领事馆来到七星岩，种下了象征友谊与环保的"领事林"。①

因此，认真研究中国山水文化的深刻内涵以及风景区的发展历史具有很好的启示性。

2. 这是遗产管理发展的国际化趋势

(1) 定义和要求的明确

国家公园是保护自然文化的一种重要形式，兴起于美国，随后在世界范围得到发展并逐步走向成熟。1969 年，国际保护自然及自然资源联盟(IUCN)对国家公园的定义得到了全球学术组织的普遍认同，即一个国家公园，是这样一片比较广袤的区域：

它有一个或多个生态系统，通常没有或很少受到人类占据及开发的影响，这里的物种具有科学的、教育的或游憩的特定作用，或者这里存在着具有高度美学价值的自然景观；

在这里，国家最高管理机构一旦有可能，就采取措施，在整个范围内组织或取缔人类的占据和开发并切实尊重这里的生态、地貌或美学实体，以此明确国家公园的设立；

① 耿闻，姚德荣. 画幅长留天地间——广东肇庆发展生态旅游故事撷英. 中国旅游报，2003-03-28.

到此观光需以游憩、教育及文化陶冶为目的，并得到批准。

于是国家公园通常被定义为："国家公园是一个土地所有或地理区域系统，该系统的主要目的就是保护国家或国际生物地理或生态资源的重要性，使其自然进化并最小地受到人类社会的影响。"[①]

(2) 政府和民众的保护

但是国家公园的发展道路也是曲折的。二战期间的国家公园实际上关了门，但工业生产又迫使公园打开以满足商业目的：在大峡谷和雷尼尔峰开采铜矿，在谢南多厄采锰，在约塞米蒂采钨，在奥林匹克伐木，在可放牧的任何地方放牧。二战结束后，文明、技术的迅速进步，人口的快速增长，给公园带来了太多的压力，林务官和伐木工人都抱怨 400～1000 年的过熟大树在奥林匹克国家公园的雨林中白白浪费。早在 20 世纪 50 年代，垦殖局就提出在犹他州恐龙国家公园中的格林河峡谷处建一座大坝，相关争论在国会中持续了 5 年多，最后以撤销该计划而告终。随后的 20 世纪 60 年代，垦殖局又提议在大峡谷国家公园内的科罗拉多河上建 2 座大坝以用于蓄水和发电，而且他们还认为提高水位将使自然更美，并可令更多的人进入大峡谷，但再次征求广大公众的意见表明：大峡谷不需任何改良。[②]

在英国，阻止国家公园内大规模的开发是政府的一贯政策。二战后农业的扩张和集约化程度的提高曾经迅速地改变公园的景观。例如在埃克斯穆尔(Exmoor)和北约克穆尔斯(North York Moors)，公园最突出的荒野景观分别有 1/5 和 1/4 消失于农业圈地和开垦中。这一问题里潜藏的，是国家公园目标与地方利益之间的巨大冲突。面对国家公园不断增大的压力，政府于 1971 年任命了一个由洛德桑福德(Lord Sandford)领导的国家公园政策检查委员会，肯定国家公园压倒一切的目标应该是对遗产进行保护，其他功能，如进入和游憩将从属于这个目标。并指出公园内的林业活动应进行计划控制，更好地保持农业和环境政策之间的协调关系。

(3) 政策和法规的配套

随着各种建筑工程、道路及旅游的城市化开发，如黄石荒野核心地带的峡谷村和黄石公园向雪地车开放、海岸公园向离开道路的沙丘轻便马车开放，国家公园也在发展。而更多的相关法律随即出台。1964 年荒野法案的通过表明对联邦土地上未受破坏的无路荒野的关注与日俱增，美国国会 1968 年通过了"荒野和风景河流法案"，以保护那些突出的自由流淌的河流；而同期批准的国家小径系统法案，专

---

① 王维正. 国家公园. 北京：中国林业出版社，2000：3.

② 王维正. 国家公园. 北京：中国林业出版社，2000：295.

门用来保护全世界最长的阿巴拉契亚休闲步行小径。①

国际上的国家公园系统对遗产资源有严格的管理措施，又有先进的利用方式。比如将大量的旅游经济活动安排在公园附近的城市，因此其"门内"资源得到了保护，而"门外"的经济尤其是旅游经济也可以迅速发展。自从1872年世界上第一个国家公园——美国黄石国家公园建立以来，经过130多年的发展，截至2003年，全世界已有200多个国家和地区建立了3881个国家公园，保护面积超过400km²，占全球保护地面积的23.6%，是目前世界各国使用最广的保护地模式②。

另外一个很关键的问题就是遗产的保护维护费用。美国国家公园的保护和管理经费是由政府财政拨款、私人捐献、社会团体专项基金这几部分组成，其中政府财政拨款是其资金来源的最主要部分。美国国家公园由联邦财政支持保障，作为一种公益机构存在并发展，公园有近90%的资金来自联邦政府的财政投入。1998年联邦政府对国家公园的投资为17.54亿美元，2008年国会对国家公园保护和管理的预算为27.5亿美元，在国家公园体系全部运营经费中，联邦政府财政拨款占86.94%，这比2004年的75%要高出11个百分点。国家公园的经费支出主要用于工作人员的工资、日常维护管理和一些保护性项目的建设上。国家公园另外的资金来源是门票收入、特许经营管理费和其他收入，这些收入都被认为是国家的资源收入，由国家财政留给公园用于保护工作。美国对国家公园的保护和管理提出了非常明确的规定，设置了横、纵多向，层层递进的法律法规，形成了国家公园立法体系。同时，美国按照国家公园内区域的不同使用功能分为多个区域。在"自然区"、"史迹区"更加注重保护"门内"资源，严格限制"门内经济"的内容，从而降低人为因素对自然的侵扰，使对自然资源的开发和破坏限制在最低程度；在"公园发展区"，"特殊使用区"以及附近城市中则设立相应规模支持公园开发的项目和设施，发展"门外"经济，方便游客使用和维持公园运转。而且在各大分区下还分别设置了若干次区，以适应不同区域的资源特征。这种严格的管理措施和空间发展模式明确了功能分区，不仅合理地利用和保护了遗产资源，同时促进了国家公园自身的发展。

当然，中国的遗产地有自己的特殊情况，不可能完全追求国家公园的发展模式，在相当一段时期内，门内经济的存在是必需的，但是，积极吸收国家公园先进的管理、利用方式，以国家公园的标准来要求、来建设，这是中国遗产管理及其发展逐步走向国际化的重要保证。

---

① 王维正．国家公园．北京：中国林业出版社，2000：194．

② 杨宇明．国家公园体系：我们的探索与实践．中国绿色时报，2008-11-19．

3. 这是大众审美情趣的国际化趋势——回归大自然

跨入21世纪以来，国际上的野外旅游热情空前高涨。它是现今社会的一股思潮，人们要挣脱被自己创造的巨大物质财富的奴役和“异化”，回归大自然，重返人类曾狩猎为生的“故土”寻找“自我”。早在1988年，美国国家公园管理局在制定新的公园系统规划中指出：随着时代进步和旅游业发展，国家需要不断建设新的国家公园，新一代国家公园将更加注重保护自然生态环境，除了保护传统的优美山川，还要保护沙漠、草原、荒野地，等等。这是对国家公园思想认识的深化，也是新时代大众审美情趣对国家公园和景区建设的需求。

以优美的海岸风光和自然景观著称的澳大利亚一直是全世界背包旅游者热衷的目的地。调查显示，93%的被访背包旅游者认为澳大利亚自然风光对他们具有吸引力。另外，还有95%的受访者表示将把澳洲作为背包旅游的必去目的地向其家人和朋友推荐。因此，背包旅游者依旧是澳大利亚一个重要的旅游市场。目前，背包族占到全部来澳游客的10%。尤为重要的是，背包游客具有多次旅游的潜力。74%的被访者有意再次访问澳大利亚，其中有36%的人表示未来5年内一定会再来。而且，令人陶醉的清净自然使得大部分的背包自助游客(62%)计划在澳洲逗留半年甚至更长时间，还有超过一半的人计划在澳期间会花费8000美元甚至更多。大多数游客表示，在游览澳洲著名的东海岸之后，还将游览其他景点。这一切也很好地反映了国际旅游市场对自然风光的追求。①

事实上，对自然的崇尚与追求，一直是中国丰富的山水文化的主题，而且在漫漫历史长河中对中国的民族文化、社会哲学有着举足轻重的影响，无论是天人合一，还是返璞归真，都十分强调自然对人类心灵的净化作用。遗憾的是，这些优秀的山水文化近些年来受到社会世俗文化甚至是金钱文化的较大影响，这不仅降低了广大游客的风景审美层次，而且也把遗产地经济发展引入歧途。西方资本主义国家在工业化初期就将自然资源包括自己的国家公园当做国土“明珠”去保护它，享受它。我们如果再以损害“自然”为代价追求“门内”经济的发展，那么不但愧对先世后人，也必将跟不上国际上国家公园及其旅游业的发展步伐。

综上所述，承认中国遗产地经济发展的历史、现实及国情，遗产地在相当一段时间内，还必须发展经济，但这种发展必须有明确的趋向，应该按照其空间消长规律，正确划分部门空间，合理布局，以遗产资源带动遗产区域经济及地区经济的全面发展。

---

① 王新胜. 澳大利亚依旧是背包游客热衷的目的地. 中国旅游报，2003-03-21.

5.2.4 遗产地经济空间布局的原则

1. 优化遗产地经济空间布局的出发点，保护和提高遗产品质，永续利用遗产资源，保护遗产区域经济的长盛不衰

遗产的开发利用必须以保护为前提，诸多遗产保护规定也特别予以明确。国务院《风景名胜区条例》第四章"保护"专门规定：

第二十四条　风景名胜区内的景观和自然环境，应当根据可持续发展的原则，严格保护，不得破坏或者随意改变。

风景名胜区管理机构应当建立健全风景名胜资源保护的各项管理制度。

风景名胜区内的居民和游览者应当保护风景名胜区的景物、水体、林草植被、野生动物和各项设施。

第二十五条　风景名胜区管理机构应当对风景名胜区内的重要景观进行调查、鉴定，并制定相应的保护措施。

第二十六条　在风景名胜区内禁止进行下列活动：

（一）开山、采石、开矿、开荒、修坟立碑等破坏景观、植被和地形地貌的活动；

（二）修建储存爆炸性、易燃性、放射性、毒害性、腐蚀性物品的设施；

（三）在景物或者设施上刻划、涂污；

（四）乱扔垃圾。

第二十七条　禁止违反风景名胜区规划，在风景名胜区内设立各类开发区和在核心景区内建设宾馆、招待所、培训中心、疗养院以及与风景名胜资源保护无关的其他建筑物；已经建设的，应当按照风景名胜区规划，逐步迁出。

第二十八条　在风景名胜区内从事本条例第二十六条、第二十七条禁止范围以外的建设活动，应当经风景名胜区管理机构审核后，依照有关法律、法规的规定办理审批手续。

在国家级风景名胜区内修建缆车、索道等重大建设工程，项目的选址方案应当报国务院建设主管部门核准。

但是，这些年，一些在遗产地"乱伐树木、乱开山石、乱建设施、乱卖资源、乱象经营"的"五乱"开发屡有发生，根本上还在于少数决策者对遗产的错误认识。事实上，如果遗产资源破坏了，遗产地经济失去了依赖的基础，"皮之不存，毛将焉附"，经济又如何能持续发展？不但门内经济难发展，门外经济也将受到重大影响。我们在这方面的教训太多了。黄山风景区刚对外开放时，为了适应"打开大门"和提

高接待服务能力的需要，大量商业和餐饮服务设施涌入景区，乱建乱搭局面混乱。作为重点景区之一的温泉景区，建筑繁杂，大有“城市化”之势。结果呢？风景资源受到破坏，服务质量严重下降，游人减少了，从何发展？经过而后大量的拆除外迁、绿化美化、关闭始信峰、莲花峰等老景区休养生息，对游览热线热点定时定量开放等有力措施，黄山“人间仙境”的本来面目才得以逐步重现。因此，应充分发挥遗产资源对生态平衡的调节作用以及旅游业的综合职能去带动经济发展，这是一条良性循环的遗产地经济发展之路。

2. 遗产地土地的合理利用是优化布局的关键

土地具有生产、负载等多种功能。但是，对于遗产地来说，它首先是一种科研、教育以及美学观赏的载体，因此遗产保护和展示用地是遗产地一切土地利用的主题和主体。遗产地的土地利用比较复杂，因为它们往往和生产、生活用地交融在一起，两者关系处理好了，则生产、生活可以创造新的景观，如田园风光等等；处理不好，生产、生活侵占风景用地，造成对景观的人为破坏。

(1) 土地的科学利用

为了保证遗产地生态、景观的完整性，遗产保护用地在遗产区必须得到充分的保障，它主要由一些山地、林地、水域和部分农业生产用地组成。因此，遗产地范围内的一切开发建设必须慎之又慎，不宜开垦的山地退耕还林，不宜围垦的水域退田还湖，从而不断提高遗产保护用地的比例。工矿用地、生活用地必须严格限制，甚至迁出。武当山所在的丹江口市曾投资 2 亿多元，治理水土流失面积 150km^2，植树造林近 30 万亩(其中退耕还林 16.5 万亩，景区内退耕还林 1.7 万亩)，封山育林 90 万亩。坡耕地全部退耕还林，使森林覆盖率达到 95%，而整个地区植被覆盖率也提高了 8%，不仅有力地促进了武当山作为世界文化遗产的景观和生态建设，而且也充分保障了武当山下作为南水北调中线源头的丹江口水库达到Ⅱ类水水质。[①]同时，因地制宜的果园和经济林建设，既可以更好地促进景观建设，又可以有效地发展农村经济，还可以增加采摘、农家乐、劳作体验等特色旅游项目。

(2) 土地的美学利用

美学利用是遗产用地的特殊要求，包括平面与立体两方面。平面上主要指为了使生产、生活用地与景观更好地相融合，应尽力做到生产、生活用地“景观化”，即从审美的角度去艺术地使用这些土地创造出新的景观。立体空间上主要指景观空间的视觉效果和景观层次，合理利用地形地貌变化安排土地用途，如河谷沿岸景观

① 丹江口市人民政府：丹江口市基本概况．内部资料，2003．

空间序列对土地利用的要求。土地美学利用的典型技术有区域性的水保林与风景林结合、局部的农田与田园风光相结合、线状的沟谷风光建成层次丰富的"山水画廊"等。

① 水保林——风景林。受地形、土壤、水文等条件影响,兼顾到经济效益,很多风景区的水保林以速生经济林为主,如马尾松、水杉等,造成林相单一,景观呆板。因此,从决定整个风景区景观格调的绿色基底的角度出发,风景区的水保林必须建设成风景林。具体表现为:第一,很高的森林覆盖率;第二,根据保护风景区生物多样性要求选用地方适生树种,尽量恢复地带性植被;第三,季相多变、色彩丰富、林相复杂的混交林。风景林的防护效能在很大程度上与林分结构状态有关。混交林林冠浓密,根系分布深广,枯枝落叶层深厚,涵养水源、保持水土、防风固沙等方面的作用都比纯林显著。

② 农田——田园风光。农田在遗产地可能占有相当的比重,"小桥流水人家"也是遗产地田园风光的重要组成部分。传统、单一、粗放的种植业不仅产出率低,而且不利于水土保持和田园风光的形成。因此,在不影响生态系统的前提下,通过改变农业种植结构,适度适地增加山上果园、田间果林、村旁果树等果林经济林的面积,以及通过绿化美化使平乏的交通线成为"风景画廊"等措施,可以极大地丰富田园景观(如山东峄县的万亩石榴园),增加农村收入,并且更好地培养居民水土保持的意识和自觉性。

③ 沟谷——山水画廊。沟谷是自然遗产地的重要立体景观带,同时也是水土流失的重要防治地区。因此必须通过远山近水的立体美化减少水土流失,丰富景观层次,从而构筑江山如画的"山水画廊"。以浙江楠溪江国家风景区为例,"叠叠云岗烟树榭,湾湾流水夕阳中",这是山水诗人谢灵运对楠溪江的赞美。楠溪江的水是美的,而两侧自然恬静的景观序列更美:一江碧玉→草地金滩→郁郁滩林→近丘远山→蓝天白云,丰富的景观层次构成典型的河谷风光。其中值得一提的是楠溪江两岸茂密的滩林。它不仅作为两岸水土保持的最后一道防线使得江水清澈纯净,同时,泛舟江面,它还是衬托清碧江水的第一层环境要素,视觉上与山与水构成一幅幅清秀而变化的动态画卷:时而给交通道路穿上绿色的罗裙起到障景作用;时而给奇峰巨岩增添浓绿的一笔,使山形更为生动;时而又为白帆湍流衬托背景,更显天蓝水碧。因此,对于楠溪江来说,滩林用地是受绝对保护的,它不仅是一种风景林,对当地来说更是被当做"风水林"而得以祖祖辈辈保护下来。

(3) 土地的高效利用

对于遗产地内的生产用地以及门外、域外的土地,还必须进行充分的、科学的、有效的使用，即科学调整土地质量、潜力、生态系统等，提高土地利用集约化水平，以提高土地的产出率，做到地尽其得，物尽其用。目前，在风景区边缘甚至内部建设大量效率和效益都很低的宾馆饭店、娱乐设施（包括高尔夫球场等），不仅违背资源保护的原则，也不符合土地经济学本身的规律。

图 5-2　楠溪江沿岸丰富的景观层次

（张天新摄于楠溪江，2003-08）

3. 区域统筹规划

如何采取有效措施解决遗产地"孤岛化"倾向呢？首先应将遗产地经济与整个地区经济纳入统一规划，科学确定遗产所在地区的经济社会发展战略、城镇发展性质和规模。其次，遗产地外围划定适当的保护范围，保护范围内禁止污染性工业部门的存在，对于农业、服务业、交通运输等则遵循指导性原则，以实现土地的合理利用。

4. 实例及启示

浙江雁荡山是以具有世界典型性的流纹岩火山地质为基础，以峰、洞、嶂、瀑、"门"为特色，美学、科学和历史文化价值都很高的首批国家级滨海山岳风景名胜区，总面积 186km^2。其中著名的灵峰、灵岩、大龙湫构成的"二灵一龙"景观带，是雁荡山的精华和代表，沿线集中 22 个一级景点，占风景区一级景点总量的 45%；30 个二级景点，占风景区二级景点总量的 40%，也是雁荡山风景区的核心景观区和核心保护区。

但是，这条景观轴线历史上就是当地居民的生活轴线，大大小小居民点沿沟近水而居，包括谢公岭角、响岭头、内外响岩门、上下灵岩、三官堂等一大批村落，由灵峰至大龙湫公路连成带状，居民住房扩建与景观保护的矛盾很大。它同时也是风景区的交通轴线，88%的游客和大量旅游车辆、停车场云集于此，其门票收入占整个风景区的90%。更为严重的是，目前这条景观轴线还演变成了带状商业服务轴线，大量旅游服务设施涌进风景区核心地段。仅响岭头、灵峰、灵岩三地的宾馆床位数就达4100个，占整个风景区内总床位数的98%，致使宾馆、旅馆床位数大部分时间都大大超出需求。尤其是现状入口处的响岭头一带，总建筑面积达12ha，其床位数、餐位数、商业摊点数分别占风景区内相应服务设施总数的86%，80%，45%，已成为事实上的旅游服务基地。①

但是，受景观保护、自身用地条件、经济实力等因素影响，响岭头不可能也不应该成为综合性的旅游服务基地。而与此相反，位于风景区"门外"、104国道东侧和紧邻甬台温高速公路的白溪镇，具有良好的交通区位、用地条件和城镇建设基础，本应成为整个风景区的服务基地和风景区核心地段人口外迁的接受地，但近些年却一直没有得到很好的发展，无论是城镇规模、景观风貌，还是设施条件，均无法满足服务基地的标准和需求，与景区内的"繁荣"形成鲜明对比。虽然现在改名为雁荡镇，但实际上却根本没有功能上的分工和联系。

雁荡山风景区"门内经济"的无序发展造成的风景区经济空间布局的"错位"，不仅使得风景区"门内"畸形繁荣，且导致自然景观和环境生态的严重破坏，也使得门外合理的服务基地雁荡镇形不成规模，上不了档次，城镇化发展缺乏动力。因此，今后必须遵循风景区经济空间布局的要求和原则，"门内做减法，门外做加法"，即科学制订核心景区整治规划，大量拆除、外迁"门内"现状破坏景观和环境的服务设施，逐步恢复雁荡山清秀奇特的自然面貌。确立雁荡镇作为风景区服务基地的定位，大力建设旅游文化娱乐设施、购物中心以及医疗卫生设施，采取切实措施接纳景区人口和服务设施的外迁，借此有效推进雁荡镇的城镇化和现代化(图5-3)。同时，研究雁荡山世界自然遗产的潜在价值，早日让雁荡山走出国门迈向世界，为区域经济发展以及文化建设作出贡献。

① 北京大学世界遗产研究中心.雁荡山风景名胜区总体规划，1999.

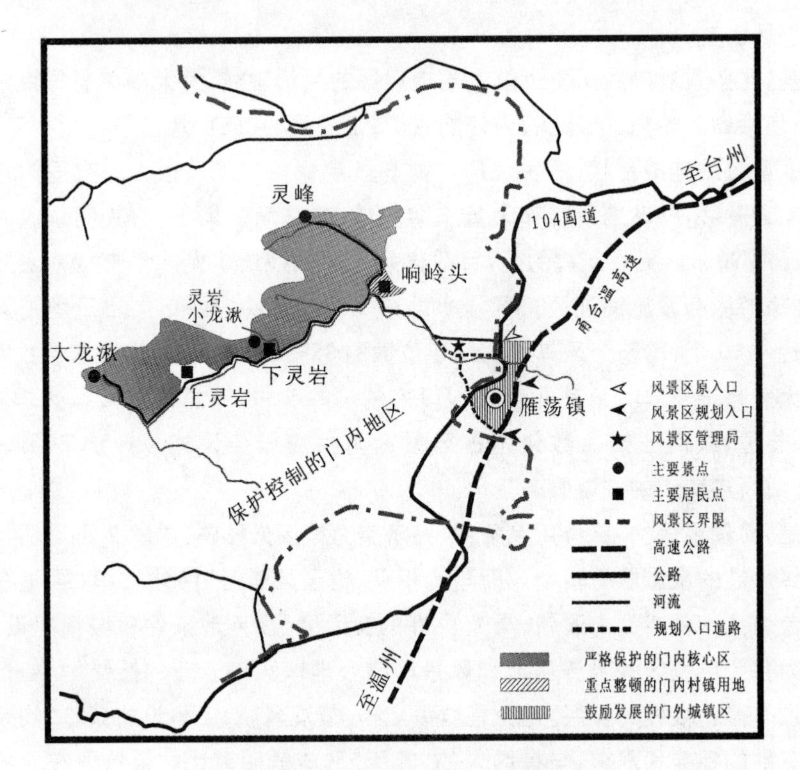

图 5-3　雁荡山风景区门内外关系示意图

因此，在“保护第一”的前提下，遗产资源也需要利用，遗产地经济也需要发展，两者并不矛盾。关键在于合理遗产地经济的空间布局，更好地以遗产的知名度和所带来的信息、服务需求促进区域经济的综合发展和城镇化水平的整体提高。

5.2.5　遗产地经济的产业发展总体思路

遗产事业是一种公益事业，这就决定了遗产地经济与传统经济的重要差别，即其首要追求满足人们精神文化需求的社会、环境效益而非单纯的经济利益。因此，如果我们以遗产地范围为大体界线把遗产地经济在空间上形象地划分为门内经济(遗产地区内经济)、门外经济和遗产地区域经济的话，依据“门内消，门外长”的遗产地经济特殊的空间消长规律，其产业发展的总体思路可以概括为：有限经营门内经济，重点发展门外经济，大力开拓区域经济，从而促进整个地区经济的腾飞。

1. *生产力布局和经济发展普遍规律的要求*

集中与分散是生产力布局的普遍规律。城镇往往是基础设施、服务设施和经济部门比较集中的区域,将遗产地外围的城镇作为遗产地的高级服务中心(基地)和重点发展目标,有利于充分发挥城镇的集聚规模效应,形成规模经济,从而为遗产地提供更好的服务。

2. 现代旅游业发展的要求

现代旅游业的发展,要求在充分保护旅游资源的前提下,通过改变传统的旅游供给与消费结构,增加购、娱、食、住的消费水平,从而提高总的旅游经济收入。而在食、住、行、游、购、娱六大消费结构中,前四项是基本稳定的,挖掘潜力远不如购、娱两项,而这后两项主要并不在遗产地以内而是在作为遗产地高级服务中心的城镇,包括住、食也如此。

另外,"旅游业持续发展"作为世界旅游业的原则之一,早在 1980 年 9 月马尼拉举行的世界旅游会议上已被提出。大会制订的《马尼拉宣言》强调"自然资源是吸引旅游者的最根本力量",从而着重说明旅游业与环境应"并重兼顾",否则将可能造成资源质量下降甚至毁灭。为此,宣言提出如下措施:"确定并确保不超过旅游地点的承受能力";教育国内外旅游者"维护、保护并尊重游访地区的自然、文化及人际环境;力争使发展旅游业的计划特别关注保护环境;设计别具特色的活动项目,进行文化交流并维护当地文化特性。"重点发展门外经济,可以说是这些原则的充分体现。

3. 遗产地区域经济整体发展的要求

遗产地经济的"催化性"要求遗产地经济不能只在遗产资源本身做文章,更主要的是通过对这些资源的利用带动整个遗产地区域经济的发展。一方面"门内经济"要有限制,一方面整体经济又要发展。解决这个矛盾的唯一办法,只能是集中发展"门外经济"。泰山被列入"世界自然文化遗产"后,"门内经济"受到更加严格的限制,因而具有两千多年历史的文化古城泰安城也就成为泰山风景区的服务基地。只有本着"以山为题,借题发挥,发展振兴泰安经济"的指导思想,切实加强自然资源和人文景观的保护管理,科学地进行开发建设,才能借泰山之名,谋泰安之利。

由此可见,把遗产地(域)经济的重点放在"门外",既保护了遗产资源,又促进了地区繁荣,这是一项长远的战略选择。

5.2.6 遗产地门内经济的发展

门内经济的发展必须是有限度的。具体说,适于"门内"发展的主要有旅游业中的游、购以及为之服务的、适量的餐饮、旅馆业、对内交通和部分农业,破坏景观和污染环境的第二产业禁止发展。从目前看,有些第一、第三产业的发展已经需要限制。从长远看,则应逐步向门外过渡、转移。而历史上形成的非遗产地经济部门,如工业等,应尽快转换成遗产地经济部门(如工厂转变成游人中心、博物馆、工艺品和旅游购品生产中心、小型接待设施等等),或者转移至遗产地界外部。尤其是高耗能耗水、重污染的行业如化工、火电等等严禁发展。最近一些遗产地不顾生态环境的影响而修路筑坝发展大规模水电的现象也必须引起高度重视。

1. *旅游业*

除了传统的产品开发、市场营销等旅游产业发展必须注意的事项外,遗产地的旅游业还必须特别注意:

(1) 正确认识旅游业对地方经济的作用

合理的产业政策,是基于对遗产地经济发展因素的分析和现状经济水平的判断。旅游业作为第三产业中迅速崛起的新兴产业,前向、后向、侧向效应强,产业链长,因此对经济影响作用大。但是这种作用更多地表现为对其他产业的催化、带动作用,就产值绝对量看,在相当长时间内,增强地方经济实力还要靠第二产业。即使桂林这样著名的风景旅游城市,2002 年接待国内外旅游者 1097 万人次,其中入境游客 98.43 万,接近百万,全年旅游总收入 49.33 亿元,其中国内收入 30.81 亿万元,创汇 18.52 亿元(中国城市统计年鉴 2003),其旅游业的收入也只占桂林市国内生产总值 357.7 亿元的 13.8%,而工业却占到桂林市国内生产总值的 40%。然而,桂林市三次产业结构中,第三产业比重已经超过第一、第二产业,因此旅游业的带动作用是强大的。所以,旅游业可以是一种先导产业、带动产业,但不一定能成为支柱产业。一些遗产地过分倚重旅游业,盲目把旅游业当做支柱产业,用本来就困难的资金去建设一些与周围地区类同的景点,结果基础服务设施跟不上,旅游业上不去,工农业反而受了影响。因此,只有清醒地认识遗产地自身的优势与不足,才能确定因地制宜的产业结构与产业布局等一系列产业发展政策。

(2) 旅游业既是一种经济事业,更是一种文化事业

旅游业的基本任务是满足旅游者的物质和精神生活需要。旅游业的经济性是人所共知的,但是,旅游作为一种新型的高级的社会消费方式,文化生活消费的内容占有重要比例,与社会上一般的服务行业相比,旅游业具有更高的文化性质,尤其是遗产地的旅游。旅游业的文化性可以包括:

① 资源的文化发掘。即对遗产资源中除普通的美学价值以外的历史文化价值和科学价值的利用。泰山雄冠五岳,虎踞齐鲁,岱庙至岱顶的登山古道沿途风景美不胜收,但一般的游人是否能够观察和体会到两侧“登高必自”、“渐入佳境”、“峰

回路转"及至登完6293级石阶后的"峻极于天"等即景抒情的石刻中所包含的深刻人生哲理呢？是否能从岱顶肃穆的氛围中领略到古代先贤"天人合一"的哲学思想呢？又能否认识到泰山精神正是中华民族精神的缩影呢？遗产地旅游业，应该积极挖掘遗产文化，形成遗产地的自身精神，从而才能开展独具特色的旅游活动。

② 服务的文化理念。它包括两方面内容，一是服务内容的文化性，二是服务素质的文化性。前者即目前通常所指的狭义的"旅游文化"，是对旅游过程中增加文化体验内容而言；后者则是对从业人员在食、住、行、游、购等服务工作上的文化要求，"服务上层次，销售求艺术"，都需要较高的文化素质。

③ 建设的文化品位。遗产地旅游业的发展，依赖于遗产资源的保护建设，两者应当相辅相成，互相促进，这就需要遗产地的建设有较高的科学水平和艺术水平。俗话说"瞻前顾后"，我们瞻以前，瞻目前，还要顾今后，即追求遗产的长远利益、综合利益。破坏性的建设无疑是杀鸡取卵。

(3) 内外合理分工

遗产地的旅游业，在内部结构上应着重在"游"字上做文章，即发掘遗产地特色资源，开展特色旅游，提高审美层次。发展有限或最低限度的购、娱、食、宿等服务部门，否则，第三产业的大量兴起有可能使遗产地变为一般的城市公园。

(4) 旅游活动应与遗产地性质相符合

在遗产地开展旅游活动，不同于一般的公园、旅游区，必须与遗产的性质相符合，不能开展低级趣味，或者有损遗产品位、破坏遗产资源的各类活动。因此可以借鉴国家公园的经验，将遗产地游憩活动分为允许的游憩活动与适宜的游憩活动。

允许的游憩活动是指不违背风景名胜区、文物保护等相关法律、条例，在某个特定的遗产地区也可能适宜的活动。

适宜的游憩活动包括：与风景名胜区、文物局保护政策以及遗产地区的生态和纪念完整性保护相一致的活动；特别适合一个特定遗产地区特别条件下的活动；能提供鉴赏、了解和享用遗产地区主题及发展历史方法的活动。

美国国家公园的用途很明确：一是仅允许开展有利于了解公园管理目标、尊重生态系统的完整性，并且只有少量建筑设施的户外活动；二是公园在提供福利、教育和享用机会时，必须有明确的服务目标。提供这样的机会和服务不能与"国家公园法"所规定的保护义务相违背，要保证公园不受损害。因此，并不是公众所要求的每一种活动都能提供。从这一点上讲，国内有些遗产地"将游客需求当做第一选择，将游客满意当做第一追求"的理念值得商榷。

2. 商业服务业

商业的发展，对于旅游产业结构的调整以及遗产地经济的发展具有十分重要的作用。它除了作为连接生产与消费、工业与农业、城市与乡村的桥梁外，还是联系遗产地旅游主客体的纽带。旅游商品中的旅游资源、旅游服务等都不能发生转移，而只有商业中的“购”能使商品实现转移，合理的遗产地商业结构，应该是由适应遗产地自身需求的自给性消费转变为适应旅游市场需求的商品性消费，由当地居民的自我服务转化为适应遗产地整体需求和游客需求的全方位、系列化服务。

旅游商品的产销，是遗产地商业发展的重点，也是反映遗产地特色的标志。中国遗产地的旅游商品普遍存在“老面孔多，新面孔少”的通病。因此，“购”在旅游消费中的比重很小，一般国外游客在20%左右，国内游人则为15%左右。“购”是无限的，改进遗产地旅游购品的质量、品种，是提高遗产地经济效益的重要手段。要善于发掘具有地方特色的原料资源，同时提高科研设计水平，很好地融“三性”(纪念性、艺术性、实用性)、“三风”(中国风格、民族风格、地方风格)，“三化”(系列化、多样化、配套化)为一体。

旅游商品需要强调地方性。但特别需要注意的是，在中国许多遗产地常将化石、大理石、钟乳石、树根、盆景等自然资源过度无序地开采和挖掘当做工艺品销售，对遗产资源的科学价值和美学价值形成较大破坏。这在许多国家的国家公园和保护地是严格禁止的，因此必须正确处理旅游商品生产与保护资源的关系。位于澳洲大陆架东北部的澳大利亚大堡礁，是世界七大奇迹之一，礁区从弗雷泽岛正北到约克角绵延200km有余，覆盖着澳大利亚大陆架 $35\times10^4\text{km}^2$ 的面积，由小到几公顷、大到百余平方千米的2500个礁体组成，是世界上最大的珊瑚礁，共有400多种珊瑚、4000多种软体动物和1500多种鱼类以及儒艮、大绿龟等濒临灭绝的珍稀动物在此生存。然而，即使在这么一个以珊瑚礁而著名的世界风景胜地，面对每年上百万国际游客，岛上却从不采集一个珊瑚当做纪念品销售。偶尔有个别商店有珊瑚出售，却是远从菲律宾运来的。这种对自然环境的保护态度值得我们学习。①

3. 农业

农业是遗产地产业关联中的基础产业。它不仅吸引大量的社会劳动力，而且为遗产地提供充足的农副产品，尤其是富有地方特色的土特产品和手工艺品。同时，又带动门外加工、保存、贮运等产业链的协调发展。另外，一些农业生产还可为遗产地增添新的景观。我们通常所说的山水田园景观、农家乐旅游，都是与农业密不可分的。

---

① 吴承照，张杏林等. 风景旅游规划的三元结构——来自澳大利亚自然公园的启示. 城市规划汇刊，2001，第3期.

但是,农业生产用地与遗产用地既有统一的一面,又有矛盾的一面,集中表现在过度的农业开发对遗产用地(尤其是风景林地)的侵占以及动植物资源的破坏。因此,从空间上看,遗产地的农业生产不能扩大规模,而只能通过内部结构的调整以及提高作物单产来发展。

大农业内部的结构调整,首先应以基本农田保护等国家政策法规为基础,一些风景区为获取更多的赢利,将大片优质高产农田改种水果、蔬菜、花卉等经济作物而忽视甚至放弃粮食生产,这也是片面的。其次是适当提高林、牧、副、渔的比重,再者合理调整种植业、林业等内部比例,如适当提高种植业中经济作物的比例、合理规划风景林与经济林的比例,等等。尤其对那些范围大、经济水平相对落后的山岳遗产地更是如此。

遗产地农业的发展,还必须为遗产地提供生态和环境保护。同时利用遗产地的"窗口"作用,利用旅游业拓宽市场;通过结构的调整,吸收转移农业剩余劳动力,带动和加速农业的商品化和集约化,以最终实现农副产品的多产出多创汇,因此,遗产地的农业和工业、旅游业应密切结合。

积极发展旅游生态农业。充分利用现有农业资源,建立农林牧副渔成果综合利用的生态结构,增强农业生产过程的艺术性、趣味性、科学性,生产丰富多样的绿色食品,形成篱笆竹舍、瓜棚豆架、佳果田园、水乡垂钓等鲜明特色,把农业生产、科学管理、商品生产、艺术加工和游客参与融于一体,为游客提供休憩和观赏良好生态环境的场所。包括:

① 旅游种植业。即利用现代化农业技术,有计划地开发具有较高观赏价值和经济价值的作物品种,如引种优质水果、蔬菜、花卉、茶叶,建设名、优、特、稀农作公园,向游客展示农业最新技术和应用成果。武当山的八仙观茶场不仅年产武当银剑、武当针井等高档名茶,同时,层层梯田绕山转,带带茶丛镶林间,作为得到认证的国家环保有机农场还成为武当旅游景点之一。

② 旅游渔业。利用湖面、水库、河塘、滩涂等水域,从"住水边,玩水面,食水鲜"的特色入手,综合开发旅游点和设施,游客可垂钓、可游泳、可驾艇;养殖业则以可供观赏的珍稀水产品种以及独特的、高科技和高产值的水产养殖项目为主,以增强游客兴趣。

③ 旅游副业。凡是有地方特色的工艺品、农副产品吸引游客选购,并让游客亲眼参观一些独特工艺品的制作和艺人的精湛技艺,让人们充分领略蕴藏其中的"劳动美"。

美国农业部估计,2013 年平均每家农户的收入中,仅有 13% 来自传统农业生产。旅游农业的兴起，对于促进农业与旅游业、生产与消费的有机结合，开创遗产地旅游业发展的新路子具有重大意义。

4. *农家乐与乡村旅游业*

20世纪90年代以来，成都等地开始规模化发展以"农家乐"为主的乡村旅游。它以农户家庭经营为主，以"吃农家饭、品农家菜、住农家院、干农家活、娱农家乐、购农家品"为特色，实现了农业、农村、农民与旅游的结合，有力地促进了广大乡村劳动力就业、景区经济增长以及城市休闲基地的建设，在中国城乡统筹发展中发挥了积极作用。

"千年永嘉，耕读文化"，瓯江之北的温州永嘉县依托楠溪江国家级风景名胜区发展农家乐休闲旅游村36个，休闲旅游点52个，经营农户达240户，有1500多人直接从事农家乐休闲旅游服务。已创建县级农家乐休闲旅游特色村9个，示范点18个，市级农家乐休闲旅游特色村6个，示范点11个，省级农家乐休闲旅游特色村2个，示范点1个。经评定，农家乐星级经营户102户，其中三星级34户。据初步统计，2009年实现接待游客人数达130.54万人次，经济收入达5958万元[①]。淳安县位于浙江省杭州市西部，是千岛湖国家级风景区所在地。淳安县乡村旅游起步于2002年，近年来得到了较好的发展。到2009年底，全县共有乡村旅游景点14个，休闲观光农业示范园区4个，农家乐特色村10个，农家乐经营户370余户，床位3600张，餐位25 000余个。2009年全县乡村旅游接待游客102万人次，实现旅游经济收入1.07亿元，比上年分别增长27.8%和85.5%。农家乐休闲旅游业考核连续两年获浙江省一等奖、杭州市第一名。乡村旅游已成为淳安农村经济新的增长点。[②]

但是，中国乡村旅游普遍还存在缺乏统一管理，规模小、设施简陋，经营模式雷同、竞争手段单一等问题，特别是对于遗产地内的乡村旅游，还不同程度存在因缺乏统一规划、布局混乱而对遗产地造成景观和生态破坏的现象。如重庆缙云山国家级风景名胜区内，缺乏科学规划而过度发展的乡村居住和旅游用地对景观造成不利影响，而且仅生长于缙云山、北温泉公园内外和统景镇东温泉公园内温泉附近的国家二级保护植物——缙云卫矛，由于人为的干扰已经濒临灭绝[③]。

针对以上问题，借鉴国外乡村旅游的发展经验，中国遗产地乡村旅游今后应特别

---

① 潘浪国. 农家乐休闲旅游发展态势之初探. 管理观察[J], 2010(22):261—262

② 仇峰. 一条乡村旅游发展的成功之路. 中国乡镇企业[J], 2011(08):58—60

③ 张文菊，杨晓霞. 风景名胜区发展"农家乐"的问题与对策——以重庆市缙云山景区农家乐为例[J], 2006(23):6361—6362

注意：

① 保护资源。遗产地内的乡村旅游，必须以保护遗产的真实性和完整性为准绳，以遗产地总体规划和相关详细规划为依据，严禁无序开发，违章建设。特别是一些历史文化名城、名村，家家红灯笼、户户开商店的做法有违遗产真实性。

② 加强管理。一方面，政府通过法律进行规范。如美国政府通过出台相关法律并设立农村旅游发展委员会来规范和促进农家乐的发展；日本农家乐的各经营商户均有营业执照，并且所有商品明码标价，非常规范。另一方面，突出行业协会的作用，达到行业自律。如美国，其农家乐的行业组织性和自律性是其健康有序发展的重要保障；德国，则通过行业协会将农产品的生产、加工与旅游有机结合。

③ 特色鲜明。如加拿大伊文格林地区的乡村旅游基于阿卡迪亚文化而发展起来；比利时农家乐基于生态体验型农家乐逐步壮大；以色列对目标客户群体定位尤其鲜明。

④ 依托自然资源打造，而非人为雕琢。如德国依托自然环境和种植园条件，逐步形成世界知名的休闲度假集散地。

⑤ 多元化经营。国外发达国家农家乐无一例外在主营业务之外，配套休闲娱乐项目，一方面可以丰富游客的体验经历；另一方面可以增加店主的营业收入。如日本的体验型农家乐，通过观赏和体验各种乡村活动，充分带动了参与者的主动性和积极性[①]。

因此，农家乐、乡村旅游，在中国遗产旅游中值得推广，但也亟需加强引导。

5.2.7 遗产地门外产业的发展

“门外”是遗产地的高级服务基地，是遗产地域经济的重点，对门内、域外均有重要影响，重点发展门外经济，即重点发展为遗产地服务的第三产业，尤其是旅游业中的购、娱、食、宿、行，另有适量的工业及农业经济。它包括：

重点发展旅游业中的购、娱、食、宿等第三产业，充分利用城镇经济的集聚规模效应为遗产地提供优良全面的服务。

发展第一产业，既为遗产地提供旅游商品，又为遗产地提供足够的外围保护地域，有效防止外围“城市化”导致的风景区“孤岛化”。

积极发展遗产地的对外交通、信息产业。一是遗产地的外部交通。对于门外

① 刘海玲，徐虹．国外经验对济南南部山区农家乐发展的借鉴与启示．旅游发展研究，2013(6)：12—17．

经济来说，交通业应成为一种先行产业，以逐步减小它在遗产地域诸业中的“瓶颈”效应，促进区域经济的全面发展。二是信息产业。邮电通信和网络技术是现代遗产地的“神经网络”，它接收、传递各种内外信息，协助管理部门制定及时、准确的对策。在信息业迅速发展的时代，畅通遗产地域与外界的联系，对遗产地的保护、开发以及市场预测具有重要作用。

慎重发展“门外”工业。禁止发展诸如放射、剧毒等隔离性工业以及冶金、造纸、重化工等严重污染性工业。

对于一些产生轻度污染，需要处理才能发展的工业如机械、食品、纺织等，应选择合适的厂址，安排在城市及遗产地河流的下游、主导风向的下风向，排放物的处理必须达到国家规定的标准，厂区与遗产地之间应建立足够宽阔的绿化隔离带，以保证风景观赏层次的完整性。从长远考虑，一些现存的或兴建的污染性工业部门应远离遗产地。比如，为保护周口店猿人遗址，北京房山区关闭了 34 个矿山、企业，兴建了 20 余万平方米保护林；为减少对慕田峪长城等重点景区的污染，北京怀柔区关闭了 627 个金矿浮选点、110 个萤石矿点和 24 个铁矿采矿点。

提倡发展一些低能耗、无污染的农副产品加工业、传统工艺品生产等行业。

工业产业层次应逐步高级化。亦即从传统的劳动密集型、能源密集型向资金、技术密集型转变，比如生物工程技术、电子通信技术等等。这是产业结构高级化的要求，也是从根本上消除工业对环境污染的积极做法。

5.2.8　遗产地域外产业的发展

由于受遗产资源保护的直接限制较少，除去遗产地“门内”和附近“门外”的遗产地域外是各类产业部门尤其是一、二产业以及地区经济发展的主要场所。其功能主要是为整个地区经济服务，同时，受遗产地经济导向的影响，该地区成为遗产地部分生活、生产用品以及富有地方特色的旅游购品的“生产基地”。因此，一些在遗产地及其附近禁止发展的产业部门，尤其是工业，只要符合部门布局要求，完全可以放在这里发展，关键是克服地方的条块分割以及本位主义，避免市、县、乡(镇)之间争项目、争投资。另外，还可以利用遗产地的知名度和“窗口”作用，发挥旅游业的综合职能，调整地区产业结构，从而以正确的地区经济总体发展战略促进地区经济的腾飞。

安徽六合市地处皖西大别山区，虽然是著名的革命老区，但也是传统的贫困地区，还是一个风景资源大区。这里有号称“华东地区最后一块原始森林”的国家级森林公园——天堂寨风景区，以及国家级历史文化名城楚都寿春和被誉为世界七大人工灌溉工程的淠史杭水利枢纽工程。但是，多年来，六安山区农民靠上山打柴、烧炭、卖木材、种着几分地为生，单一原始的以农为主的产业结构使丰富的风景资源与长期的贫穷落后形成强烈反差。为了彻底改变这种"捧着金饭碗要饭吃"的局面，根除伐木毁林对植被生态造成的严重威胁，当地政府首先制订了严格的资源保护条例，采取政府投入、投资融资、以工代赈等形式筹资近10亿元用于景区内的景点、道路、电信和必需的服务设施建设，为风景资源的保护和开发打下了良好基础。随后，积极利用风景资源的影响吸引国内外资金10多亿元用于风景区外服务设施和服务城镇的建设，不仅促进了全市旅游业的迅速发展，还有效地带动了当地生态农业、建筑业、交通运输业、邮电通信业以及商业服务业的全面增长。五年内，全市星级宾馆从空白到6家，旅游商品企业从5家增加到16家，为风景旅游服务的从业人员近3万人。同时，随着大量农民弃农经商或从事旅游服务业，一大批农村旅游集镇蓬勃兴起，农村产业结构显著优化。外围的天堂寨由几年前的32户人家发展成为拥有160多家个体经商户、36家私营企业的新兴集镇。燕子河镇还发展成为大别山区高山蔬菜、茶叶、板栗等农副产品交易中心。2001年全市接待游客163万人次，其中入境游客近2000人。旅游总收入5.54亿元，其中创汇103万美元。全市人均增收200余元，使多少年来的贫困山区基本脱贫。其中因风景区旅游带动直接脱贫的收益占20%，重点景区高达50%。[①]

因此，遗产资源的保护与利用并不矛盾而是相辅相成的。关键在于明确"在哪儿发展"、"发展什么"。处理好了发展空间和产业选择两大关键，遗产地经济就会走上一条保护与发展协调共进的良性循环之路。

5.3　三个层次——点、线、面

从理论地理学和区位论的角度看，区域是点、线、面等区位要素结合而成的地理实体的组合。因此，除了产业、空间等宏观问题外，对遗产地诸如景点、商业网点、居民点、交通线、游览线、功能分区等微观的、实用性问题的探讨，也是合理利用自然文化遗产价值的重要保障。其中，遗产地的景点、服务网点和居民点分别是遗

① 范良文.旅游给贫困山区带来了什么.中国旅游报，2003-03-19.

产地三大组织结构即风景资源结构、服务设施结构和居民点结构中的重要内容；交通线和生态走廊则是遗产地内人和动物的移动通道；功能分区是土地的平面实物属性，而管理机制则是遗产保护利用的政策"层面"。

5.3.1　历史的真实体现——景点的保护

遗产地的景点，既有自然景点，又有人文景点，它们是自然文化遗产本底价值的重要体现。因此，本着真实性与完整性结合的原则，两者的保护与利用都必须强调对历史（不仅是文化历史，也包括自然历史）的真实体现。其中对自然景点强调生（态环）境的真实，人文景点强调文（化）脉（络）的真实。

1. *自然景点生境的真实*

自然景点生境的真实，应该包括景点地形地貌的真实、构成景点的自然要素的真实和景点所在小环境的真实。比如对瀑布，其真实性就应该包括其所处的上游河流、悬崖山体和轮廓线、跌水池潭、下游去处、周边环境等等。如果在瀑布上游或下游筑坝拦水、开山取石、砍伐树木、池潭筑坝加深、周围增加大量硬化观瀑空间等，都是对瀑布真实性的破坏。

2. *人文景点文脉的真实*

对人文景点文脉真实性的保护则更为复杂，也会面临一系列更为具体也更为棘手的问题。特别是：保护真实性是否意味保护遗产原状？是否意味着遗产的演进就此止步，人们将无所事事？是否意味着人类为保护真实性而必须放弃享用权，取消任何暂时的妥协性处理？回答这些问题意味着对"真实性"理解的深化，既具理论意义，又具实践意义。针对这些问题，对于人文景点"真实性"，我们可以分为"历史上的真实"，"演进中的真实"，"妥协下的真实"三种区别对待。[①]

(1)"历史上的真实"。是指得到考古、历史考据等意义上的科学确认。应当说，当一项遗产得到官方确认并被正式命名时，它的状况尽管在相当大程度上反映着历史的真实，但并不完全。有些历史真实可能消失了，有些历史真实可能处于解体或销蚀中。强调"历史上的真实"对遗产保护的意义在于：① 遗产保护的目标并非被正式命名时的"真实"，而应是"历史上的真实"；② 为了保护遗产，除必须采取防销蚀措施外，还应当在可能条件下按"历史上的真实"进行遗产修复、恢复、重建；③ 这些修复、恢复、重建应当严格地按考古学依据进行，并应使"现存"部分与"修

---

① 徐嵩龄．中国的世界遗产管理之路——黄山模式评价及其更新．旅游学刊，2003年，第1期．

复、恢复、重建"部分是可辨识的，有记录的。

(2)"演进中的真实"。是指现代人类对遗产的新贡献。只要承认遗产是历史积累的，那么就应承认现代人类的某项具有特定人文科学意义的作品，也可能会成为遗产的新的组成部分并向未来传递。由于它是遗产演进过程中产生的，因而称为"演进中的真实"。在实践中，"演进中的真实"与"遗产破坏"极易混淆。大量出现的情况是以"演进"为名，行"破坏"之实。这样，有必要为"演进中的真实"提出必要的界定：① 它对核心遗产不构成任何破坏；② 它体现的文化氛围与自然景观氛围以及遗产的"历史真实性"是相洽的；③ 它的人文、科学意义既继承遗产的"历史真实"脉络，又为反映这一"历史真实"的演进增添了具有时代特征的新要素。

(3)"妥协下的真实"。是指为满足遗产的社会功能(如旅游、服务)而在真实性问题上作出的微局部的、非本质的、暂时性的、可恢复的妥协。随着经济发展和社会进步，遗产以旅游方式向社会公众开放既是一种趋势，也是一种社会责任。于是，一些历史建筑被赋予新的用途，如书院被用做文化博物馆、非主要寺观等被用做旅游用品商店、小型接待设施等等。处理遗产保护与遗产旅游的矛盾时，应当适度考虑旅游服务，考虑到这一服务的人文关怀性质。但是必须保护第一，也就是真实性第一。

而对于完整性的要求又可包括景点单体的完整和环境的完整。只要真实性得以保护，一般单体的完整性容易实现。但环境的完整性往往得不到应有的重视。一些景点周围大量服务设施使得景点成为处于楼堂馆所包围中的一片孤岛、一叶孤舟，景点本身的完整性和真实性也是不会长久的。

5.3.2 布局的景位指向——服务网点的布局

按照区位论理论，影响产业布局的区位因子可以分为一般和特殊两类。一般因子是对产业区位都产生影响的因子，如运输费用、劳力费用、市场因素等等，以此产生区位选择中的运输指向、劳力指向、市场指向以，集聚指向等原则，成为产业区位的普遍性规律。然而在遗产地这个特定的区域，其保护为主、经济为辅的特殊要求，决定了"景观"这个特殊因子在产业布局中的决定作用及主导地位，也就是说，与通常的产业区位相比，遗产地产业最优区位的选择应以"景观指向型"为主(这里的景观是景观及生态的综合概念，既有真实性要求，也有完整性考虑)，即遗产地的产业发展，尤其是商业、餐饮服务业等布局"自由度"较大的部门在选址上必须以保护、建设景观为原则，在保证土地的合理利用和美学利用的前提下取得最佳的经济效益。按"景观指向"选定的区位我们称其为"景位"。理想的"景位"是产业部门布局的理想选址，它应该满足下列条件：

1. 景观要求

(1) 符合景区、景点的审美及保护要求。比如一级景点500m范围内不宜集中设置大规模的商服设施，不宜建设便捷的公路、索道等等。

(2) 保持地形、地貌、植被的原生性。尽量利用原有建筑与服务设施，把必需的工程土方量降到最低程度。

(3) 观赏、服务设施的构筑物既要隐蔽，又要具有观赏价值。广西桂平西山国家风景区九龙亭，主要是为了解决游人登山途中小憩、饮水而在半山绝壁新建的服务点，但因其依山就势，体态轻盈，仰观如大鹏展翅凌云，俯察可见郁黔两江相汇浔城滚滚东流，因此该亭本身也成为西山新的一景。

2. 交通要求

(1) 有较好的可达性。

(2) 道路的选线应以景观为主兼顾成本，该绕则绕。

3. 市场要求

指有充足而又必要的供求市场。这是遗产地"景位"市场与一般商品经济市场的重要区别，也是有限经营的特殊要求。遗产地内商业网点的商品种类不应像门外一般商场琳琅满目，而应该出售具有地方特色的旅游商品，因而这种供应必须充分考虑游客购买的必要性。游客与其在遗产地内花费过多的时间去选购随处可买的商品，不如多花时间去"游"，到"门外"或其他规模更大的城市商场去"购"。

4. 经济要求

经济要求主要指选择的区位从长远看能获得比较多的经济效益。

当然，具体的布局选址也许难以满足"景位"的每一项要求。我们可以对不同的方案，进行比较，从中找出最为合适的一个。

依据"景位"指向，遗产地商业服务网点(包括餐厅旅馆等)的布局具体应遵循以下原则：

(1) 等级原则。为了符合市场的等级序列，满足服务设施的"门槛人口"，不同级别的服务基地，服务网点应具不同的规模和内容。服务基地(中心)应该提供综合型、大规模服务，否则遗产地的旅游供给能力会随之下降。相反，如果在一个三级服务中心设置了过多的商业服务网点，则也会因服务对象稀少、满足不了网点的"门槛人口"而影响商业服务业的经济效益。遗产地内的一些旅馆，由于顾客稀少，床位利用率全年平均在损益平衡点以下，从而出现经营上的亏损，就是没有很好地考虑等级原则造成的。

(2) 集聚原则。一方面指主要的大型商业服务网点应集中在门外服务基地内设置,另有少量分散在游线沿途;另一方面指游线沿途的商业服务设施应适当集中,避免零零星星,三步一点,五步一摊。比如相邻两个茶水点的间距应以1.5小时行程为准(国家公园提倡自带水,或设非经营性的饮用自来水点),相邻两个餐点的间距则以半天行程为准,否则容易造成遗产地整体局面的混乱。洛阳龙门石窟在申报世界遗产以前,大量的食品店、纪念品商店、餐饮摊点散布在伊河大桥景区入口周围,村民自建的"龙宫"等娱乐设施更是与石窟文化格格不入。这些凌乱分散以及低品位的服务和娱乐设施在申报世界遗产时被全部拆除清理,管理部门将景区入口外延,扩大了石窟的外围保护地带,并在新的入口大门外统一规划建设了近万平方米的服务设施,不但保护了景区珍贵的石窟资源,而且便于遗产地的统一布局和管理。

图 5-4 龙门石窟外围的商业服务街

(作者摄于龙门石窟,2003-12-30)

(诸多服务设施被从龙门石窟遗产地内迁出后,政府在遗产地外围统一规划建设了商业服务街,既改善了景区内环境,又促进了旅游服务业发展。)

(3) 景观原则。主要指具体的建筑设施在外形、用材、色彩、体量、风格等方面必须考虑三个"结合":与地形地貌的结合、与当地文化习俗的结合、与遗产地意境的结合。如泰山是中国历史上的"神山",其建筑格调朴素、庄重,色彩沉着,融于自然,这就要求山上一切商业服务设施均应遵循这种风格,不与古建争艳。较为集中的服务点需远离主要景点,并应广种树木,使其隐逸在山石密林之中,做到"虽由人工,宛自天开。"

5.3.3　合理的城镇体系——居民点的发展

中国众多遗产地有相当数量的城镇(村)居民点存在。如武汉东湖风景名胜区61.86km^{2}的范围内，分布着洪山区和平街的湖光村、先锋村、新武东村、白马洲村，洪山街的磨山村、桥梁村，九峰乡的湖滨村等7个行政村以及1个苗圃(马鞍山苗圃)、2个渔场(二渔场和九峰渔场)，总人口近1.5万人，居民点建设用地规模291.13ha，耕地429.54ha，占东湖风景名胜区陆地面积的25.32%。而在浙江温岭方山-长屿硐天风景名胜区26.06km^{2}范围内，也有8个行政村上万居民。

在中国遗产事业迅猛发展的同时，居民点与遗产地在土地利用、遗产资源利用等各方面的矛盾日益突出。2005年10月，党的十六届五中全会提出了建设社会主义新农村的重大战略任务，新农村建设对遗产地居民点建设提出了新要求，特别是中国遗产地居民点多为农村型居民点，而中国遗产保护和开发所遇到的问题很多都与居民点的建设有关，因此统一协调这两种不同的要求，探讨适合新农村建设背景下遗产地居民点发展出路和对策，是主动把握遗产地保护开发、促进新农村建设的重要内容。

1. *新农村建设背景下遗产地居民点的规划建设要求*

(1) 遗产地规划对居民点的要求

居民点系统和资源系统、基础服务设施系统一起作为遗产地规划的三大基本系统，其规划建设都受到明确的要求。如《风景名胜区规划规范》规定：凡含有居民点的风景区，应编制居民点调控规划；凡含有一个乡或镇以上的风景区，必须编制居民社会系统规划。① 通常来说，遗产地规划对居民点的要求主要包括对村庄布局、产业、规模、风貌以及村民素质等方面。

首先，合理的村镇发展类型是遗产地居民社会有序演变的基本骨架。《风景名胜区规划规范》要求"在与城市规划和村镇规划相互协调的前提下，对已有的居民点提出调整要求；将农村居民点划分为搬迁型、缩小型、控制型和聚居型等四种基本类型，并分别控制其规模布局和建设管理措施。"

其次，随着遗产地旅游的繁荣，区内各村庄的政治、文化、产业结构和传统风俗都将向着为旅游服务方向发展，村庄也应成为遗产地旅游事业的后方基地，村庄原有的农业和污染型工业要向农产品加工、旅游咨询、旅游服务等旅游相关产业转变。

---

① 《风景名胜区规划规范》GB50298—1999

第三，村庄建设用地必须和遗产用地相互协调，不得挤占遗产用地，在村庄用地审批上应严格控制居住用地的随意扩张。同时，要对遗产地居民点的人口进行严格控制，防止人口增长带来的村庄用地需求与遗产地土地资源紧缺现状产生矛盾。

第四，遗产地居民点建筑的体量和风格应视其所处的周围环境而定。要与周围环境相协调，既要考虑到单个建筑的体量适宜得体、造型融于周围环境，又要考虑到建筑群体的空间组合及居民点本身在遗产地的位置和环境，要充分体现遗产地当地的民族形式和地方风格，并与遗产地整体风貌相和谐。

第五，遗产地的保护不仅仅是规划的问题，归根结底还是要靠当地居民自觉维护。提高遗产地居民的素质，让他们了解到遗产资源的珍贵性，遗产保护对当地经济可持续发展的重要性，这样才能从根本上杜绝破坏遗产环境、“涸泽而渔”的现象。

(2) 新农村建设对居民点的要求

2006 年 2 月，《中共中央 国务院关于推进社会主义新农村建设的若干意见》，即 2006 年的 1 号文件正式发布，其内容可以概括为 20 字方针，即“生产发展，生活宽裕，乡风文明，村容整洁，管理民主”。

① “生产发展”是新农村建设中最重要的一项，农业是农村的产业基础，生产发展的目标是实现农业的现代化、多元化，以粮食生产为中心的农业综合生产能力的提高。在调整农村经济结构的过程中，一方面要重视农业结构的调整，即协调粮食和其他作物的比例，另一方面也要注意协调农业与非农产业的关系。

② “生活宽裕”首先是对农民物质生活水平的要求，通过开辟各种增收渠道增加农民收入，从而提高农民的生活水平，这是农村发展的根本前提；其次农村教育、文化、医疗、社会保障等社会事业也必须有相应发展，逐渐缩小城乡差距。

③ “乡风文明”是新农村建设中精神文明建设的部分，主要体现在村庄的文化和法制建设、移风易俗、社会治安以及新型农民的培养等方面。农村邻里和谐、社会风气良好以及社区中有丰富的文化活动等都是乡风文明的具体表现。

④ “村容整洁”的要求实质上是要为农村地区提供更好的生产、生活、生态条件，主要体现在街道与道路的硬化和整洁、垃圾的集中处理、房屋的规划与改造、村庄美化等方面。

⑤ “管理民主”要求通过大力发展基层民主，维护好农民群众的切身利益，发挥好农民群众的主体作用，健全和完善民主管理制度，引导农民建立自己的群众性组织等措施来不断加强农民民主管理。

(3) 两种要求的关系

新农村建设与遗产地保护对居民点都提到了关于居民素质、村庄环境以及基础设施等方面的要求。具体来看，居民素质的提高既有利于提高新农村建设的效率，又可以促进遗产资源的保护，促进居民点产业结构的优化；村庄环境的改善既符合“村容整洁”的要求，又与遗产地的优良生态环境相协调；完善的基础设施既可以为农民生产和生活使用提供长期服务，又是居民点具备遗产地旅游后勤保障功能的前提条件。因此这两种要求在一定程度上存在一致性。

但是，新农村建设的要求主要以居民点自身的发展为出发点，侧重于农村生产力的提高和村民生活条件的改善，其要求中强调“发展”的成分较多；而遗产地保护的要求则更侧重于在村庄性质、规模、风貌等方面如何与遗产地进行协调等方面，其要求中注重“约束”的成分更多一些。

2. 新农村建设背景下遗产地与居民点之间的矛盾与互动关系

遗产地的居民点，既是一种生产、生活的实体，又是遗产地田园风光、历史文化景观的重要组成部分，它们为遗产地带来“生机”和“灵气”。因此，遗产地的开发建设，对其既有促进作用，也有限制的一面。促进的一面主要表现在由于旅游业带动了商业、服务业等产业的兴起以及交通运输业的发展，为遗产地创造了大量的就业机会，促进了非农业人口的增加，也促进了那些交通方便、位置较好、具有一定服务接待能力的旅游村、镇的兴起和发展；而“限制”则主要体现在对遗产地内居民点布局、人口规模、用地规模、生产活动的规划控制。

(1) 遗产地与居民点之间的矛盾

遗产保护与居民发展之间的矛盾，主要包括三大类，即结构性矛盾、功能性矛盾和分配性矛盾。

① 结构性矛盾主要是指用地结构上的矛盾，即居民点村镇建设发展的用地需求与遗产保护用地要求之间的矛盾。

② 功能性矛盾是指从新农村建设的角度出发，居民点的主要目标是发展经济，即“生产发展”，而从遗产保护的角度出发，景观的珍贵性和脆弱性又对居民点的产业结构和规模都有严格的限制，这两者的目的不同，在各方面都会发生矛盾。

③ 分配性矛盾则是指遗产地内各利益主体之间在收益分配上的不均衡，特别是如果当地住民在分配中处于弱势地位，往往会加剧保护与发展的矛盾。这种现象随着近些年一些企业违规主导遗产地开发而有逐渐加剧的趋势。

(2) 遗产地与居民点之间的互动关系

在新农村建设的背景下，遗产地与居民点需要重新审视彼此的相互需求(见图 5-5)以便建立合作共赢的新型共生关系。

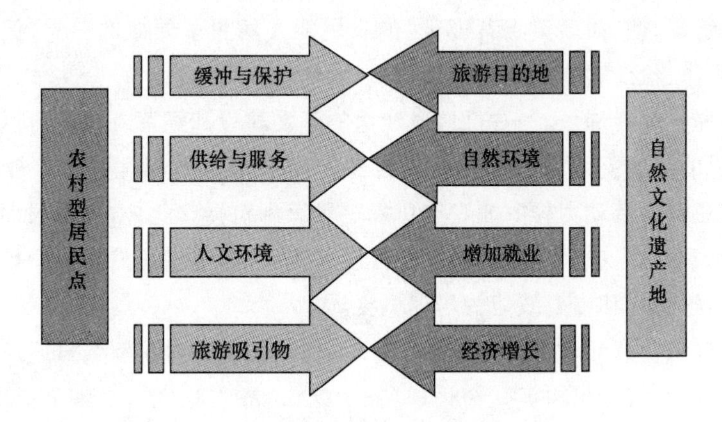

图 5-5 景村需求关系模式图

① 遗产地对居民点的需求

第一,缓冲与保护。遗产地以其自然或人文景观资源的美学价值、文化价值和科学价值吸引游客,如果遗产地周边居民点对自然环境过度索取,就可能降低风景资源的价值。因此遗产地周边居民点需要消除各种损害遗产地环境质量的因素,同时作为遗产地保护的缓冲带,阻挡更外层区域对遗产地的损害。

第二,供给与服务。大多数遗产地由于受到用水、用地条件以及景观要求的限制,一般在遗产地内不适合建设过多的服务设施,因此必须依赖周边居民点来提供各种供给与服务,同时遗产地还需要周边居民点提供各种人力资源参与遗产地的开发、管理和维护等各环节的工作。

第三,提供人文环境。作为当地的原生社区,遗产地周边的村庄是展现遗产地人文环境的主要载体之一,游客通过在村庄逗留并与当地村民交流接触,可以更好地了解当地的文化和生产生活习俗,获得更为丰富的民风体验,从而使得整个游憩过程更加完整和富有参与性。

第四,培育新的旅游吸引物。遗产地周边的村庄根据自身特点可以建设成为各种特色村庄,如生态环保型、历史文化型、休闲农庄型等等,一旦这些村庄形成了自身的特色,那么通过适当的宣传,不仅可以提升遗产地的知名度,还可以作为遗产地新的旅游吸引物吸引更多的游客,丰富游客体验,从而促进遗产地的可持续发展。

② 居民点对遗产地需求

第一,作为旅游目的地。村庄需要遗产地作为旅游目的地带动当地旅游业的发展,通过吸引更多的游客来保证其住宿、餐饮、商业等的服务市场规模。旅游业是一种顾客直接来到产品产地的产业,人的流动又带动了信息的流动、资金的流动、人才的流动，使“面朝黄土背朝天”的农民能了解更多外面的世界，促进了当地农民思想观念、价值观念的改变，带动农村的精神文明建设。

第二，提供就业岗位。一方面，遗产地的开发建设和经营维护等可以解决一部分当地居民的就业问题；另一方面，通过遗产地发展带动当地第三产业的快速成长，又为农业剩余劳动力转向非农产业提供了有利机会。此外，由于长期以来农村地区教育水平落后，农民的素质和文化程度普遍不高，他们还需要遗产地为他们提供更多的科学文化和专业技能的培训机会。

第三，提供自然环境。自古以来，遗产地周边的很多村民都依靠遗产地内的自然资源为生(如采药、植树等)，俗话说“靠山吃山，靠水吃水”，相比于城市居民，遗产地周边的居民点所生活的自然环境是不可比拟的，这些都是遗产地特色。但是遗产地自然资源的不可再生性决定了村民不能对其进行过多的直接利用，这也是景村之间矛盾产生的主要原因之一。

第四，提供可持续发展的经济增长动力。遗产地周边的村庄大多离城市较远，交通可达性较弱，在遗产地强调保护的主题下村庄也缺少可直接开发的资源。因此，村庄迫切需要遗产地为其提供可持续发展的经济增长动力，这种动力可能直接来自于旅游业，也可能来自于旅游开发带来的其他产业。

3. 新农村背景下遗产地居民点发展的出路与对策

(1) 注重“富民升位”理念

所谓“富民升位”，即指通过遗产资源保护和建设，有效带动所在区域的社会经济综合发展，致“富”于民，同时更好地提高遗产地的“品位”，以及遗产地在区域社会经济格局中的综合地位，从而达到景村发展的“双赢”。

(2) 坚持“景村共栖”发展

所谓“景村共栖”发展，即指遗产地与居民点的发展都不以牺牲对方的利益为代价，通过整合二者资源、联动开发，从而达到互惠互利的共同目标。特别是目前新农村建设对居民点提出了新的要求，景村共栖发展模式对遗产地居民点来说显得尤为重要，因此要摆正生产发展与资源保护之间的关系，强调规划的协调统一，注重开发序列与开发强度，在经济发展布局上限制遗产地内，积极发展区外，带动发展区域。

(3) 重视“人、地、利”三个环节

解决遗产地与周边社区的问题需要重点考虑居民、土地和景区收益分配三个环节：

① 对“人”。指提供就业岗位，提高居民素质，打造地方文化。作为社会主义新农村建设的主力军——农民无疑是景村互动发展的核心。但遗产地内村民在景区工作的比例较少，而且多为最基本的服务工作。如果能结合乡土文化的挖掘为

村民提供更多的就业岗位，比如各种技艺、民俗等民间传统工艺展示，使村庄融入景区建设，促进二者互动。对村庄来说，既解决了村民的就业问题，又能提高村民的技能和文化知识，同时也丰富了他们的精神文化生活；对景区来说，既强化了文化主题，丰富了旅游吸引物的内容，也打开了景区大门，带动了周边社区。

② 对"地"。指整合土地资源，缓解用地矛盾，优化用地结构。理顺景村之间的关系，明晰土地归属，整合土地资源是遗产地与村庄和谐发展的当务之急。对于一些与当地传统风貌契合较好的村落民居加以修缮，供游客参观或住宿，这样一来既不需要另外征地，也能在为景区提供服务接待设施的同时改善当地居民自身的住房条件。在这一过程中，政府必须以合同、协议等法律手段明晰景区与居民点在土地问题上的权利与义务，避免由于土地权属模糊而导致的经济纠纷，这样不仅维护了当地居民的切身利益，更为景村的安定团结、和谐发展提供了有力保障。

③ 对"利"。指建立合理、公平、公开的利益分享机制，力求达到政府、企业、原住民之间的多赢。没有利益分配的和谐，就不可能有景村发展的和谐。景区管理者应通盘考虑景区开发者、外来经营者以及当地社区等几个主要利益群体之间的关系，积极协调不同利益群体之间的利益冲突，实现景区与社区和谐发展。

(4) 建立合理的区域村镇体系

根据区域发展的理念和遗产地内居民点发展实际情况，居民点搬迁、缩减、控制等问题仅仅局限于遗产地内部是根本无法解决的。一味单纯控制遗产地内的居民点新建而不给其另外出路，势必会对广大群众的生活水平提高带来实际困难，这不符合遗产保护的初衷，也不利于社会的进步。因此，必须将遗产地的"遗产化"与其所在区域的"城镇化"趋势相结合，结合遗产地区域城镇体系规划，合理布局遗产地内居民点空间、职能和规模结构。而这一切必须以合理的区域城镇体系规划和政府决心为前提，严重影响景观生态的居民点坚决搬迁，有条件的发展旅游镇、旅游村，其余适度缩减或严格控制。而在外围则要结合城镇化需要，安排人口集聚的地点，建设遗产地服务基地。如果过分迁就眼前的困难，该搬而不搬，那么长远付出的代价可能更大，甚至是对重要遗产资源毁灭性的破坏。反过来，搬迁后由于遗产地的环境改善了，来观光的游客增加了，地方经济也会得到相应的发展，其源源不断的经济效益也会远远超过搬迁的一次性投入。

有"东方威尼斯"美称的苏州古城，为了处理好经济建设与古城保护的关系，确立了"古城居中，东园西区，一体两翼"、并向"五区组团"拓展的城市格局。四川都江堰景区多年前曾经像其他地区一样大搞商业性开发，管理部门听取专家建议后在自然保护与经济效益间徘徊取舍了很久，最后下定了决心，拿出 2.2 亿资金用于居民点和违章建筑的拆迁工作。现在凡是到过这里的游客都说比以前有所改善。景区改造之后，游人比以前更多了，当年的旅游收入也比改建前一年增加了 4000 万元。[①]

另外，原本位于景区内自然条件恶劣、交通区位较差、经济发展受到限制的居民点外迁集聚后，用地条件宽敞了，基础设施改善了，约束条件减少了，就业渠道丰富了，致富门路增加了，人民的生活水平得到彻底性的改变和提高，这种社会效益也是巨大的。因此，政府在遗产地居民点建设问题上，应该看到长期效益、社会效益、环境效益，协调各部门关系，制订切实可行措施，把"要老百姓搬"变成"老百姓要搬"，从而稳妥有序地把遗产保护和地方社会经济发展纳入良性循环轨道。

(5) 根据居民点性质分类建设

根据居民点与遗产点的位置关系、保护要求和现状规模，遗产地的居民点可以按四类来规划建设，即搬迁型、控制型、缩小型和聚集型。

对于占据景观核心地段并对重要景观构成严重影响的居民点，规划必须要求其搬迁。首先政府必须有决心，考虑到资金等实际困难，应该制订详细的搬迁计划分期实施。但近期必须严格控制，不宜再新批宅基地和新的建设项目。搬迁过程也并非全部拆光，对于具有历史文化价值和地方特色的古村落、古民居应该予以保存，并可根据规划需要适当修缮整理作为历史文化价值的展示，或者具有地方特色的游客服务设施。

对于继续发展、用地扩大就会对遗产品位造成损害的居民点，规划要求严格控制其生产和人口规模，居民点的生活、生产活动、土地利用等不应违背遗产资源、景观生态保护原则。由于人口增加而需要新增的用地可在其他地段解决。

对规模已经过大且对遗产资源造成影响的，规划要求进行缩减。居民点建设用地必须受到限制，少占耕地良田。并应严格执行计划生育政策，改变传统价值观念，减轻人口对土地和资源的压力。其居民点应尽量按统一形式规划，可以根据地方传统设计几套民宅方案供居民选用，避免各自为政、杂乱无章。

对于距离较近，却又布局分散凌乱的居民点，规划要求进行适当集中，尤其在遗产地外围应结合区域城镇体系，依托现有城镇，统一规划安排接纳遗产地内外迁人口的聚集性居民点。

遗产地居民点的建设还必须特别强调物质文明与精神文明一起抓，提高居民的文化素养，确保"心灵与山水同美"。

5.3.4 动物迁徙的通道——生态走廊

这些年来，对于遗产地内环境保护的力度逐步得到加强，但是对于生态保护的

---

① 张智敏，张彩虹. 中国 28 处景点将迎接世界监测的目光——访北京大学世界遗产研究中心主任谢凝高教授. 法制日报，2002-06-07.

意识还比较淡薄。在大量外来物种的引入给遗产地的原生生态带来破坏的同时，一些高等级道路、水库大坝的建设对遗产地内部动物迁徙、交流、生存领地、回游繁殖等产生重大影响。

事实上，《实施世界遗产公约的操作指南》中对遗产完整性所作的详细解释中，已经把保护遗产地生态走廊(或通道)的要求写得很清楚：对于保护生物物种的自然遗产而言，一个保护大范围植物种类的遗产地应该足够大，能够包容最关键的、足以保护各种稀有资源的栖息地；对于那些包括各种迁居性物种、季节性繁殖和筑巢物种的地区以及迁徙路线，不论它们位于何处，都应该给予足够的保护。

目前，保护物种迁徙通道的研究和行动正在呈现出国际化趋势。2003 年，中国、俄罗斯、哈萨克斯坦和伊朗正式启动四国联手保护世界濒危物种——白鹤的“亚洲白鹤及其他国际重要迁徙水鸟迁徙通道与国际重要湿地的保护”行动。白鹤在中国列为国家一级重点保护动物，在白鹤栖息地建立了 33 个自然保护区。中国政府于 1997 年加入了东北亚鹤类网络，并于 1999 年与俄罗斯等 9 个国家共同签署了由迁徙物种公约倡导的“关于白鹤保护措施的谅解备忘录”。上述四国是白鹤主要分布国，中国的东北和长江中下游地区是白鹤东部种群迁徙的重要区域，每年有 98%的白鹤在国内一些重要湿地停歇或越冬。但是近年来四国境内白鹤及其他水鸟赖以生存、迁徙、繁衍的湿地却不同程度受到环境变化的威胁。为了保护白鹤这种世界仅存 3000 只的珍稀鸟类，国际鹤类基金会联合四国共同向全球环境基金(GEF)申请了这一总额为 1000 万美元的专项保护资金。其中中国项目区为 400 万美元，国内还将投入配套资金 593.8 万美元。项目实施期为 6 年。项目将解决处于白鹤以及其他迁徙水鸟“迁徙带”内有重要价值的国际重要湿地所面临的威胁，以提高这些重要湿地网络生态系统的完整性，并尽可能减少交通、水利等人工设施对湿地网络生态的影响。①

因此，认真研究动物活动迁移规律，大范围保护动物迁徙通道，修建道路、水利设施时不得阻断动物活动、种群交流、繁衍通道，已经是继环境整治之后另一个亟待引起重视并解决的重要课题。

5.3.5 内外有别的纽带——道路交通线

游览作为审美方式的一种，是认识风景美形式特征和本质特征的必需途径。

① 曾鹏宇. 重金保护“迁徙带”及其范围内重要湿地、四国联手保护白鹤. 北京青年报，2003-08-16.

美国地理学家马特勒(I. M. Mately)认为：游览简单模式由客源、目的地和运输连接三部分组成。而使用运输连接的人数多寡则受运输阻抗的影响(阻抗可以认为是距离与费用的一种功能或作用函数)。因此,交通线是联系作为旅游客体的遗产资源及作为主体的游人之间的纽带。而决定旅游者游程长短的时间、费用和旅行舒适程度三个因素均与交通因素密切相关。如果游客有限的闲暇时间和收入过多地用于并不舒适的交通方面,旅游消费结构将趋不合理,遗产地或景点可达性也随之下降。

遗产地的交通包括对外交通和内部交通。其建设除了一般的道路交通应遵循的普遍规律外,在遗产地还有自身特殊的建设要求。

1. 对外交通"便捷多样"原则

对外交通是遗产地与外界的联系方式,是决定遗产地可达性的首要因素。要求有快速便捷的铁路、公路、航空运输、水上运输等,使游客进得来,也出得去,它不仅能缩短空间距离,更主要的是缩短时间距离。国内一些位于主要铁路沿线的遗产地游人量往往多于那些位置偏僻、交通不便的遗产地,城郊型风景区游人量也多于村野型风景区,这些都得益于其优越的交通区位优势。因此,可以说,在中国目前的生产力水平下,遗产地的外部交通是决定旅游市场、影响遗产地经济整体发展的重要因素。机场建设、道路等级的提高,对遗产地发展意义重大。

2. 过境交通"最小干扰"原则

一些具有重要区际意义的高等级对外交通道路,尽量不要穿越遗产地或核心地区,已经穿越的,可考虑改线。不能改造的,也应该在选线和走向上尽量减少对遗产地的干扰。1966年,美国大雾山成为按照荒野法案分类的第一个国家公园,但是国家公园局的建议中只提出了一小块道路交错的荒野地,因而被普遍认为存在缺陷且考虑不充分,并遭到公众拒绝。要不是许多公众和媒体的坚决反对,大雾山国家公园可能已经被国家公园局拟建的公路分割。浙江楠溪江国家风景区在作为"景观生命线"和"空间中轴线"的楠溪江沿岸修建了过境高速公路,尽管在道路选线上尽量避开江面,道路两侧加大绿化遮挡力度,但是对楠溪江两岸的景观联系和完整的山水空间景观序列的影响依旧存在,而且过境车辆对整个风景区造成的"三废"污染也不容忽视。相反,洛阳市前些年投入巨资对严重影响龙门石窟风景区文物安全和旅游环境的外围交通进行大规模整治。首先是经过多年、多方艰苦努力将原本距离很近的焦枝铁路北移了百余米,极大地减轻了铁轨震动对石窟的影响。然而,位于龙门石窟保护区内核心地段、跨越伊河的龙门大桥,多少年来是一直是洛阳市通往省内外的交通咽喉和通往少林寺等旅游热点的重要通道,平均每天过往的机动车辆达到1.5万多辆,汽车行驶中造成的震动、扬起的灰尘和排出的大量尾气，严重危害着龙门石窟的安全。这些既影响了游客观光游玩的兴致，也损坏了世界遗产的整体形象。因此，2003 年政府投资 8468 万元在龙门石窟保护区的南、北修建两座大桥，分流通过龙门石窟景区的车辆。龙门石窟文物保护区不再有过境机动车通行，由此形成一个东西宽 1.5km、南北长 4km 的封闭式保护区，既对龙门石窟的文物起到了积极保护作用，又为游客提供了更加清新静谧的游览环境。①

图 5-6 龙门石窟清净的步游道

（作者摄于龙门石窟，2003-12-30）

（昔日洛阳通往省内外的交通咽喉和通往少林寺等旅游热点的重要通道、车水马龙的过境交通，在南、北二桥建成通车分流后，已被封闭管理改造为清新静谧的景区步游道）

3. *内部道路"精彩适当"原则*

(1) "精彩"的两层含义

一是要在线路组织上给游客提供最多、最精彩的景观信息量，让游客最充分地了解到遗产的自然景观和文化脉络，此谓"游山如读史"，"行万里路，读万卷书"；

二是线路走向要成为组织游览景观单元、引导游客"步移景异"进入不同游赏空间的"指示"系统，所谓"山重水复疑无路，柳暗花明又一村"。

(2) "适当"的两层含义

一是线路选址上，要密切结合景观要求和地形特点，尽量减少对地形、地貌、植被的破坏，该绕则绕，该窄就窄，该修公路的地段就修，不该修的坚决不能修（比如一些山体悬崖、核心保护区），正如明成祖朱棣对武当山建设施工的圣旨所说："尔往审度其地，相其广狭，定其规制、其山本身分毫不要修动。"

二是要正确处理步行与非步行的关系，在一些景致极佳的自然景点和严格保

① 龙门石窟文物局保护区实行封闭式管理，国家文物局网站.

护的人文景点，都必须保留足够的步行距离和游览时间。

因此，遗产地内部交通完全不同于对外交通，不能单纯追求便捷，而应充分发挥道路“无声导游”的作用，让游人沿途能领略更多更丰富的内容。限制机械交通，是国家公园内部交通建设的原则之一。

第一，这是风景审美的要求。游人从身体力行中感受景观，又从景观中静化身心，得到一种人生的悟性，即从单纯的“娱目悦耳”提高到“愉心怡神”。

第二，这是遗产保护的要求。过于方便的现代化交通是加速遗产地“城市化”的重要原因。原本人迹罕至的，由华山西、南、东、中峰组成的“削成而四方”的华山顶，是极珍贵的生态孤岛，其面积只有 0.44km²，生长着不少特有的动植物。但是，华山北峰索道以及近期新建的西峰索道，已经对华山珍贵的原始地形和生态环境造成破坏，索道使华山成为传送带上的车床，游客成了公司传送带上发财的商品。

第三，这是旅游经济的要求。内部交通路线组织为游客提供最充分的游览对象，才能使游客尽可能在本地区多停留，多消费，从而增加经济收入。如果单纯从部门经济利益和眼前利益出发，修建一些毫无必要的公路、索道，不但破坏了遗产地的整体意境和生态环境，而且快速便捷的交通使游人“来得快，去得也快”。一天即可上下泰山，昔日的两日游或多日游有 30%变成了一日游甚至半日游，这种少住一宿的收入远远低于一张索道票价。因此，艺术性和科学性相结合的道路建设，对风景区经济的发展和资源保护具有重要的引导作用。另外，现代交通工具应该与地方传统运输方式结合，比如在庐山坐滑杆、野三坡骑马，则更有一番情趣，既能使游人减少用于交通时间，增添更多的游娱享受，又能较好地为当地居民提供就业机会。

4. 内部交通“最大展示”原则

内部交通线的建设还要考虑游览路线组织的需要，尽可能全面展示遗产的多重价值，尤其是经常被忽视的科研科普价值和历史文化价值。因此，专门的科学考察路线、科普教育游线、地方文化体验游线的开发十分必要，尽管游客可能不多，经济效益也可能不好，但是对遗产的全面展示和宣传是十分有益的。

5.3.6 强制的土地利用——功能分区

1. 功能分区的定义与原则

功能分区是对遗产地内不同功能的土地划定范围，赋予特定目标并进行管理，规定其允许的土地利用方式，限制不允许的土地利用方式进入。它是从区域整体入手保护自然生态、合理利用资源的最基本也是最有效的保障，是遗产地管理规划的关键部分。分区应该被明确表示在遗产地地图上，并伴有对各区允许利用方式的文字描述。

分区的一般原则是：

① 分区系统是遗产地保护管理系统的重要内容；

② 每个分区都有明确的、可理解的目标;

③ 分区的范畴反映相应的保护与利用程度;

④ 遗产地所有的土地和水域都被分在不同的区中;

⑤ 在管理规划中制定分区方案;

⑥ 改变分区需要变更管理规划。

2. 外国国家公园的功能分区

国家公园的分区系统采纳一种综合性的方案,借此可对土地和水域按照生态系统和文化资源的保护要求以及它们对游览者提供体验机会的承载力和适宜性进行分类。分区是加拿大公园局维护自然环境生态完整性的一系列管理策略之一,它为政策方针在特定区段的应用(如资源管理、适当的活动和研究等)提供了框架。这样,分区不仅为公园管理者,也为公园的游客提供了行为指导。有效的分区需要建立在可靠的信息基础上,需要了解的信息包括生态系统的结构、功能与敏感度、现存和潜在的游客体验机会及其影响等。

(1) 加拿大国家公园分区系统

系统包含以下 5 个区,公园中的所有土地都被划定在各自的分区中。

① 特别保护区(Ⅰ区)。特别保护区之所以受到特别保护,是因为它包括或支持那些独特的、受到威胁的或濒危的自然或文化特征,或含有能代表本自然区域特征的最为典型的例证。对于特别保护区,首要考虑的是保护,这里不允许建设机动通道和环线。由于此区的脆弱性,预先排除任何公众进入,同时努力提供适当的、与场所隔离的节目和展览使游客了解该区的特点。

② 荒野区(Ⅱ区)。荒野区是能很好地表现该自然区域的特征,并将被维持于荒野状态的广阔地带。对于荒野区,最关键的是使其生态系统能够在最小限度的人类干扰下永续存在。通过在公园生态系统承载力范围内提供适当的户外游憩活动和少量的、最基本的服务设施,本区使游览者有机会对公园的自然或文化遗产价值获得第一手的体验。荒野区非常之大,足以使游客有机会体验远离人群的寂静和安宁。户外游憩活动只有当其不与维护荒野相冲突时才能进行,因此在荒野区亦不允许建机动通道和环线。不过在遥远偏僻的北方公园,严格控制的飞行通道是一例外。

③ 自然环境区(Ⅲ区)。此区作为自然环境来管理。通过对游人提供户外娱乐活动、必需的少量服务和简朴自然的设施,使其有机会体验公园的自然和文化遗产价值。这里允许存在加以控制的机动通道,并首选有助于遗产欣赏的公共交通。

④ 户外游憩区(Ⅳ区)。户外游憩区的有限空间可以为游人提供广泛的机会来了解、欣赏和享受公园的遗产价值以及相应的服务和设施。要尽量将对公园生态完整性的影响控制到最小的范围和程度。该区的特征是有直达的机动交通工具。

⑤ 公园服务区(Ⅴ区)。公园服务区是存在于国家公园中的社区,是游客服务

和支持设施的集中分布区。在社会规划过程中要详细说明和制定此区特定的活动、服务及设施。公园主要的运行和管理功能也安排在此区中。

(2) 班夫国家公园的管理规划

① 特别保护区(Ⅰ区)。共有4个,它们是:克利尔沃特-锡弗勒保护区、卡斯尔加德洞穴系统和草地保护区、洞穴和盆地沼泽保护区、克里斯滕森考古遗址保护区。特别保护大约占公园面积的4%。

② 荒野区(Ⅱ区)。包括公园绝大部分的广阔地域,多数为险峻的山坡、冰川和湖泊。此区不能支持高度的游客利用和设施开发,其设施仅限于小径、原始的山区野营地、高山小屋、小径避难所和看守人的巡逻设备。

③ 自然环境区(Ⅲ区)。大约占公园面积的1%。该区游客设施标准高于荒野区,有进入通道和古朴乡村式的客栈。

④ 户外游憩区(Ⅳ区)。大约占公园面积的1%,有机动交通工具直达。沿公园道路两侧有现代乡村风格的设施和旅社。户外游憩区的中心在明尼万卡湖,以及三个滑雪场。

⑤ 公园服务区(Ⅴ区)。包括班夫镇和露易斯湖村,面积不到公园的1%(见图5-4、图5-5所示)。

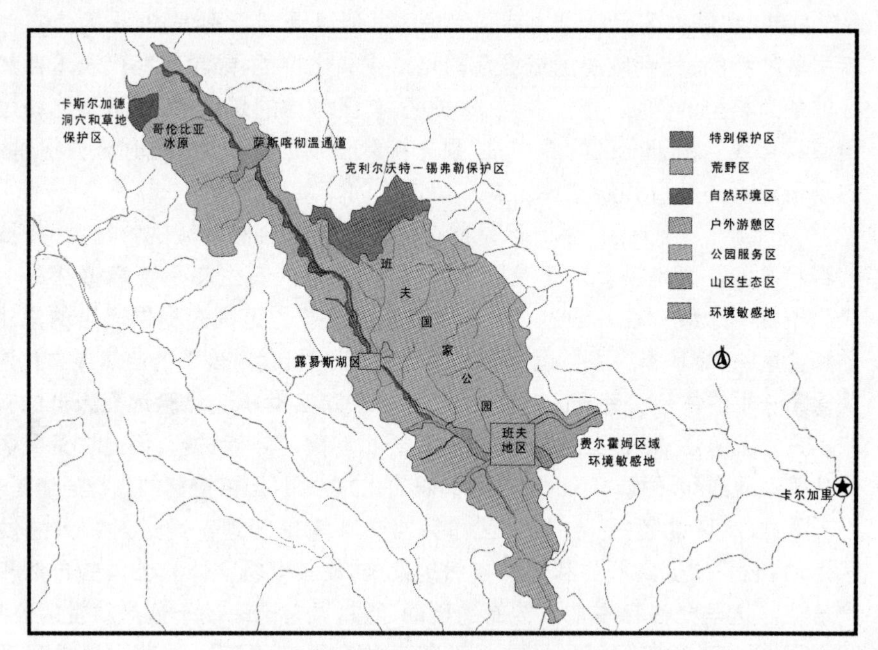

图5-7　加拿大班夫国家公园的分区①

① 许学工等.加拿大的自然保护区管理.北京大学出版社,2002:62.

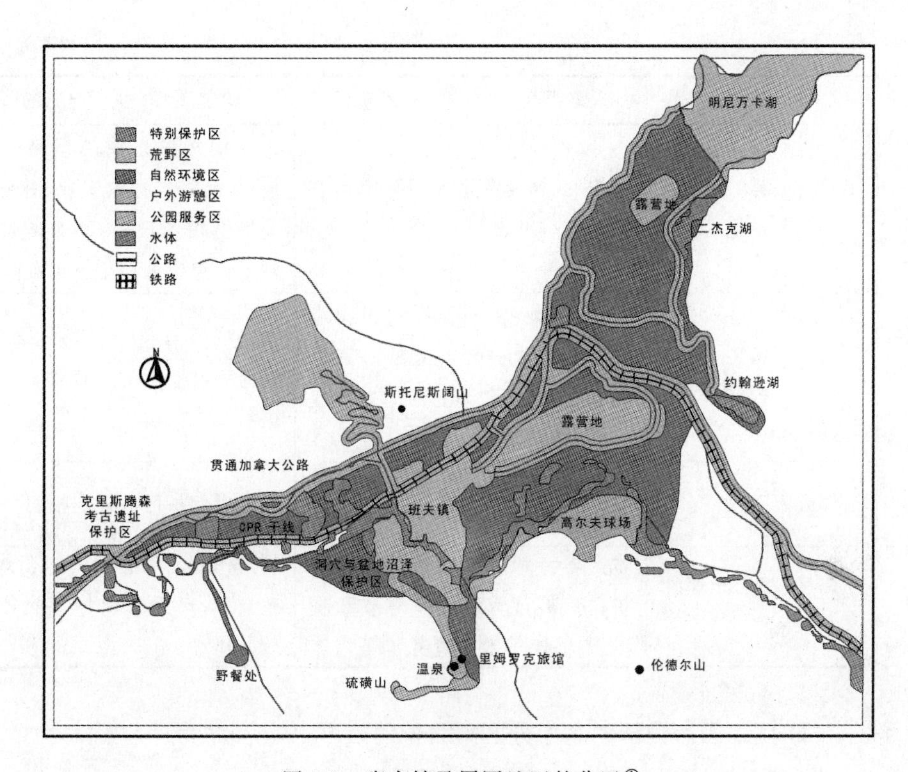

图 5-8　班夫镇及周围地区的分区[①]

此外,公园管理规划还划定了三个“环境敏感地”:弗迷利恩湖湿地环境敏感地、中部温泉环境敏感地和费尔霍姆-卡罗特河流阶地环境敏感地。这种特定区适用于那些具有重要性和敏感性特征的地区,需要格外加以特殊保护。

而在日本,其功能分区是和开展活动的规定紧密结合的。

表 5-1　日本国家公园分区及其开展活动的规定[②]

特别保护区		采取严厉措施保护自然资源	建筑工程一般不允许开工
特别区	第一类特别区	与特别保护区一样,但采取的措施不如特别保护区那样严厉;尽最大可能保护好现有的自然景观	建筑工程一般不允许开工,限制规定与特别保护区一样,只是不如特别保护区那样严格

① 许学工等. 加拿大的自然保护区管理. 北京大学出版社,2002:63.

② 王维正. 国家公园. 北京:中国林业出版社,2000:141.

（续表）

特别保护区		采取严厉措施保护自然资源	建筑工程一般不允许开工
特别区	第二类特别区	对农业、林业和渔业尽可能地进行规范	为人们提供必要的日常生活设施;为允许进行的农业、林业和渔业提供相应设施;不影响自然景观的休息设施和小屋也可以提供
	第三类特别区	第一、二类特别区以外的区域,在本区域内一般不太担心正常的农业、林业和渔业活动对自然景观的影响	活动规范与第二类特别区相同,但允许林业上的间伐作业在本区进行
海洋公园区		丰富的海洋动植物构成本区奇特的自然景观	与特别保护区的规定相同
从属区(相当于缓冲区)		本区与特别保护区协调一致保护自然景观。区内有房屋和农田,海面属于本区范围	特定作业活动必须告知公众。如果需要,可采取保护自然景观的管理措施

(3) 国外国家公园的功能分区给我们的启示

① 每类公园都制订有标准化的分区系统。

② 分区系统为生态、历史、文化和游憩目标的实现都提供了广阔的空间,同时有助于消除冲突,因为多数合法目标都能在该系统的某些部分得以实现。

③ 对各分区内适宜和禁止的活动规定明确。因此实际上也就把分区保护和传统的分级保护在空间、要求上融为一体。

④ 保持原生环境的荒野区和特别保护区占据绝大部分面积。而可以开发利用的区域面积很少而且界限、可开展活动都十分清楚。

⑤ 分区不是千篇一律的,可以根据实际情况因地制宜调整。比如历史文化价值较高的地区划出"历史区"、便于提供和调节公园中各区间的利用的"运输通道区"、支持各种日间游憩活动和汽车露营活动的"开放区"。当然,这些特定地区只占极少面积。而在省立阿尔贡金公园,还存在一种"游憩-利用区",该区允许存在商业性伐木行为——一项传统的重要经济活动,其他公园都不设这种分区。

3. 中国遗产地功能分区的建议

由于中国的遗产地形式多样,归属管理部门不同,因此在功能分区上没有基本标准体系。风景名胜区按照国家规范分为生态保护区、自然景观保护区、史迹保护区、风景恢复区、风景游览区和发展控制区 6 大类,文物保护单位划分保护范围和建设控制地带，自然保护区划分为核心区、缓冲区和实验区。不仅分区上各行其是，而且有些划分办法本身也尚待完善，比如风景区的分区，各类用地概念较为模糊，彼此还有重叠，给实际操作带来一定困难。

因此，参考国内外遗产地功能分区办法，建议将遗产地制定五类分区：生态保育区、特殊景观区、史迹保存区、服务区和一般控制区。

(1) 生态保育区。指面积较大，有着较好的生态环境和植被条件、生态科学价值高的区域，它们是保持风景区生物多样性、维护风景区生态平衡的生态敏感地区，一般不对游人开放，只对科学工作者开放(经主管部门批准)，是供研究天然生物群落及其生态环境的严格保护地区。

(2) 特殊景观区。指无法以人力再造而严格限制开发行为的，美学、科学价值很高的特殊自然景观分布的区域。对游人开放，在不影响景观的科学、美学价值的条件下，可建步游道、解释系统、观景点(选择适当景位、以自然山石为主)，个别可建得体的亭台厕所等，游时游程较长的可建小型茶饮点，但不建餐馆、住宿设施和机械交通。对于范围特别大的遗产地可设极少的野营地、高山小屋和小径避难所，但中国的遗产地大多当日即可进出，因此一般不设。

(3) 史迹保存区。是指历史文化价值高的历史文化遗迹所在地及其相应保护区域。可以参观游览，按文物保护法利用，可建防火、文保、卫生等设施。在不影响其真实性和完整性的原则下，有的古建筑可用来展示风景区历史文化价值。有的价值一般的老建筑，可设置茶室、休息区。

上述三类地区保护极为严格，向公众开放是有限的。更不能追求遗产的直接经济价值。

(4) 服务区。是指在遗产地区域内，除以上三区外，如环境容量允许，可选择交通、供水、供电较方便，景观影响较小的地方，建立的综合服务区-游憩区。有的国家称宿营地，有的称山庄，有的称接待站，其性质是体验、餐宿。服务区的规模、建筑高度、密度、体量、材料、色彩等都要与景观、地方文化协调。美国研究认为"必需的公园内宿营地应根据自然景观来设计和操作，豪华宾馆无疑是不合适的"，以防止商业化和城市化。本区与区外的旅游服务基地性质不同，严防错位。对于一些规模很小的遗产地(如龙门石窟仅 10km^2)，则内部不应安排过夜设施。

(5) 一般控制区。除以上 4 区以外，皆属一般控制区。本区内一般多有数量不等的农田、村落，服务设施，或从事其他产业如林、牧、渔业等产区。本区应限制发展，控制其城镇建设规模、农林开垦规模的继续扩大以免大量挤占遗产保护用地。限制影响和破坏景观的产业，优化产业结构，如改粗放农业为精细农业、生态农业，山坡地改成林地、果木园并与旅游业结合发展。

功能分区是遗产保护利用及管理的最重要依据之一，也是规划设计最重要的内容之一。通过功能分区的划定，从不同层面加强对遗产地土地的优化配置和监督管理，从而有效地减少对遗产资源的破坏。

5.3.7　健全的管理机制——管理层面

1. 管理体制

(1) 国家遗产法应尽快出台

这将从立法上给以保证，有助于改变目前职责不清、权属不明的混乱局面。关于遗产立法工作，现在可谓是国家落后于地方。中国关于保护世界遗产的第一个地方性法规《四川省世界遗产保护条例》于 2002 年 4 月 1 号起开始实施，标志着四川省世界遗产保护工作纳入法制化轨道。条例全文共 26 条，重点突出了规划管理、有效保护、合理开发等问题，改变了过去遗产保护多头管理、政出多门的突出问题，规定世界遗产地应当成立专门的管理机构，负责世界遗产的保护、利用和管理工作。条例还对世界遗产地的建筑工程、人口数量、动植物保护、文物局古迹修缮、污水烟尘排放、生活垃圾处理、分区封闭轮休等做出了详细规定，体现出有针对性、操作性强的特点。武夷山在列入《世界遗产名录》后，成立了世界遗产保护委员会，颁布了《武夷山世界文化遗产保护管理暂行规定》，对境内历史、艺术、科学方面具突出和普遍价值的文物局、建筑、遗址进行依法保护。并聘请国内著名世界遗产专家为顾问，设立世界遗产监测中心，使对世界遗产的保护管理更趋制度化。

(2) 改革现有管理体制

在逐步试点探索的基础上建立国家遗产专门管理机构。现在的局面是政出多门，国家没有专门的管理部门，势必造成管理上的混乱。管理机制上仿照司法、税务、土地等国家重要职能部门的干部人事制度，对遗产地主要干部采取主管部门人事任命而非地方政府任命的“垂直管理”机制。

(3) 国家应加大资金投入

这一点是实行国家统一管理的重要前提。

2. 特别政策

(1) 资源使用税制度

遗产资源具有外部性和溢出成本，使得对其利用往往忽略了对生态环境的损害。因此，从经济学角度出发，政府可以通过特种税——对某一特定产品征收的税——对开发企业的每一单位产出征税。通过这种税,政府把一个与开发企业力图逃避的溢出成本相当的成本加回到该企业身上,使企业的供给曲线左移,均衡产量减少,从而消除资源的过度配置和开发。

中国《风景名胜区建设管理规定》第三条明确指出:“任何单位或个人在风景名胜区内建设房屋或其他工程等,应经风景名胜区管理机构审查同意。风景名胜区的土地、资源和设施实行有偿使用”。有偿使用制度的确定,一方面说明国家从资源管理的角度已经认识到风景名胜资源是不仅具有使用价值,更重要的是具有价值。这种价值的存在是通过资源的有偿使用来实现的。另一方面,在肯定价值存在的同时,却没有将风景名胜资源的价值观科学地贯彻到各项管理政策与措施中。资源的有偿使用费用应当如何计算?在开发利用过程中对资源造成的损失应当如何补偿?应当说,在不进行风景名胜资源价值量核算的前提下,任何资源使用费用、生态补偿费用的计算都是不科学的。例如,在《江苏省风景名胜资源费征收办法》的通知中规定:

收缴对象:凡利用风景名胜资源而受益的单位和个人。

收缴范围:风景名胜区范围内。

收缴内容及标准:经批准征(拨)用土地、水面进行建设的单位和个人,按照工程项目批准的投资总额的一定比例缴纳(不包括在原有土地使用权范围内进行的改建扩建工程及景区内的道路修建工程)。

具体标准:工程投资总额在100万元以下的,按3%交纳;工程投资总额在100万~1000万元之间的,按2%缴纳;工程投资总额在1000万元以上的,按1%缴纳。

这项收费办法的出台,标志着风景名胜资源有偿使用制度在实践中迈出了一步。但是这种收费范围、收费标准是否合理、科学、全面,是值得探讨的。试想,如果在风景名胜区内的一个投资100万的工程,需要缴纳3万元的风景名胜资源费,但它在施工中对风景名胜资源本身以及整个风景环境造成的损失是不是用3万元可以补偿的呢?更重要的是,将整个“风景名胜区范围内”列为收缴范围,极易产生“整个风景名胜区范围内”都可以建设的误导,这与风景区核心景区不得建设与资源保护无关的项目是相悖的。加上对于可见资源的低价使用,从本质上无异于资源无价使用。这一问题不解决,有偿使用原则只能是纸上谈兵,其对保护资源的作用难以充分发挥,甚至会因为“给国家交了税的建设就是合法的”而起到对资源更大的破坏作用。因此,严格可以建设和不可以建设的地域空间,征收高额资源使用税,是更好地保护和利用遗产资源的有效的经济杠杆。

(2) 特许经营制度

近年来,特许经营制度成为遗产地热门话题。这种现象严格来讲应该称为"旅游开发的特许经营权"在特许人(国家委托的行业管理部门或地方政府)与受许人(一般是商业性专业化公司)之间的有偿转移。

特许经营一般主要是指商业特许经营,是一种以店面连锁经营方式为主的营销方式。但也包括其他一些非店面连锁经营方式的特许,如生产特许和其他特种行业的政府特许。旅游开发的特许经营,就是一种政府特许。[①]

对于遗产地的经营问题,2002 年 8 月 2 日建设部、国家文物局、国土资源部、国家旅游局等国家九部委在"关于贯彻落实《国务院关于加强城乡规划监督管理的通知》的通知"(建规[2002]204 号)中早已特别强调:"在风景名胜区内的所有单位,除各自业务受上级主管部门领导外,都必须服从管理机构对风景名胜区的统一规划和管理。不得将景区规划管理和监督的职责交由企业承担。"在 2003 年全国建设工作会议上,又重申不能以委托经营、租赁经营、经营权转让等方式,将风景名胜区规划管理和资源保护监管的职责交给企业承担。但是,应该注意到,建设部反对的是指"规划权"与"资源保护监管职责"交由企业承担,并没有明确提出反对"风景资源的经营权",更未对承担经营权的"企业"的属性加以界定,这也往往是有些遗产地出卖经营权的借口。因此,对于遗产的经营,今后有两点应该特别明确:

① 正确理解遗产资源的经营权。它们仅仅是将遗产资源多种价值中的一种价值加以剥离:即直接应用价值中的旅游休闲价值功能的专业化和市场化管理经营,而并不能将遗产资源的其他价值加以特许经营,如生态、教育、科研等。因此,绝对不能将遗产的所有价值都以"旅游"体现出来,将"旅游"的概念肆意扩展,比如生态旅游、科考旅游、教育旅游等等,把整个遗产地完全变成一个旅游地,把遗产资源完全变成旅游资源,从而把遗产的所有价值功能都变成"特许对象"而拥有特许经营权。1965 年美国国会通过了《特许经营法》,[②]要求在国家公园体系内全面实行特许经营制度,公园的餐饮、住宿等服务设施向社会公开招标,经济上与国家公园无关。国家公园管理机构作为非营利机构,专注于自然文化遗产的保护与管理,日常开支由联邦政府拨款。特许经营制度的实施,形成了管理者和经营者角色的分离,避免了重经济效益、轻资源保护的弊端,值得我们借鉴。尤其不能把遗产地的特许经营混同于一般的商业特许经营。

---

① 吴必虎.怎样解决景区特许经营权问题.中国旅游报,2003-01-29.

② 杨锐.国家公园与国家公园体系:美国经验教训的借鉴.《中国自然文化遗产资源管理》.社会科学文献出版社,2001:374.

② 旅游资源作为国家所有的一种特殊资源，代表国家行使某种管理职能的行业主管部门或地方政府（特许人）在选择特定的受许人时，应该对受许人的素质加以考察，诸如是否深刻了解国家相关管理法规、掌握专业技术能力、具备专营领域内必备的人员管理能力等。对遗产地内的经营内容加以明确规定。这是防止承担旅游经营特许的企业对资源的可能损害的必要考虑。

(3) 绿色核算制度

国民经济核算是指对一定范围和一定时间的人力、物力、财力资源与利用所进行的计量，对生产、分配、交换、消费所进行的计量，对经济运行中所形成的总量、速度、比例、效益所进行的计量。国内生产总值 GDP (gross domestic product) 曾经被一代经济学大师凯恩斯所推崇，认为是可以反映经济秩序中有关供给、需求、失业等议题的有用依据，是衡量一个国家是否进步及其进步程度的最重要指标。然而进入 20 世纪 70 年代以后，随着人口的激增，对自然资源消耗和环境破坏的加剧，人们逐渐认识到传统的指标体系已不能正确反映一个国家在经济、社会、文化等方面的进步程度及可持续发展能力，因为它没有核算砍伐森林、污染环境、水土流失、资源枯竭和破坏臭氧层等对经济可持续发展带来的负面影响，未能反映潜在的成本、潜在的收益及生态社会效益，未能处理好人口、经济、社会环境和资源的相互协调问题。相反，对资源环境的无限制的耗用，却成为增长的强大助推器和原动力，这是与可持续发展理论背道而驰的。日本从 1993 年起对本国的资源-经济-环境核算进行系统的研究，提出“绿色 GDP”的概念。在此基础上公布了 1985 年及 1990 年日本绿色国内生产总值，并将其用于资源环境政策的研究与制定。中国有关研究人员对北京市 1997 年的环境资源成本和环境资源保护服务费用进行了试算，并据此对国内生产值进行了调整。通过试算和调整，结论为：在扣除当年的环境、资源成本（其中环境退化成本应视为环境欠账）和环境资源保护费之后，只剩下原值的 72.03%。[①]

因此，建立国家和地方绿色国民经济核算制度和体系，将十分有助于抑制不计环境资源消耗而过度追求经济总量指标的不可持续发展，对各地自然文化遗产资源的保护起到有效监督作用。

(4) 容量控制制度

近年来，国内“假日旅游”日益升温，使景区超负荷接待，加之一些地方管理部门为了短期利益进行错位开发、超量开发，使景区处于有史以来的最强的高压和高

① 魏民. 试论风景名胜区的价值. 中国园林，2003(3).

损耗时期，因此除了通过立法解决管理体制和保护管理经费的来源这两大问题外，对遗产地本身进行容量控制约束和监督景区的开发建设，也是防止过度旅游和过度开发的有效措施。

提高门票价格曾经被认为是一种有效的容量调节手段。向游客收取高额门票，限制景区的游客人数在一定程度可能减缓因游人过多而造成的“公地悲剧”，但是，伴随“假日经济”的启动、国内大众旅游时代的来临以及各地发展旅游的经济效益中心导向，旅游风景名胜区根据自身承载力限制游人数还不多见，更多的是黄金周的人满为患。另外，遗产地作为国有资源有社会公益的性质，如果收取太高的门票费，相当于剥夺了大多数公民应享有的欣赏、观光的权力，与遗产社会公益事业的性质背道而驰。

因此，容量控制应该采取更为有效的“生态轮休”制度和容量有限区“游客预约”制度。

韩国从 1967 年建立第一个国立公园——智异山公园至今，已经建立了 20 个国立公园。国立公园管理公团代表国家行使生态保护、研究等各项职能。公园的入园费属于自行收入，用于人员工资等日常管理开支，基础设施的建设和维修由国家负责。而考虑到环境的承载力，国立公园推行自然环境轮休制度，1999 年推广到 12 个国立公园的 44 条道路，10 个植物群落损毁地。在夏秋旅游旺季和公休日，国立公园开展野营地和栖息场所预约制度，如韩国智异山国立公园中的古塔，一天只准许 400 人参观，[①]避免了国立公园游客的过度集中，也提高了公园设施的利用率。

中国的九寨沟为了保护景区环境与生态，规定每天最大游客接待量不得超过 2 万人，且每年的 11 月至第二年的 3 月有序关闭部分景区，禁止游人入内观光。这些措施对资源保护起到了很好效果。

(5) 责任追究制度

2002 年的九部委联合通知，进一步明确了“建立行政纠正和行政责任追究制度、对违反法定程序调整规划强制性内容批准建设、违反历史文化名城保护规划、违反风景名胜区规划和违反文物保护规划批准建设等行为，上级城乡规划部门和城市园林部门要及时责成责任部门纠正；对于造成后果的，应当依法追究直接责任人和主管领导的责任；对于造成严重影响和重大损失的，还要追究主要领导的责任。触犯刑律的，要移交司法机关依法查处。”具体来说，城乡规划部门、风景园

① 谢凝高. 国家重点风景名胜区若干问题探讨. 规划师，2003(7)：24.

林部门、文物部门对违反城乡规划和风景名胜区规划、文物保护案件要及时查处，对违法建设不依法查处的，要追究责任。上级部门要对下级部门违法案件的查处情况进行监督，督促其限期处理，并报告结果。对不履行规定审批程序的，默许违法建设行为的，以及对下级部门监管不力的，也要追究相应的责任。

但是，这些规定并未在实施过程中得到严格执行。今后应该要建立两项严格的、具体的配套制度：

一是对任期内发生遗产损坏的行政官员，考核时实行“一票否决制”，以从制度上遏制地方官员的短期行为。对于遗产地官员的“考核”，应把遗产保护情况作为重要内容。对在任期间发生遗产损坏的，要摘除其“乌纱帽”；对造成严重后果的，更应追究其法律责任。这方面的考核评委应该由国家主管部门聘请的专家顾问组成，以保证客观性和公平性。

二是实行遗产地全面评估和“摘牌”制度。定期委派专家学者为主(不能官员为主)的检查组对遗产资源全面检查考核，定量评估。评估成绩不合格的，对于已经列入世界遗产名录的，限期整改，严重的列入濒危名单；对于国家遗产则第一次给予警告，限期改进，第二次则给予摘牌。破坏特别严重的，也可以一次直接摘牌。被警告和摘牌的单位都要追究遗产管理负责人和当地政府负责人的责任。

第六章　实例研究——大理的启示

大理白族自治州地处云南省中部偏西，距昆明市377km，是滇缅（320国道）公路和滇藏（214国道）公路以及昆明—大理、大理—丽江铁路的交汇点和滇西地区交通枢纽。东邻楚雄，南靠普洱、临沧，西接保山、怒江，北与丽江相连。东西最大横距超过320km，南北最大纵距超过270km，土地面积29 459km^2，其中山地占全州总面积的80%以上。2012年，全州辖1市11县110个乡镇，其中有9个国家级贫困县，2个省级贫困县，总人口349.3万人，少数民族人口约占50%，其中白族人口占1/3，是中国唯一的白族自治州，也是闻名于世的电影"五朵金花"的故乡。全州城镇化率38%，比"十五"末和"十一五"末分别提高10.5个百分点和5个百分点；地区生产总值672.1亿元，财政总收入124.8亿元，地方公共财政预算收入59.3亿元，支出200.5亿元，三次产业结构为21.7：42.4：35.9。

大理风景名胜区以奇山秀水的自然风光、深厚久远的历史文化和浓郁独特的民族风情被列入第一批国家重点风景名胜区和中国世界遗产预备清单。整个风景区在地域上由5个各有特色的片区所组成：中间以自然山水和南诏文化为特色的苍山-洱海片区，中北部以温泉为特色的洱源茈碧湖片区，北部以石窟古街为特色的剑川石宝山片区，东部以佛教圣地为特色的宾川鸡足山片区和南部以道教建筑为特色的巍宝山片区。

苍山-洱海片区在自然和文化方面都是整个风景区的代表和核心。其范围东以大理市界西侧的上登村—老太阱—大黑山—花椒箐—三峰山—野猪塘山—亚元山—老黑山为界，南以洱海南缘线和西洱河为准（包括龙尾关老城区，不包括下关新城区），西界漾濞江，北从漾濞江沿漾濞洱源界限经鸡茨坝西侧—天鹅山—卧牛山—邓川城南—鱼山—太偶山与东界老黑山相连,面积 1340km^2。①

6.1 苍山-洱海风景资源形成的区域自然文化背景

6.1.1 自然背景

大理州地处横断山脉南部的西南端,山势雄伟,风光秀丽。境内既有蜿蜒高耸的山脉,也有峰峦环抱的盆地和湖泊,被前人誉为"青山抱绿水,湖光映山色,四时有奇葩,百里飘幽香"的高原优美环境:地势西北高,东南低,有高原湖泊和横断山脉纵谷两大地貌特点。主要山脉属云岭山脉,南北走向。著名的点苍山坐落在中部,将自治州分割成东西两种不同的地理环境:西部是高大而狭窄的云岭,澜沧江和怒江纵贯其间,山高谷深,景色壮丽;东部为地势平缓开阔的山地和盆地,气候温和,物产丰富。主要河流属金沙江、澜沧江、怒江、红河四大水系:金沙江、澜沧江、怒江均发源于青海省,经西藏流入云南,在大理州为过境;红河发源于巍山阳瓜江。其中苍山-洱海片区的洱海、西洱河、漾濞江均汇入澜沧江。镶嵌在高山云岭之中的洱海面积 249km^2,总蓄水量 30×10^8 m^3,是云南省第二大淡水湖。

大理州的地质地貌形成于喜马拉雅山造山运动时期,独具特色。境内以老君山、点苍山、哀牢山一线的大断裂为界,构成两大部分地质地貌:东部属扬子准地台区,西洱河、红河一线断裂为界,往东深入楚雄州境,为扬子准地台西缘的一部分;西部滇藏地槽褶皱区为州境西部和南部广大地区,东以洱海、红河一线断裂为界,西至怒江、澜沧江河谷,呈南北向纵贯州境。

大理州气候属低纬度高原季风气候,由于海拔不同,具体的又有南亚热带、中亚热带、北亚热带、暖湿带、中温带、寒湿带等 6 个气候带。气温随海拔升高而降低,具有河谷热、坝区暖、山区凉、高山寒等特点。全年寒暑适中,年平均气温 15℃,无霜期达 221 天,气温 10～20℃的春秋日数达 309 天,年日照时数 2281.5h,年平均降雨量 1057.6mm。山地立体气候十分明显。土壤类型多样,地下水丰富。

---

① 本章所有资料源于:谢凝高,陈耀华.大理国家风景名胜区总体规划修编.北京大学世界遗产研究中心,2004.

特殊的地质、植被和气候条件及其优良组合，为本地区优美的自然景观和突出的生物多样性打下了良好的自然基础。

6.1.2　人文背景

大理突出的交通地理区位是造就丰富人文景观的重要因素。历史上，大理一直是中国西南地区重要的东西、南北向交通枢纽。著名的茶马古道与蜀身毒道在此交汇，前者从滇南过大理北上经今中甸至西藏，是云南西部、四川东部、西藏东南这一"藏彝民族走廊"的唯一通道。后者大致从今四川宜宾经昭通，抵达滇池地区，由此向西经今楚雄达大理，再向西，经今保山、腾冲抵达缅甸，再西抵印度，是中国古代"西南丝绸之路"的重要组成部分和连接东西方重要通道。两条通道为该地区带来了灿烂的古代文明。

大理是西南边疆开发较早的地区之一。远在4000多年前的新石器时代，大理就有白族、彝族等少数民族的先民繁衍生息。西汉元封二年（公元前109年）设置了叶榆、云南、邪龙、比苏4县，属益州郡管辖，从此大理地区正式纳入汉王朝的疆域。在公元7世纪中叶的唐朝时，洱海地区出现了6个基本上在洱海为中心的周围盆地建立起来的较大的民族部落政权，史称六诏。公元737年，其中的蒙舍诏在唐王朝的支持下征服其他五诏，统一了洱海地区，迁都太和城（今大理太和村一带），建立南诏国，直至公元902年灭亡，共传13代王，历时166年，其间建太和城、阳苴咩城、千寻塔、凿石钟山石窟，画《南诏图传》，与中央政权之间发生了诸如公元751和754年两次天宝战争等众多有名的历史事件。宋公元938年，段思平建立大理国，至1254年，共传22代王，历经317年，继承了南诏国时期的文化成就，并有所发展，扩建大理城，续凿石钟山，新修崇圣寺南北二塔，完成大理国文化的杰出代表《张胜温画卷》。前后历经500余年的南诏、大理国，创造了鼎盛辉煌的大理古代历史，留下了许多珍贵独特的文化艺术瑰宝。自南诏时期开始，由小盆地彼此平级的行政设置变为以洱海为中心的城市群和中心，历千余年来，基本不变。公元1381年明军攻占大理，清顺治十六年（公元1659年）清军攻入云南，大理地区分别隶属于大理府、丽江府、永昌府和蒙化府直隶厅。

苍山-洱海是大理人民世代生息的家园，山前冲积平原以及山间大大小小的坝子为他们提供了良好的耕作场所。百里苍山是天然屏障，百里洱海成为大理的母亲河，苍山-洱海为本区灿烂的历史文化的产生提供了客观条件。

6.2 苍山-洱海风景资源的价值体系

6.2.1 本底价值

以“风花雪月”四奇著称的苍山-洱海，既是自然界的造化和神奇，又是人类文明的杰作和见证。国家级风景名胜区、国家级自然保护区、国家级历史文化名城和5处国家级重点文物保护单位，昭示了其突出的科学价值、历史文化价值以及美学价值。

1. 科学价值

大理苍山是白垩纪至第三纪之际(大约燕山运动晚期)，由洱海深大断裂及其派生构造活动由西向东推覆而成。苍山呈北偏西方向延伸，主要由变质岩系组成，长50km、宽24km，有苍山十九峰以及苍山东坡十八溪，最高峰马龙峰海拔4122m。由其出露了迄今已知扬子地块最完整的下元古界(20亿年)和中元古界结晶基底、古生界以来的一系列沉积盖层，成为华南大陆起源与增生最具代表性的天然记录。

苍山高峰少量积雪，终年不化，形成以侵蚀构造地形与部分古冰蚀地形发育的地貌特征，地形上兼有侵蚀构造作用下的高山深谷，剥蚀构造作用下的高原地貌。苍山更新世末期发育的大理冰期，是冰碛物、冰川地貌保存最好的最后一次古山岳冰川活动，是更-全新世之交全球气候和生物的演替的重要表证。

苍山和洱海还是动植物资源的宝库。由于地形复杂、地理位置特殊，本区成为多个植物区系接壤的地带，植物区系复杂，植物种类繁多，是许多植物的变异、发生中心。洱海水质优良、生活着多种水生动植物以及洱海特有种。从1883年法国传教士德拉维在苍山采集研究植物起，苍山便成为模式标本的重要产地，其模式标本达数百种，具有极为重要的科研价值。美国人约瑟夫·洛克在1947年到过大理后，他所采集的杜鹃现在还正常地生长在世界各地的植物园内。近些年来，中英、中美、中日、中德、中澳等国的科学家联合对苍山进行了大规模的科学考察，也充分说明大理地区在植物生态学上的国际意义。另外，提名地还同时是“大理冰期”和“大理石”的命名地，充分显示了大理在地球发展过程中的重要记录和见证。

图 6-1 海拔 3900m 的苍山冷杉和高山杜鹃林
(作者摄于大理苍山,2003)

2. *历史文化价值*

苍山和洱海还孕育了灿烂辉煌的历史文化,为中国西南地区经济、社会和城镇的发展作出了重要贡献。尤其建立在唐宋时期、以白族和彝族先民为主体的两个少数民族地方政权——南诏国和大理国,历时 500 余年,成为当时云南政治、经济、文化的中心和“文献名邦”,开创了中国西南少数民族地区与中原地区和周边国家的密切交往历史,极大地促进了这一地区社会、经济水平的提高和先进文化的出现,促进了西南地区城镇格局的形成和发展,因此对研究中国区域发展史、少数民族发展史、文化发展史、对外交往发展史具有十分重要的价值。

大量极具价值的文化遗产在此地区被完整地保留下来。坐落在苍山之麓、海之滨的崇圣寺三塔历经千年风雨和 30 多次破坏性地震而依然耸立,并以其优美的造型和独特的组合,成为苍山洱海这一宏伟画卷中最耀眼的明珠和大理白族地区的标志。建于苍山和洱海之间的大理古城,历经 600 年风雨,仍然保留了明代初建时的规模、格局和风貌,并与优美的自然景观协调统一。喜州民居独特的格局和建筑风格构成了优美的白族村落景观,这种布局结构在大理地区定型,并且通过白族工匠的工艺传播到了丽江纳西族聚居地区,对云南西北部民居产生了广泛而深刻的影响,丰富了合院建筑类型。有着浓厚佛教“密宗”——“滇密”特色和白族特色的剑川石钟山石窟,是佛教传入中国后本土化和人性化、世俗化的典型代表,也是融和了白族、汉族、彝族、藏族先民们智慧的产物,在历史、考古、民族、语言文字、宗教、文学、建筑等方面具有突出的价值。

图 6-2　大理古城
（作者摄于大理古城，2002-03-15）

图 6-3　周城白族民居
（大理风景名胜区管理处提供）

3. 美学价值

西苍山，东高原，中洱海，四面环山，南北峡谷成关，构成一个封闭的大尺度景观空间。苍山最高峰海拔 4122m、长 50km，险中育奇，雄中隐秀，旷中藏幽；洱海长约 42km、东西宽 4～9km，面积 250km²，辽远深沉，明媚秀美，变幻多端。苍山洱海相对高差 2000 余米，苍山静，洱海动；苍山如画，洱海如镜；山海相依，刚柔相济。苍山与洱海间的原野旷远舒展，田园风光妩媚迷人，山、原野、海、天形成有机的景观序列，并在宏观上表现出雄浑壮美的整体山水形象。

该地区具有丰富的自然和人文景观资源。景观品位高，类型十分丰富。根据最新一轮的大理风景名胜区总体规划研究显示，在苍山、洱海、古城三塔、周城蝴蝶泉、观音塘、双廊、海东七个景区中，共有各类景点130余个。其中特级景点6个，一级景点49个。景观类型包括了中华人民共和国国家标准《风景名胜区规划规范》(GB50298-1999)中所列的2个大类，全部8个中类和除沙漠景观以外的其余全部73个小类。这在世界以及中国的风景名胜地中是罕见的。“风花雪月”和“云水林石”是中观和微观上大理典型的两大景观特色。

高山、高原、大湖与独特的白族文化、丰富的人文景观一起构成规模宏大的自然文化景观综合整体，为地球上同纬度所罕见。

图6-4 雄浑壮阔的苍-洱大观
(大理风景名胜区管理处提供)

6.2.2 直接应用价值

1. *科学研究*

苍-洱地区在地形、气候、地貌、文化、交通等方面具有特殊的地理区位，既是多种地理要素过渡地带，也是多种文化交汇地带，因此具有特殊的科学研究价值。

地貌上，该地区是中国东西方向两大阶地的转换处，巨大的青藏高原向中国东部和南亚低地势区过渡的转折点。海拔4000m以上的青藏高原从西到东绵延千余千米在此结束，低于2200m的云贵高原及东部低地从该地区开始；也是亚洲大陆末次冰期冰川作用最南的山地之一(25°34′N)，或是有末次冰期冰川作用而无现代冰川的最南端山地。

地质上,苍山变质带独特的大地构造位置及复杂的变质历史、变质作用与构造格局对研究古特提斯岩石圈构造演化有着极其重要的意义。值得一提的是,以大理命名的苍山大理石,主要赋存于中元古界内。以成块度好,纹饰美丽,工艺性能优良而著称于世,已有1300多年的开采历史,是大理白族"石文化"的重要象征。

气候上,该地区是南北气候带上南亚热带和中亚热带交汇处,东南沿海温湿地区和西北内陆青藏干寒地区之间的过渡地带,同时也是西南季风影响横断山地第四纪冰川作用首当其冲的地区。这一特殊的气候结合阶段性隆升不仅造成本区大理冰期冰川发生的多阶段性特征以及点苍山曾有常年积雪的奇景,同时也使本区成为生物多样性、生态环境演化以及植物带迁移等课题最理想的研究地区。

生态上,苍山是中国第三纪植物区系的重要保存地点之一,古特有种和新特有种共同存在是大理地区植物特有现象的一大特色。初步统计,苍山-洱海保护区内种子植物约2330种,隶属170科755属,约占云南省种子植物种数的15%,其中国家二级保护植物4种,三级保护植物11种。动物种类433种,其中高等动物285种(兽类82种,鸟类170种,鱼类33种),低等动物148种,列为国家一级保护的动物5种,二级保护的有21种。植物特有种约60种,隶属于28科,约占总种数的3.1%。苍-洱地区还是模式标本采集与动植物学研究的重要基地,是国际"杜鹃花故乡"和兰花的分布与栽培中心之一。洱海是独具特色的高原湖泊生态系统,水生植物有较好的多样性,有26科44属,共61种,包括沉水植物19种,浮叶植物7种,漂浮及悬浮植物6种,挺水植物11种,其他18种。洱海藻类有195种,属42科。8种特有的鱼类是洱海的重要特色。

文化上,该地区自古以来是多种文化交汇叠合的地带。其东部是亚洲大陆,处在汉文化的西部边缘。西部是亚洲次大陆,处在印度文化的东部边缘。北界西北高原,处于青藏文化的南部边缘。南联中印半岛,处于海洋文化的北部边缘。因此,以白族文化为代表的文化多样性和融合性具有很高的科学研究价值。

历史上,以南诏大理文化为代表的大量建筑、艺术、文物局等历史遗存也有很高的考古学、建筑学、民族学等研究价值。

2. 教育启智

纷繁芜杂的地质地貌、四季如春的气候条件、得天独厚的生物资源、西南边疆的文献名邦、艺术与科学的结晶、宽容开放的多民族融合、举世无双的苍-洱大观,不仅具有很高的科学研究价值,也有很强的科学普及价值。

"风花雪月"是大理的代名词。它不仅是美的,比如风舞时,洱海托出"风力浪花吹又白"的妩媚,点苍山显出"半天飞雪舞天风"的雄景。而且人们认识到其产生的原因，并把风力发电运用到生产生活中，为经济建设服务。这也是启智的结果。

建于明洪武十五年（公元1382年）的大理古城，是洱海西岸陆续建造的一系列城池中唯一完整保留至今的一座。背靠苍山，面临洱海，古城在注重传统城市规划和建筑思想的同时，充分与具体环境相结合，强调城市区位选址中的山水环境，堪称中国古代城市规划建设的楷模，对当今城市建设具有很好的指导意义。

悠久的历史文化激发了人们探索、研究、传承的热情。目前，全州拥有国家级非物质文化遗产12项，传承人5名，拥有省级非物质文化遗产40余项，省级传承人69名，州级保护名录273项，全州有8个中国民间文化艺术之乡，大理三月街荣膺"节庆中华最佳文化传承奖"，大理白族绕三灵申报联合国人类口头与非物质文化遗产已被文化部列为备选项目，大理州成功整体申报全国十大"文化生态保护实验区"。全州有2个国家级历史文化名城，2个国家级历史文化名镇，6个省级历史文化名镇，7个省级历史文化名村；全州有347项各级文物保护单位，国有文物收藏单位17家，馆藏文物21 230件。剑川沙溪寺登街2002年被世界纪念性建筑基金会评选为"100个建筑遗产和世界濒危建筑遗产"名录；巍山县2007年被国家文物表彰为"文物保护先进县"；剑川海门口被证明是云贵高原最早的青铜文化遗址，入选2008年"中国十大考古新发现"及中国社科院"2008年6项重大考古发现"之一，2011年有15项文物保护单位被国家文物列入为国家级文物保护单位推荐名单。同时，成立了包括大理州白族文化研究所、大理学院民族文化研究所、大理州文化艺术研究所、南诏史研究会、白族学学会等众多民族文化研究机构和社团，举办各种形式的研讨会，积极开展对大理历史文化保护的政策研究与学术交流；成立了大理州白族文化传习所、湾桥大本曲文化、大理洞经古乐、云龙吹吹腔等8个民间传统文化传习所，传承白族历史文化，弘扬优秀民族艺术；加强知识产权保护，在国家商标对白族"绕三灵"、"绕山林"、"绕桑林"进行商标注册，对民族民间文化的知识产权实行有效保护，为今后的开发利用打下了坚实基础；重视对文献典籍的保护，在州图书馆专设"南诏大理研究资料中心"，并筹建"南诏大理国文化研究数据库"和具有地方特色的"大本曲专题数据库"。在全省率先成立大理州文化遗产局①。

3. 山水审美

苍山-洱海其雄浑壮美的高原高山湖泊景观是地球上同纬度地区罕见的，并具有寒暑适中的独一无二的宜人气候。在这一独立而相对封闭的、单纯明快的整体

① http://www.dali.gov.cn/dlzwz/5116655425181188096/20121126/267795.html，大理白族自治州人民政府网站.

内又蕴含着极其丰富多样的特色景观，自然景观优美，风景名胜荟萃，绮丽的高山杜鹃和苍山冷杉蔚为奇观。其雄、其壮、其秀、其旷、其幽，构成了无尽的画面，其中风花雪月、云水林石独具魅力。在这一整体内生长的人文景观极其丰富多彩，并具很高的历史、文化、民族、宗教价值。更重要的是反映出人与自然相融合，处处渗透了协调的特点。这是一个十分独特的自然文化景观单元，展现出一幅宏大的自然人文画卷，这一景观整体具有独特而重要的审美价值。

而苍-洱之间美丽富饶的大理坝子，在4000余年的大理文明史中，不仅形成了黑瓦白墙、鸡犬相闻的山水田园风光，还留下了大理三塔、大理古城、喜洲民居等文化杰作。青山与绿水相互映衬，自然与人文彼此融合，它们的完美结合不仅造就了世所罕见的高原湖泊景观，同时也是中国传统山水美学的突出范例和“天人合一”哲学思想的完美体现。

优美的景观也吸引了历代无数文人雅士为其歌咏赞叹，从而留下了大量赞美大理山水的诗词、游记等文学作品。元代高昌雅在《点苍山》中赞曰：“水光万顷开天镜，山色四时环翠屏。”郭松年则在《大理行记》写道：“点苍之山…峰峦岩岫，萦云戴雪，四时不消。上则高河窦海，泉源喷涌，水镜澄澈，纤芥不容，佳木奇卉，垂光倒景……派为一十八溪，悬流飞瀑，泄于群峰之间……洱水则源于浪穹，涉历三郡，…浩荡汪洋，烟波无际。于以见江山之美，有足称者。”明代杨慎、杨升庵、杨士云等名士均有诗为记。状元杨慎赞道：“山则苍笼垒翠，海则半月拖蓝”，而在其《游点苍山记》中写道：“叠堣承流，水色莹澈，其中石子粼粼，青碧璀璨，丽如宝玉，名曰清碧溪。”著名地理学家徐霞客在《徐霞客游记》也称清碧溪“其色纯绿，漾光浮带，照耀崖谷，午日射其中，金碧交荡，光怪得未曾有。”清代马锦文、现代徐悲鸿、曹靖华等也都亲历苍-洱。曹靖华更是留下了“下关风，上关花，下关风吹上关花；苍山雪，洱海月，洱海月照苍山雪”的千古佳句。

4. 旅游休闲

“风花雪月地，山光水色城”，大理自古就是充满神秘色彩令人向往的旅游胜地。全州国内游客数量从2004年的605万人次到2010年的1297万人次，增长了1倍以上，年平均增长率达13.59%；海外游客数量从2004年的13.58万人次到2010年的40.75万人次，增长约3倍，年平均增长率达21.08%；旅游外汇收入从2004年的3502万元到2010年的12917.2万元，增长3.7倍，年平均增长率达34.11%；旅游总收入从2004年的33.15亿元到2010年的115.0亿元，增长3.5

倍,年平均增长率达 24.0%。[①] 2011 年,大理风景区国内游客 356.6 万人次,在云南省国家级风景名胜区中居丽江玉龙雪山(850 万人次)、西双版纳(373.4 万人次)之后列第三位,其中境外游客 6.4 万人次,门票收入 1286 万元。2012 年,全州共接待海外游客 56.23 万人次,比上年增长 23.51%,实现旅游外汇收入 21 075.24 万美元,增长 40.16%;接待国内游客 1791.05 万人次,增长 19.44%。全年旅游业总收入实现 195.36 亿元,增长 41.15%。

大理,已经成为滇西旅游的集散枢纽。

5. *实物产出*

由于气候温和,地理环境、自然条件优越,本区还是森林、矿产、中药材、经济林、草食性牲畜、土特产、旱粮等的重要产区。坝区现有耕地 195 483ha,园地面积 20 余万亩,是柑桔、苹果、桃、梅、梨、茶、桑等生产基地。土特产品丰富,漾濞是云南省主要核桃生产基地之一;大理板栗、大理雪梨、漾濞青脆李、大理海东大黄桃等都是果中上品。

本区还是云南省主要药材产区之一,以品种多、品质佳而闻名,有森林野生经济植物 1000 余种,中草药植物 1300 多种,仅纳入国家经营的中药材就有 600 多种,其中名贵药类植物有苍山贝母、云黄连、珠子参、云茯苓、当归、岩白菜等;森林花卉数百种,名贵花卉植物有兰花、大力蒜兰、地涌金莲、紫杓兰、报春花、龙胆花、百合花等;林中食用菌 74 种,名贵食用菌类有松茸、金茸、鸡枞、羊肚菌、虎掌菌、美味牛肝菌、干巴菌、鸡山冷菌、云龙黑木耳、香菌等。

积极发展农副土特产品生产,有助于特色农业和旅游经济的繁荣。

苍山大理石蕴藏量较为丰富,是全国少有的特大型矿床,储量 $1\times10^8 m^3$。但是基于风景名胜资源保护的要求,风景名胜区内的矿藏禁止开发。

6.2.3　间接衍生价值

1. *产业发展*

大理州旅游业经历了"七五"起步,"八五"打基础,"九五"大发展三个阶段,旅游产业体系日趋完善,旅游支柱产业初步形成,是全省继昆明之后第二个重要的游客集散地和旅游目的地。

由于工业发展受到一定限制,因此旅游业对大理经济的整体发展起到了重要

---

① 数据来源:大理市 2004—2010 年国民经济和社会发展统计公报.

的推动作用。全州国民生产总值中，第一、二、三产业结构比例为 34 : 29 : 37，而全省的比例是 22 : 43 : 35，全国的比例是 14 : 46 : 30。大理州的第三产业比重高，总量在全省位列第四，这也充分保障了大理州的国内生产总值多年来在云南省仅次于昆明、玉溪、昭通、楚雄、红河而位列第五，居滇西 8 地州市第一位。

2. 社会促进

旅游业对大理州城镇建设和社会进步产生带动作用。交通方面，大理机场的通航，昆(明)大(理)高速公路、铁路、大(理)丽(江)高速公路及铁路的建成通车，极大地提高了大理州的通达性，为大理州成为滇西的交通中心打下基础；全州邮电、通信现代化水平为满足旅游业发展要求日益提高；电力供应充足，并且覆盖了州内各主要景区景点；城市基础设施建设以及绿化、美化、亮化建设加快，"九五"期间仅大理市就投资 2 亿多元；大理的国内、国际知名度得到提高，为大理吸引国内、国外各类投资创造了机会；此外，旅游业的发展对保护和挖掘民族传统工艺，培植发展具有地方民族特色的商品也有重要意义，各色旅游商品深受游客喜爱的同时，也促进了第三产业的发展。

大理州被确定为云南省文化体制改革和文化产业发展试点地区。州委、州政府制定了培植文化旅游、新闻影视广告、设计印刷包装、演艺、会展和体育等六大文化产业的发展思路。经过几年的发展，文化产业培植初见成效，培育了一批骨干文化企业，全州文化经营户 2100 户，滇西印刷中心城市的地位逐步确立。2010 年在天津召开的文化部第四批国家文化产业示范基地命名授牌大会上，大理州以大型歌舞《蝴蝶之梦》为主营业务的大理风花雪月文化传播有限责任公司被命名为"国家文化产业示范基地"，这是全省唯一一家国家级的文化产业示范基地。

大理在全省和滇西的地位进一步加强。随着大理国内外知名度的不断提高和自身经济设立的增强，2003 年 9 月 29 日，云南省政府在大理举行的城市建设现场办公会上，决定把大理建成"滇西中心城市"。大理市将从目前 50 多万人发展成 80 万至 100 万人（其中城镇人口 70 万左右）的大城市，并成为一个聚集社会生产要素能力较强的区域中心城市，以发挥辐射作用、促进滇西经济社会发展。

大理已得到国际社会更多的承认和重视。2001 年 10 月，大理剑川沙溪区域作为茶马古道上的重要文化遗存，受到世界建筑物基金会的高度关注，"中国沙溪(寺登街)区域是茶马古道上唯一幸存的集市。有完整无缺的戏院、旅馆、寺庙、大门，使这个连接西藏和南亚的集市相当完备。"而白族流传最广，最为群众喜爱的一种说唱艺术大本曲(又名本子曲)，是在白族民歌和长诗的基础上发展而成的、艺术风格十分独特的民族曲艺形式，1997 年 2 月被联合国教科文组织列为无形文化遗产抢救项目。

2006年5月，全国旅游小城镇发展工作会议在大理召开。建设部对于以大理喜洲为代表的云南旅游小城镇建设给予充分肯定，认为云南的经验值得推广借鉴。首先科学实施规划，推动有序发展，在旅游小城镇建设中与保护利用历史文化遗迹资源、自然资源相结合，突出重点，突出民俗；其次，坚持政府引导，加大政策扶持；第三，发挥市场机制，鼓励社会多方参与；第四，实现农民增收致富，促进农民就地就业；第五，严格保护合理开发，实现资源永续利用。

6.3　苍山-洱海风景片区现状存在的几个重点问题

商业化、城市化、人工化，依然是苍山洱海风景片区存在的主要问题。

6.3.1　旅游开发区问题

在大理古城西侧苍山山麓规划实施的大理省级度假区，选址不当，已经对苍山洱海的三塔、大理古城等核心景区景点产生了严重危害。

该度假区自1993年起开始规划实施，其规划项目设施包括民族体育娱乐基地、苍山生态游乐园、文化商贸区、服务娱乐区、度假村、步行登山游览道路、登山游览索道、高山体育极限运动(攀岩、滑翔、高山跳伞等)设施、水上娱乐中心、海岛避暑宫、会议中心等。度假区规划占地面积达9.86km^{2}之多，相比大理古城仅3.05km^{2}的建成区，规模浩大。倘若建成，大理古城在两片度假区的包围之下，势必成为度假区的附庸而已。

由于受到资金限制等原因，该度假区计划的实施并没有预想的顺利，但是已建成亚兴大酒店(四星级)和两条索道、高尔夫球场，度假区建设仍在继续实施。这对苍山-洱海风景区以及三塔、古城带来的破坏将是极其严重的。

首先，大面积的度假区建设，与大理地区原有的景观风貌相悖，既不符合该地区的文化特质和建筑风格，又与苍山-洱海自然景观不和谐，割裂了苍山-洱海本来的联系，影响风景区整体的视觉效果，造成景观上的破坏。已建成的亚星大酒店，无论是体量、色调或者风格方面都与苍山-洱海的整体风格不符，其巨大的体量和刺目的白色墙体又直接影响着三塔景观，喧宾夺主，破坏了古城的重心。

其次,度假区建设过程中以及日后生活垃圾和大量游客带来的废弃物,对周围生态环境造成极大压力。苍山索道以及亚星大酒店的建设,已对苍山植被产生了不同程度的破坏。高尔夫球场将产生更加恶劣的影响:专业草皮将引起土壤结构改变,外来草种对本地植物将造成威胁,从而会对当地生态系统产生一定程度的影响,同时维护草坪所施用的农药,通过雨水淋溶作用等势必对地下水以及洱海造成污染。

再次,度假区所营造的完全不同于古城的文化氛围和生活方式,将对古城原有的独特人文景观产生冲击,破坏了原有文化景观的原真性。

2006年6月2日,建设部办公厅向云南省建设厅下发了《关于立即制止并调查处理大理风景名胜区内商业性开发建设行为的通知》,要求立即采取措施,制止苍山-洱海景区内的违规开发建设行为,并组织专项调查,查明事件原因,严肃处理,并将调查处理结果及防止此类违规行为再度发生的措施上报建设部。

6.3.2 城镇建设问题

基于苍山-洱海整体环境的要求和大理坝子有限的建设用地,环洱海四周的大理市城镇建设确实遇到很多困难。为了有效保护苍山-洱海遗产资源,大理州、市各级政府做出了极大的努力。但是,有些问题仍需引起足够的重视。

1. 城镇建设用地和整体风貌的控制

海东的城市建设影响山地景观、湿地生态,海西城市建设逼近古城。近年来,海东、海西片区在建、拟建商品开发类重大建设项目十余个,用地面积超过5km²。大量的农田、山坡林地被转化为城市建设用地,下关与古城之间有连成一片的趋势,苍山洱海之间一些重要的景观廊道和景观的连续性受到影响。超量的商业开发严重影响苍山洱海之间的整体山水格局。而部分村落民居的建设,在风格、用地、沿路建设、保持苍山与洱海景观视线通道等方面也都存在一定问题。

2. 作为中心城市的下关受到威胁

下关地处洱海出口,依山傍水,历史上曾经是一个山清水秀的山城、水城(见图6-5)。但现在城市呈现无序蔓延,城市规划建设中没有体现出应有的山水优势,站在将军洞附近的高处俯视下关城区,可见其已经满满地占据了洱海南岸这一块平地,其间缺少城市绿地,全部为与苍山-洱海壮美自然景观极不协调的单调的钢筋水泥建筑;而且城市发展方向严重不当,城市建设跨过西洱河“逼”上苍山,一直上到海拔2100m左右,原本的梯田被现代别墅群所替代,整个别墅群建筑样式单调且密度过大，不仅对原有自然景观产生极大视觉破坏，而且对极其重要的南诏遗迹龙尾关和将军洞的环境造成严重破坏。而城市建设过程中，原有文物古迹也遭到破坏：龙尾关以外原有的古商号大量被拆除，原马帮路线由苍山—将军洞—文昌宫—龙尾关，现基本已难觅踪迹。

图 6-5　三塔广场与商业设施

（作者摄于大理三塔，2003-07-20）

3．一些重要的景点周围与传统风格不符

喜洲民居和三塔都是国家级文物保护单位，但是喜洲镇的发展使得古建筑群周边的农业与湖泊用地不断被蚕食，喜洲民居传统田园环境逐步缩小。城镇建成区渐渐与周边村落相连，特别是南部的坡头村已经与城镇连为一体。周边新建的建筑大多缺乏传统白族建筑风格，使得古建筑群陷入杂乱的现代建筑的包围之中，外部入口被堵，割裂了村镇与苍山-洱海的关系。此外，喜洲镇内部空间结构也被改造，作为传统的公共活动空间的四方街，周围建起了农业银行、信用合作社等体量过大的建筑，与传统民居风格不符，传统民居使用率降低，建筑格局遭到破坏。而紧临三塔公园的三文笔村与三塔有一定的历史渊源，但三塔村的很多土地，特别是临路的田地近年被征用作为工厂、疗养院、汽车维修和配件商铺、餐馆等，原先的田园风光变成了一般市郊的杂乱景观；三文笔新村房屋的位置、高度、色彩、体量、材料、形式没有得到很好控制，作为三塔背景的山坡，民房渐多，从倒影池观赏三塔也受到干扰；大理石加工的废水直接流入桃溪，形成景观污染等等，这些与文化遗产的风貌很不协调。

另外，洱海南部下关城区段的房地产开发对洱海湿地影响严重。“洱海天域”违规房地产开发项目使得昔日美丽的“情人湖”永远从洱海南缘消失了。

6.3.3 违背真实性和完整性的景区景点建设问题

文物保护过程中一重要原则是“遗址保存优先于恢复”。然而现在苍山-洱海新建仿古景物过多,小到路灯,大到体量庞大的建筑群。这些仿古建筑往往缺乏同原有古建风格、空间尺度、文化内涵等内容的协调,不仅降低了景观价值,而且还造成多方面的负面影响,甚至喧宾夺主。巨额投资兴修的大量古建起到相反的效果,甚至由于对景观的破坏而终将被拆除。

以三塔公园为例。千寻塔始建于唐代,原为南诏崇圣寺之重要组成部分,后崇圣寺毁而仅存三塔。但近年新建了一批违背遗产真实性和完整性的工程,主要包括三塔苑酒店(云南省文物局管理干部培训中心,1997 年 4 月建成)、南诏建极大钟钟楼(1997 年 7 月建成)、雨铜观音殿(1999 年 9 月建成)、崇圣寺大门(包括两侧商业用房,2002 年 4 月建成)。现在的公园大门,结合围墙做成店铺连廊,南北宽约 350m,在性质和功能上是商业服务建筑,与文物保护范围内的用地属性不符,大门围墙封闭景观,更与以塔作为地标景观的特征相悖。

著名的崇圣寺原在三塔之西,背依苍山,其山门距三塔主塔约 120m,是南诏国第十代国王劝丰右时(公元 824—859 年)所建,建成之后即为南诏国、大理国时期的皇家寺院和佛教活动中心,清咸丰年间毁于大火。2002 年起大规模恢复重建崇圣寺,本着“集唐、宋、元、明、清历代大理建设精华”的原则,规划主次三轴线、八台九进、十一个层次,建筑主体钢混结构为主,整个仿古建筑群落占地 600 亩,建筑面积 2.1ha。但是,这种所谓“源于历史,超越历史”的理念,有违于文物遗迹保护、重建的要求,并严重损害了崇圣寺、三塔等整体景观的真实性和完整性。

此外,这些新建仿古建筑对于地质基础也有潜在的不利影响,导致了地下基础的变动,尤其是地下水的变化显著,建造过程中就有四股地下水出露,现汇成一股地表水。根据三塔文管所工作人员介绍,南小塔近期有细微的复位,反映出地质基础条件有所改变。现场可以看到,南小塔的反水现象严重,水迹已经上升到地表以上约 8m 的高度。总之,没有充分论证而急于展开的建设工程影响了地下基础和地下水位长久以来保持的相对平衡状态,部分地下水流出地表,浸湿塔基,部分地下水位可能下降,甚至可能导致基础沉降,有可能影响到文物建筑的结构性能,带来严重的不良后果。

再如观音塘(大石庵),其内供奉观音菩萨,因“观音老母负石阻师”而得名。近年来,对观音塘进行了大规模的扩建工作,新建了山门、千佛塔、九品莲池、观海楼等，面积扩大了一倍以上，严重破坏了原观音塘的真实性。面对这些建造粗糙的仿古建筑，游人也只会觉得索然无味。

2010年，媒体报道了214国道穿越大理州级文物保护单位"龙首关遗址"导致文物受损。2012年，因为大理古城南门水库变《希夷之大理》露天舞台以及违规开发地产等，住房和城乡建设部与国家文物局联合下发通知《住房城乡建设部、国家文物局关于对聊城等国家历史文化名城保护不力城市予以通报批评的通知》(建规[2012]193号)，对大理市在内的全国8个县市，因保护工作不力致使名城历史文化遗产遭到过度开发、受到严重破坏进行通报批评。

6.3.4　旅游问题

1. *超载的旅游对环境生态及文化生态造成冲击*

苍山-洱海作为国内以及国际知名的旅游目的地，部分景点也不同程度地承受着旅游业带来的压力。

三塔是大理游人量最多的旅游景点，年游人量超过100万人次。由于三塔本身已不再对游客开放，游人本身对于文化遗产的影响不大，但是周边随之而建的大量旅游和商业服务设施则对遗产保护构成很大压力，停车场、商店、住宿设施挤占了文物保护用地，对三塔的外部环境造成很大影响。

以一部《五朵金花》电影而闻名的蝴蝶泉，则由于旅游业的影响，山谷整体环境退化，致使蝴蝶数量骤减，蝶树合一的奇观已十年未见，蝴蝶泉公园虽建设得很美，但过分园林化，要想在今天的蝴蝶泉边发现一只蝴蝶，已是相当困难。

新、奇、特的娱乐设施、无序的宾馆饭店建设、商业化的生活气息，严重影响了景区本身古朴、优美的景观以及传统的生活习俗。大理古城在商业化的浪潮中，就出现了大批不注重白族民居特色、严重影响了景观视廊的建设，使古城风貌和民族风格受到冲击，出现了古城不古、民居无特色等不和谐的局面。而过于浓重的商业气息，又使得古城渐渐丧失了传统生活的淳朴韵味。

2. *对遗产资源的内涵挖掘不够*

苍山-洱海地区有丰富的旅游资源，但是对其开发利用深度不够，游人对游线的选择较为单一，侧重于西线，以参观古城和三塔为主，多停留在纯粹观光的性质上，游客走马观花，停留时间短；对于历史文化价值较高的文物古迹以及白族民俗文化不够关注。另外，对于苍山-洱海珍贵的自然科学价值更是未曾涉足。这对大理丰富的民俗文化资源是极大的浪费。因此，在旅游业发展中，大理应该充分利用其民俗文化优势，积极开展多样化的旅游项目。

3. 旅游市场的不规范严重降低了大理遗产资源的形象品位

旅行社行为直接引导游客的旅游行为，而游客的旅游行为不仅影响旅游景点的游客数量、收入等，更会由于提供的非真实旅游而造成游客对旅游地的错误认知，从而最终影响遗产地的形象品位。三塔历来是大理的标志，大理旅游的“形象大使”和“拳头产品”。但是，近年来由于在门票价格上存在不同的经营、管理办法，使得大量导游把游客带到三塔后并不买票进园参观，只是站在门外广场上隔墙观望，留影纪念，表示“到此一游”。而导游则更愿意把游客带到完全是现代服务设施的索道去。抛开游客的审美情趣不说，这种旅游导向让千里迢迢慕名而来的游客到大理坐了一回索道，而作为大理深厚历史文化象征的三塔都“不识庐山真面目”，那么我们不禁要问：大理究竟给游客提供了什么？

6.3.5　矿产开发问题

大理石主要分布在苍山的马耳、小岑、雪人、兰峰、五台等八座山峰，断续出露在海拔 2800～3000m，长达 18km 的地段，矿体厚 50～300m，远景储量约 1.3×10^8(亿)m^3，为大型矿床。大理石开采在区内有悠久历史，可追溯到唐、宋时代，但当时主要用于房屋的基础和少量装饰，因而开采量很小。后因其品质优良、色彩绚丽、花纹图案丰富等成为中国水墨画的一种天然形式而得到赏识，但直到 1972 年产量也就 $1887m^2$。20 世纪 70 年代起，由于国际市场对大理石及其产品的需求量增大，大理石开采加工业迅速发展。1996 年大理石板材产量达到了 $32\times10^4m^2$，是 1972 年的 171 倍，1983 年产量($12\,928m^2$)的 25 倍。据 1996 年统计，除三阳峰、兰峰大理石采场，三峰采场(雪人峰、应乐峰、小岑峰)、阳溪采场等较著名的采场外，还有数百个大小矿区(点)。由于大理石爆破开采的方式对山体破坏大，以及对生态环境产生难以恢复的影响，当年采矿破坏森林植被达 100 多万平方米，修筑矿山公路破坏植被 36ha，废弃尾矿 900 多万平方米，植被破坏引发的泥石流覆盖的植被面积达 200 多万平方米。同时，大理石加工业也产生相当程度的环境问题，如三文笔村，1996 年从事大理石加工的有 3200 多工人，并且各有 1000 多台锯床、磨床、车床、切边机和 3000 多台砂轮机，加工过程中产生的粉末排入苍山溪流，有的溪流曾经被石粉染成灰白色。好在 2000 年以后，大理州和大理市政府下决心取缔了所有采矿点，但已经形成的开采面，依旧对苍山景观留下了一定影响。

6.3.6　整体生态环境问题

1. 洱海水质恶化、富营养化加剧

入湖河流水质有机污染因子磷、氮增多。弥苴河、罗江都反映了这种情况。主要来源于生活污水、农田灌溉、工业废水和养殖投饵等。

2. 洱海湿地和生物多样性面临严重威胁

① 洱海沿岸的湿地特别是南岸下关城区、东岸海东地区侵占湿地现象严重；

② 湖水营养状态的改变引起浮游植物的变化；

③ 不合理的渔业生产活动浮游动物呈现锐减趋势；

④ 20 世纪 50 年代至今，湖区鱼类的种类、数量已发生了根本变化。原有的鱼类区系已经被打破，在濒临灭绝的土著鱼类中：大理弓鱼、洱海鲤为国家二级重点保护鱼类，大理鲤、春鲤为云南省二级保护动物。人工引入的鱼类占据了绝对优势，生物多样性面临丧失的危机；

⑤ 近 10 多年，洱海水生植被覆盖度增加。水生植被的过度发展和优势种的改变显示出湖泊富营养化的趋势，加速了湖泊的退化。

洱海绝不能变成第二个滇池，危在旦夕！

3. 苍山陆地生态系统生物多样性变化

苍山濒危植物中特有种较多，有 7 种。杜鹃属植物就占了 5 种，有 3 种还成为模式标本。苍山上蕴藏着许多对人类具有很高价值的珍贵资源，如大理石、森林资源、草药等。人类对这些资源的肆意攫取是造成苍山生物多样性受损的根本原因。近年来，苍山旅游业蓬勃发展，开山修路、修建索道等旅游开发行为对苍山生物多样性的影响也比较严重。

6.3.7　管理体制问题

1. 横向管理上

多部门参与其管理，例如风景管理处、文物局管理所、旅游局、林业局、环境保护部门、宗教部门等，造成多头管理。

2. 纵向管理上

大理风景名胜区管理处只是挂在州建设局下的一个处级单位；而独立的苍山管理局、洱海管理局、旅游度假区管理委员会等不仅分别对该区最重要的苍山-洱海、开发区独立行使管理权，各自为政，而且行政级别也比大理风景名胜区管理处高得多。在这种体制下，根本无法实现国家风景名胜区管理条例中统一管理的要求。

6.4 苍山-洱海遗产资源保护利用的主要对策

6.4.1 正确的认识

一定要从遗产资源的价值体系出发，站在自然和文化遗产作为人类共同遗产的目标高度上保护资源，充分依托独特的遗产资源整体促进大理的社会经济和城镇化全面发展，绝不能从纯粹短期经济利益考虑变相开发出卖风景资源或土地、修建索道、开发高山地区等。

6.4.2 健康的城镇化道路

大理的城镇化，应本着“城景共荣”的科学发展观，坚持城镇建设与风景资源协调的理念。滇西中心城市很重要，但不是唯一的目标，大理的目标应该是建成具有国际水准、中国特色的“山水家园”，这是一个宜居的生活家园，也是一个和谐的精神家园。因此，大理的城镇化应该是一种生态的、可持续的健康城镇化，是一种以清洁产业和服务产业驱动的差异城镇化，是一种以“中国慢城”、“国际旅游小城”为标志的特色城镇化。

6.4.3 科学的城市空间结构

确立科学合理的大理城市发展空间结构，是妥善处理大理城市发展与风景区保护关系的基础。

大理要建成百万人口的滇西中心城市，人口规模将在现状基础上翻一番。因此，为了有效保护苍山-洱海的生态环境和景观资源，同时又加快全州城市化步伐，建立一个强大的“中心”城市带动整个滇西地区的发展，更好地完善云南省省域城镇体系，绝不能把眼光仅仅放在下关这个已经基本饱和的中心，而是要建立一个以下关为中心、围绕苍山-洱海、由周边县城(镇)组成的、职能分工明确、空间相互关联的“大理城市群”(图 6-6)。

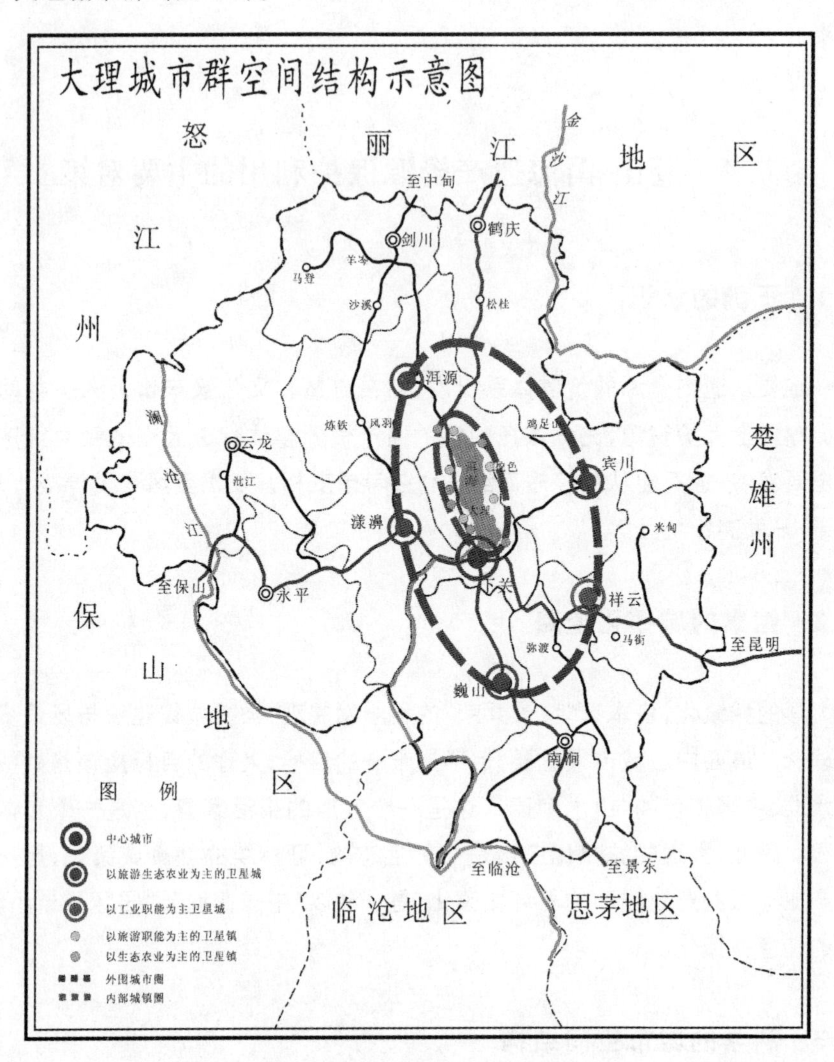

图 6-6　大理城市群空间结构示意图

该“城市群”可以由一个“中心”、五个“卫星城”、九个“卫星镇”组成。

1. 一个“中心”——大理中心城区

由现状下关城区和凤仪镇区组成。今后下关城区要以“减法”为主，降低建筑密度，增加水系、绿地，恢复山水城市风貌，城市建设中要全力保护具有历史文化价值的古民居、古街区等，西洱河以西的苍山山麓逐步恢复梯田、龙尾关等自然和历史面貌。城市用地不宜再向北挤占洱海南岸岸线或者跨越西洱河向西推进。新增用地向东为主,即以凤仪为重点,扩大开发范围,以仓储区、工业园区为载体,主要发展和布局商贸物流业及新型工业,建设现代产业带,形成生产要素的重要聚集区。

2. 五个"卫星城"——祥云、洱源、漾濞、巍山、宾川

上述五个县城与中心城区距离相对较近,产业上、文化上都有或者应该有较强的协作关系,他们作为中心城市的外围城市圈,可以很好地分散中心城区人口压力,加强功能协作。其中:

祥云是整个大理州的东部门户,与昆明、楚雄等联系较为方便,又有较好的工业基础,因此应该加快"撤县改市"步伐,分散中心城市工业职能,成为以工业为主的东部卫星城。

洱源是洱海的水源区,对洱海环境有着直接影响。洱源要作为生态保护区,重点建设绿色生态带,发展高效生态农业。同时其温泉资源应该得到很好利用,建成滇西著名的温泉保健旅游城和以休闲保健旅游为主的北部卫星城,并与大理中心城市一起,建设成洱海"一南一北"两个旅游服务基地。城市污水必须处理达标后排放。

漾濞、巍山、宾川作为以旅游和生态农业为主要职能的西部、南部、东北部卫星城,应该各有侧重。其中漾濞以自然风光和绿色农业为主,巍山以南诏起源和道教文化为主,宾川则以佛教圣地取胜。

3. 九个"卫星镇"

除此以外,洱海东西沿线大理市、洱源县的九个镇作为中心城市群的"内环",应该以旅游和生态农业为主,并各有特色。其中,喜州、双廊、挖色、海东、大理五镇应发展为专业旅游镇。

对大理古城实行严格保护,划定历史文化保护区,着重保护好历史形成的格局、传统民居及其特有的山、水、城空间形态。应调整用地结构,优化商业、文化和旅游服务设施用地,尽可能压缩工业用地;建设商业步行街区,完善大理古城内旅游接待服务系统和环境设施。

6.4.4 合理的功能分区

1. 功能分区的独特性

与大多数风景区相比,苍山-洱海景区资源不仅价值高,而且类型十分复杂。

内部既有生态独特、范围广阔的国家级自然保护区，又有历史悠久、面积广大的国家级历史文化名城。因此，苍山-洱海片区的功能分区具有以下明显的特点：

(1) 其功能分区既要考虑自然山水风景区的要求，具有大面积的特殊景观区和生态保育区，又要考虑传统历史文化名城的特点，具有较大面积的史迹保存区。

(2) 这种史迹保存区不仅包括文物单位本身，还包括其存在的完整的自然环境。突出的如三塔、古城、喜州民居等，不仅在文保单位规定的围墙界限内保护，还涉及西至苍山顶、东到洱海边的完整景观序列。否则这些极其珍贵的历史遗迹将完全失去其外围的历史环境。因此，这些重要景点和地区的史迹保存区实际上是一个苍山-洱海之间东西向的条形地带。由于其范围广，具体又可参照文物保护单位的保护要求划分成史迹保存核心区、缓冲区和外围环境控制区，其中核心区和缓冲区计入整个风景区的核心区面积。

(3) 巨大的洱海水体不仅具有生态科学价值，也是大理白族人民世代依存的“母亲河”，生产生活功能也不可或缺。因此，不能像一般风景区那样划分成一种功能区，而必须认真研究其科学价值，以洱海特有种生物(尤其是裂腹鱼等国家二级保护鱼类)的活动规律和保护要求为主要依据，对水域也划分出生态保育区和一般控制区。

2. 功能分区方案

按照前文对中国风景区功能分区的建议，结合大理特殊情况，整个片区分为五个部分(图 6-2)。

(1) 生态保育区

生态保育区总面积 254km^2，占整个片区面积的 19%。其中陆域 219km^2，水域 35km^2。

苍山海拔 3200m 至极顶。该区是珍贵的箭竹冷杉林、杜鹃冷杉林、高山杜鹃灌丛草甸高山荒漠带等原生性生态系统保存最完整、保护对象及其原生地集中分布的、基本未受人为干扰保持原始生态的区域，是被保护冰川遗迹和物种的核心，也是苍山十九峰这些特殊冰川刃脊构成的雄伟山岳景观所在地。该区采取严格的生态管理，禁止任何单位和个人随意进入。不得建设机动车道、水泥铺装等过分人工化的步行道以及任何与资源保护无关的建筑。因科学研究和考察需要进入的，严格按规定经过批准。

水域主要用于保护国家二级保护鱼类，如裂腹鱼、洱海鲤以及云南省二级保护鱼类大理鲤等。根据《大理苍山洱海科学考察论文集》对其游行繁殖规律的研究，确定其中周城—红山庙一线以北约 22km^2、玉矶岛—康廊龙王山 9.5km^2、下鸡矣

—梅溪河口(外伸 200m)1km^2、海东—海岛村—南村 2.5km^2,该区内禁止任何捕捞、养殖活动,鱼类繁殖季节机动船禁止驶入。

(2) 特殊景观区

特殊景观区总面积 613.7km^2,占整个片区面积的 45.8%。

陆域海拔东坡 2200m(西坡 2000m)至 3200m,2200m 以下是传统的稻、麦、豆类、玉米等为主的农业区,山坡旱地有茶叶、棕榈、油桐等经济作物,也是苍山-洱海国家自然保护区的边界。目前受到一定人工干扰,需要抚育保护,同时也是特殊景观区外围为保护、防止和减缓外界影响和干扰的区域。该区可以对游人开放,在不影响景观的科学、美学价值的条件下,可建步游道、解释系统、观景点(选择适当景位、以自然山石为主),得体的亭台等,游时游程较长的可建小型茶饮点,但不建餐馆、住宿设施和机械交通。不得建设与资源保护无关的大型设施。

(3) 史迹保存区

史迹保存区总面积 65km^2,占片区总面积的 4.9%。其中史迹保存核心区 8km^2,缓冲区 20km^2,建设控制区 39.5km^2。

该区包括大理古城、三塔、喜州、周城、大乘庵、双廊民居、将军洞等文物古迹点周围地区。其中核心区以文保单位确定的界限为准,其内不得建设任何对文物保护有碍的建筑,一切修缮应尊重文物的历史真实性和环境完整性。外围划出一定面积的缓冲区,防止居民点和服务设施破坏周边环境。最外围地区(尤其是苍山洱海之间)再划出建设控制区,保持田园风光风貌,村镇建设用地严格控制,民居体量格式应反映白族特色,不得建设污染性企业,确保苍-洱之间景观视觉通道。

(4) 游憩区

游憩区内部以大理古城为主,加上野营地等共计 6km^2,占总面积 0.4%。外围以下关作为游客集散地和综合旅游服务基地,洱源、漾濞作为一级服务中心。

(5) 一般控制区

一般控制区面积 401.3km^2,占总面积 29.9%。其中陆域 186km^2,水域 215km^2。

陆域应严格控制工业项目的布置,规范民居建设风格和用地,严格限制建筑沿道路两侧连续布置遮挡与苍山洱海之间的景观视廊。水域控制渔业捕捞,控制旅游船只数量,沿岸禁止围塘养鱼和滩涂开垦。

以上总计苍山-洱海片区面积为 1340km^2(其中水域 250km^2)。

其中由生态保育区、特殊景观区和史迹保存区中的核心区与缓冲区共同组成"核心区",面积为 895.7km^2,占片区总面积 66.8%。在核心景区内严格禁止与资源保护无关的各种工程建设，严格限制建设各类建筑物、构筑物。符合规划要求的建设项目，要严格按照规定的程序进行报批；手续不全的，不得组织实施。

景区以外根据保护需要，结合地形，另行划出 506km² 外围保护区。

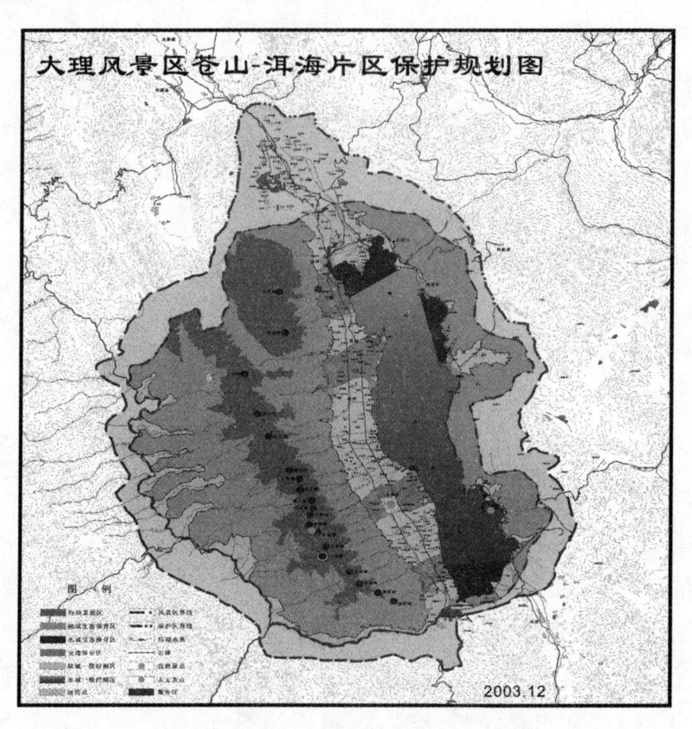

图 6-7　大理风景区苍山-洱海片区功能分区示意图

6.4.5　详细的整治规划

对于现存问题，按照世界双遗产的要求制定详细的保护整治规划，分期改建、拆除对三塔、古城以及景观、名胜古迹有影响的建筑。近期以三塔为主，中期以古城、喜州、苍山为主，其余地区逐步展开。应立即停止大理旅游度假区破坏生态环境和景观的建设，采取一切措施改善苍山、洱海生态环境。

6.4.6　深层次的价值利用

通过建设大理珍稀植物园、开辟苍山科学考察路线、开展苍-洱民族风情体验等活动，把苍山-洱海丰富的科学价值和民族文化价值展示充分出来，改变目前传统的文物观光游。大理人民在漫长的历史进程中，形成了许多富有乡土气息和民族特色的民俗风情。它们是物质文化与精神文化的集合体，是大理这一方山水滋养出来的乡土文化，其中包括岁时节日、衣着服饰、婚丧嫁娶、饮食习惯、民居建筑、集市贸易、宗教信仰等，所有这些，都可以进行深层次地开发。

6.4.7 建立统一的风景名胜区管理机构

根据国家风景名胜区条例，成立具有相应政府职能的“大理国家风景名胜区管理局”，全面统一管理大理风景区各项事务。

近年来大理州、市各级政府对大理风景区的整体保护工作越来越重视。以规划为龙头，2012 年，全州城市总体规划修改和滇西中心城市新区规划编制工作稳步推进。县城以上城市规划区控制性详规覆盖率达 65.6%，完成 12 县市城市近期建设规划编制，村庄规划编制工作顺利开展。城乡规划管理和执法力度加大，保护坝区农田建设山地城镇工作得到省委、省政府充分肯定，并在大理召开全省现场会。滇西中心城市建设稳步推进，下关旧城改造提升和大理古城保护进展顺利。22 个特色小镇建设有序推进，23 个城镇污水和生活垃圾处理项目得以实施。园林城市创建工作深入开展，新增城市绿地 73.9ha，城镇绿化覆盖率达 25%。洱海流域百村整治工程顺利实施，12 个中心集镇、24 个中心村、36 个示范村建设成效明显，120 个省级重点村、19 个民族团结示范村建设进展顺利。扶贫开发整县、整乡试点和 50 个村建设成效显著[①]。这些工作都为新形势下大理自然文化遗产的严格保护与合理利用相协调奠定了良好的基础。苍山的树会更绿，洱海的水会更蓝，苍山-洱海间的大理一定也会更美！

---

① http://www.dali.gov.cn/dlzwz/5116655425181188096/20121126/267795.html，大理白族自治州人民政府网站.